茫茫太空

（第二版）

李喜先　编著

汕頭大學出版社

图书在版编目（CIP）数据

茫茫太空：第二版 / 李喜先编著．-- 汕头 ：汕头
大学出版社，2023.7
ISBN 978-7-5658-5092-9

Ⅰ．①茫… Ⅱ．①李… Ⅲ．①宇宙－普及读物 Ⅳ．
① P159-49

中国国家版本馆 CIP 数据核字（2023）第 128804 号

茫茫太空：第二版
MANGMANG TAIKONG DIERBAN

编　　著：李喜先
责任编辑：宋倩倩
责任技编：黄东生
封面设计：黑眼圈工作室
出版发行：汕头大学出版社
　　　　　广东省汕头市大学路 243 号汕头大学校园内　　邮政编码：515063
电　　话：0754-82904613
印　　刷：廊坊市海涛印刷有限公司
开　　本：710mm×1000mm　1/16
印　　张：16.25
字　　数：271 千字
版　　次：2023 年 7 月第 1 版
印　　次：2023 年 7 月第 1 次印刷
定　　价：68.00 元
ISBN 978-7-5658-5092-9

绪　论

人类作为自然界的骄子诞生在地球上，而地球作为一颗特殊的行星和其他行星一起围绕着一颗特殊的恒星——太阳运动，太阳系里所有的天体又环绕着银河系的中心部分转动，银河系和河外星系及其聚成的星系团又都运行在茫茫太空中，以至无限宇宙。

自古以来，人类就有飞向太空和其他天体的伟大理想。20世纪50年代，第一颗人造地球卫星进入太空，从此开创了太空时代，太空就成了人类生存的第四环境。在半个多世纪里，人类利用太空飞行器，如人造地球卫星、太空飞船、太空站、航天飞机、行星探测器、人造行星和星际探测器等，研究原来在地面上观测不到的物理、化学和生命等自然现象，从而形成了太空科学，为人类增添了崭新的知识，丰富了自然科学的宝库。

在人类发展的历史长河中，科学技术是人类创造的最精致的、最成熟的知识体系，从而成为最伟大、最富有价值的精神文化。正是它使人类认识自然、认识自我、摆脱愚昧，从而建立近现代文明，并将指引着人类走向高等文明。在构筑人类文明的过程中，中华民族曾创造了灿烂辉煌的古代文明，但自近代以来，我们落后了。华夏儿女从反思中觉醒，并经几百年的苦难奋斗，才从近代社会转向了现代社会。在进入未来高级社会中，更需要崭新的、全面的知识，这就使我们立志，必须要终身不断地学习，创造崭新的、整体的知识，最大限度地从整体上提高全民的科学文化素质，即包括科学文化素质和人文文化素质。唯有如此，在新的历史时期，中华民族才能再现辉煌。

本书的宗旨就在于，启迪广大民众不断地追求知识，特别是引导广大青年进入无限宽广的科学技术世界，在人类知识的海洋中，奠定牢固的基础，开拓视野，激起求知的兴趣，立志攀登科学技术的高峰。

0.1 太空、空间、宇宙的异同

0.1.1 太空的唯一性

太空特指人类居住的唯一星球 —— 地球以外的极大空间，因而具有唯一性。在汉语中，"太"是极大、至高、至极之意。当指地球之外的极大空间时，太空与空间相同、相通，即空间—太空。这包括近地球太空、行星太空、行星际太空、恒星太空、恒星际太空、星系太空、星系际太空、宇宙太空等。这时，用"太空"比用"空间"更为合理，太空就显现出唯一性，从而不会产生歧义性或多义性。

0.1.2 空间的多义性

空间指物质存在的一种客观形式，由长度、宽度和高度呈几何形式表现出来。空间在不同的领域、场景具有极广的意义，从而有歧义性或多义性。

在数学中，就用几何空间、多维空间、黎曼空间、弯曲空间等，这时不能用太空，如几何太空、黎曼太空；在哲学中，就用思维空间、抽象空间等，而不能用抽象太空、思维太空；在文学中，用自由空间、生活空间、发展空间、想象空间等，而不可能采用想象太空、自由太空；在日常生活中，很小的房间、空隙、缝隙，都可以称为空间，而不能称为太空；在日常语言中，还用天空；如此等等，不一而足。

由上述可见，我们只要一提太空，就立即想到地球以外的极大空间了，这显现出太空的唯一性；因空间具有广义性，从而易于产生歧义性。

0.1.3 宇宙的无限性

宇宙指无限时空之总和，即一切物质及其存在形式之总体。中国汉代古籍《淮南子·齐俗训》说："四方上下谓之宇，往古来今谓之宙。"汉代天文学家张衡又说："宇之表无极，宙之端无穷。"即是说，"宇"指无限空间，"宙"指无限时间。

目前，在地球上居住的人类，就是生活在宇宙中，所观察到的宇宙只能是"物理宇宙"。我们居住的宇宙只是无穷宇宙阵列中的一个"泡"，还有在不断地产生的"婴儿宇宙"。

0.2　人类不断扩大活动空域

0.2.1　航空空间

空间在人类的活动中可以广泛地扩展、延伸。各种靠空气产生升力的飞行器，如各类飞机、飞艇、气球等，都是根据空气动力学的原理，在地球大气层中航行。一般地，飞行器能在离地面 50 千米以下的空间航行，这一航行的空间区域称为"航空空间"。它主要包括大气密度稠密的对流层，即空气以上下垂直对流运动为主要形式，是云、雨、雷暴活动频繁的区域，这是中性大气低层。若超过这一高度，大气慢慢地变得稀薄起来，飞行器就不易飞行了。因此，这一空间，被限定为航空的空间。

0.2.2　航天太空

在离地面 200 千米以上的太空，以至各类行星太空、行星际太空、太阳系太空，是航天的太空。这一广阔的太空区域结构各个特殊，物理和化学性质十分复杂，都是各类航天器实现探测任务时所要航行的太空。

0.2.2.1　近地球太空

靠近地球周围的区域，称为"近地球太空"：其一，离地面 3000 千米高度以上的大气层所形成的太空。其二，由地球磁场所控制的达 10 万～ 100 万千米以上的太空区域，其中含地球的内辐射带和外辐射带、磁层的顶部和尾部。

0.2.2.2　近行星太空

太阳系八大行星都各自有周围的太空，主要由各有差异的大气层和磁场所控制，称为"近行星太空"。

0.2.2.3　行星际太空

在太阳系八大行星之间，彼此相距遥远，存在着广阔的太空，其中充满着多种不同性质的物质，包括各种能量不同的带电粒子、电磁波、等离子体、有机分子、宇宙尘、太阳宇宙线和银河宇宙线等，从而使太阳系连成一个整体。

0.2.2.4　太阳系太空

太阳系太空，指太阳作为一颗恒星所控制的巨大太空。而太阳风伸展到的太空区域，称为"日球层（heliosphere）"；其边界是当太阳风压力与星际压力平衡时的终止面，称为"日球层顶（heliopause）"。

目前，人类的活动区域不断地扩大，从航空空间伸展到航天太空。这主要包括适于各种宇宙航行器航行的太空区域，即被称为人类能在其中活动的航宇太空。人类有能力在太空航行的航天器，包括各类人造地球卫星、空间实验室、各类行星探测器及其卫星探测器、小行星和彗星探测器、日球层探测器等。

0.3　太空科学简史

太空科学主要是利用太空飞行器作为手段来研究发生在太空的物理、化学和生命等自然现象的一门综合性科学。

0.3.1　早期研究极光和地磁场

人类研究太空已有很长的历史。最早，对太空的研究始于极光（aurora）的观测，其中有描述性的记载。公元前 20 世纪，在中国就有用肉眼观测极光的记载，在文学作品中也有对极光的描述。在古希腊的文学中也有关于极光现象的记载。

后来，在 17 世纪，对北半球出现的北极光开始有了一些科学理论上的解释，认为极光与太阳大气有联系。在 18 世纪，俄罗斯科学家罗蒙诺索夫（М.В.Ломоносов）就描绘过极光的情景。1867 年，埃斯特罗姆（A.J.Angstrm）第一次用摄谱仪记下了极光光谱。1939 年，挪威学者韦加德（L.Vegard）在极光中发现了氢原子光谱，接着又证实了质子极光的存在。在地球上，离南北磁极约 23° 的带形区，即高纬地区，就出现了极光的区域。围绕北磁极的极光称"北极光（aurora borealis）"，围绕南磁极的极光称"南极光（aurora australis）"。通常，极光下边界的高度离地面为 110 ~ 300 千米，在极端情况下可达 1000 千米以上。（图 0-1，图 0-2）

图 0-1　射线式光柱极光

[引自《茫茫太空（第一版）》，第11页]

早前，人们就开始研究地磁现象。在 11 世纪，中国人已发现了地磁现象。中国学者沈括（1030—1093 年）在《梦溪笔谈》中就记载："算命人把针头在磁石上摩擦，使它正好指向南方。"在 14 世纪，有记载表明，很多船只都使用了罗盘。这表明，地球有磁场，因而指南针能指南北方向。

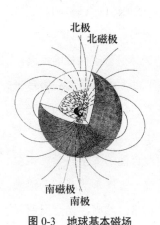

图 0-3　地球基本磁场

[引自《茫茫太空（第一版）》，第20页]

地球磁场与一个棒状磁铁的磁场相似，即偶极场，其磁力线分布如图 0-3 所示。

要注意地磁北极的磁性为 S 极，而地磁南极的磁性为 N 极，磁力线从 N 极发出。地球磁场有基本磁场和变化磁场两部分，它们的成因完

图 0-2　帘幕状极光

[引自《茫茫太空（第一版）》，第12页]

全不同。基本磁场起源于地球内部，是地磁场的主要部分，变化非常缓慢，称为"长期变化"；而地球的变化磁场起源于外部，并很微弱，变化较快，称为"短期变化"。由于地磁场的独特性质，与太阳活动有着密切的关系，因而地磁学与太空物理学形成了交叉学科。

0.3.2　太空科学孕育期

20 世纪 50 年代以前，是太空科学的孕育时期。在这漫长的岁月里，先辈学者倾

注了很多的精力，在地面上孜孜不倦地观测地球周围太空（近地太空）、太阳系太空、星际磁场、极光、电离层、太阳黑子和超新星爆发等，对太阳光谱进行拍摄，对陨石进行化学分析，对月球和其他天体的地质构造、表面特征进行了解等，这都为太空科学的形成奠定了基础。

在 20 世纪初，科学家开始利用高空气球进行探测；在 20 世纪 50 年代后，科学家又大量利用探空火箭等手段进行探测。由此，开拓了许多新的研究领域，如高层大气的密度、成分，高空磁场，宇宙线以及在宇宙辐射、失重、加速度等条件下的生物效应等。这些频繁的研究活动加速了太空科学的形成。

0.3.3　太空科学形成期

20 世纪 50 年代，是太空科学的形成时期。自从 1957 年第一颗人造地球卫星上天后开创了太空时代以来，科学家们就利用太空飞行器 —— 在地球大气层外的太空，基本上遵循天体力学原理运行的人造物体——对地球太空、行星际太空、恒星际太空、星系际太空、太阳和太阳系行星，以及太阳系外各种类型的天体进行了大量的探测，从而把人类认识宇宙的视野伸展到新的深度和广度，改变了过去由地面观测所带来的局限性，获得了许多惊人的发现，积累了大量有极大价值的科学资料，为人类认识自然界增添了许多崭新的知识。与此同时，在物理学、化学、生物学、地学、天文学和太空技术发展的基础上，独立地形成了一门新兴的综合性的太空科学。太空科学作为一门独立的科学仅有很短的历史，但其研究的内容一直属于活跃的前沿领域，因而又可称为为数众多的学科之间交叉而形成的交叉科学。然而，当交叉科学发展到高级阶段时，就其实质来看，就是综合性科学。这里，值得强调的是，太空科学由为数众多的学科在共同作用于太空自然现象这同一研究对象的过程中，概念、理论、原理和方法汇合和融合，才结合成一门具有新质的综合性科学。

0.4　太空科学研究方法

太空科学的研究方法所具有的独特性在于超越了囿于地面上研究的局限性，从而开拓的新领域迥异于地面上所能研究的领域。

0.4.1 直接探测

为研究发生在太空的物理、化学和生命等自然现象，就要摆脱地球的束缚，利用太空飞行器直接去就地探测、采样等，如到高层大气、电离层、磁层、行星际太空中探测，直接到月球、行星及其卫星上实地考察、采样、实验等。对于这些研究对象，只能采用直接的探测手段，如高空气球、探空火箭、人造卫星、行星和小行星探测器、行星际探测器等，才可能进行直接的、有效的探测。如利用高空气球的探测，如图 0-4 所示。

在 20 世纪 50 年代，中国开始利用探空火箭进行太空探测，从 1958 年开始到 20 世纪末，共发射了近 300 枚探空火箭，包括气象火箭、取样（如从核爆炸形成的蘑菇云中取样等）火箭、试验研究（如电离层研究、生物研究等）火箭，等等。

1979 年 4 月，中国科学院空间科学技术中心与国防科技大学合作研制的织女一号（ZN-1）发射成功。距地面 60 千米，探测大气温度、大气压力、风向、风速等。（图 0-5）

利用太空飞行器，如人造地球卫星、行星探测器等对近地太空、太阳系彗星进行探测。1986 年，苏联利用彗星探测器与彗星交会，实现近距离探测，如图 0-6 所示。

0.4.2 间接观测

为研究遥远的庞大天体系统，如恒星系、银河系、河外星系等，就只能间接地接收它们发出的各种信息。如用地面天文望远镜间接地

图 0-4 中日合作高空气球越洋（日本鹿儿岛）飞行进行 X 射线观测

（引自中国科学院紫金山天文台台刊，1992年）

图 0-5 织女一号（ZN-1）气象火箭

（引自《中国探空火箭40年》）

观测天体发出的信息。

图0-6　太空飞行器与哈雷彗星交会［引自《茫茫太空（第一版）》，第55页］

图0-7　中国科学院云南天文台地面天文望远镜

在21世纪，中国开发了目前世界上最大的单口径射电望远镜。即FAST（Five-hundred-meter Aperture Spherical radio Telescope）。500米口径球面射电望远镜坐落于贵州省黔南布依族苗族自治州平塘县克度镇金科村大窝凼洼地，利用天然喀斯特洼地作为望远镜台址，以实现大天区面积、高精度的天文观测。

2017年10月10日，世界最大单口径射电望远镜——500米口径球面射电望远镜（FAST）取得首批成果新闻发布会在中国科学院国家天文台举行。本书在"6太空天文学"一章中，公布了详细结果。

各类天体发射波长为$10^8 \sim 10^{-12}$厘米的各种电磁辐射，探测和研究这些辐射，就能获得天体的许多信息。但是，在地面上由于城市照明、工业系统以及其他干扰，不断人为地污染着地面天文观测的环境，使天文观测受到了很大的威胁。特别是，地球大气层、磁场给地面天文观测带来了一个天然的屏障，天体的电磁辐射的很宽频段在很大程度上被吸收或受到干扰，使许多信息不能到达地面。

虽然如此，地球大气层还是给地面天文观测留下了两扇很窄的"窗口"，让可见光和射电波段能顺利地通过而到达地面。按观测波段，可分为红外线、紫外线、X射线、γ射线和可见光等，即全波段天文观测。但仅靠这两扇"窗口"来认识宇宙天体，远远不能揭露宇宙深处令人费解的问题。这样，就必须飞越地球大气密度稠密的大气层，即在大气层外，进行天文观测，从而开创了太空天文学新领域。

0.4.3　利用太空极端环境进行实验

人类主动利用太空极端环境，如高真空、宇宙辐射、各种磁场、高低温变化、变重力场（主要为微重力场）进行多种科学研究，进行多种实验，从中发现有关物理、化学、生命等新的自然现象。

0.5　太空人类化

0.5.1　太空探索与开发

人类在不断地进行太空探索与开发。在21世纪，太空科学有几个重大的发展方向：在空前规模的日地科学研究中，将继续国际日地物理计划和日地能量计划；在长远的地球系统科学研究中，主要将地球作为一颗特殊行星进行研究，包括国际地圈生物圈计划（IGBP）的长远任务；在重返月球进行综合研究中，将以新的抱负和更高的目标，建立月球基地，建立定居点，生产农作物等。同时，还将月球基地作为登上火星的前进基地；在登上遥远的火星计划中，将进行实地综合考察，包括生命探索等，这充分地表现出人

星空下的FAST工程现场

图 0-8　星空下 500 米口径球面射电望远镜（引自《科学》第 68 卷第 4 期）

类高度的智慧和勇敢的精神；在开拓太空天文学新领域中，将把大型太空光学望远镜送入轨道，开创太空可见光天文学新领域，还可能出现比哈勃太空望远镜口径更大的太空望远镜，为一系列重大科学问题，如黑洞证认、暗物质、活动星系核能源等，做出贡献（图 0-8）；在继续寻找地外生命中，仍将在太阳系内寻找地外生命，而在太阳系外寻找理性生命十分艰难，人类不大可能真正访问其他恒星。不过，人类仍在通过无线电通信来寻找。

0.5.2　开创新型的太空文明

在未来的年代里，人类还将坚持不懈地进行太空探索。在世界上难道还有比进入浩瀚无际的太空去了解自然界及人类在其中的地位更加伟大的挑战吗？甚至令人

难以想象有多少在狭窄的地球上无法认识的奥秘发生在太空？什么样的自然规律在支配着宇宙？恒星、行星、地球是怎样形成的？人类是宇宙的"独生子"吗?! 我们来自何方？只要在太空不断地进行科学研究，人类总会把各类知识综合起来，形成比较全面、深刻的认识。

　　总之，人类还将进一步地开发太阳系的资源，把无限丰富的太阳能与太阳系物质结合起来，在太空开创新的物质文明和精神文明，实现太空人类化。

目　录

概　述

太空科学是利用太空飞行器（人造卫星、飞船、太空实验室、探测器等）研究发生在太空的自然现象（物理、化学、生命现象等）而形成的一门综合性的前沿科学。

太空科学是伴随人造卫星发射进入太空而迅速发展起来的一门新兴的前沿多学科交叉的基础科学。它把日球作为一个系统，研究太阳，行星、彗星的上层大气、电离层、磁层、高能量粒子，以及与星际物质的相互作用。太空科学探测和研究的主要目标从根本上讲是要了解太阳系太空状态、基本过程和变化规律。

太空科学探测和太空科学研究两个方面总结了国际太空科学的发展现状和趋势，介绍了中国太空科学近期的发展现状，最后在发展展望部分，对太空科学的重点发展方向及优先发展领域进行了阐述，并提出中国太空科学发展的规划和探测路线图。

在 2006—2010 年，中国在地球空间双星探测计划（后简称"双星计划"）取得重要科学成果的基础上，对"夸父计划"项目概念开展了预先研究，完善了"以我为主"的太空科学和太空天气卫星探测规划，完成了"地基太空探测系统 —— 子午工程"的建设，为地基探测的跨越式发展奠定了基础。太空科学研究方面，在太阳风的起源及其加热和加速、行星际扰动传播、磁暴和亚暴的产生机制、磁重联过程、太阳风与磁层的相互作用、中高层大气动力学过程的探测与研究、电离层的建模以及区域异常、地磁、电离层天气预报方法、极区光学观测研究以及太空等离子体基本过程等领域取得了一批具有国际重要影响的研究成果。

中国太空科学领域将初步建成天地一体化的太空环境综合监测体系，聚焦日地系统太空天气整体变化过程并预期取得重大突破；构建数字化近地太空保障平台，开展更高层次的国际合作交流。

在现阶段，太空科学在与太空技术的相互作用中已经得到迅速而充分的发展，它在自然科学中不仅横跨了多门基础学科，而且还横跨了多门技术，以至渗透到远邻的社会科学中。

迄今为止，它已发展成为由 50 多门分支学科组成的一个比较庞大的学科系统。

1　近地太空物理学

1.1　大气物理学

近地球太空（the space near-earth）充满着复杂的自然现象。太空物理学研究的主要任务从根本上讲，是要了解太阳系范围的空间状态、基本过程和变化规律。宇宙太空是一个地面无法模拟的特殊实验室，不断涌现出自然科学领域数百年来的经典理论无法解决的新问题，是有待探索的重大基础科学前沿。太空物理学是当代自然科学中最富挑战性的国际前沿领域之一，特别是，日地之间的太空环境涉及诸多物理性质不同的太空区域，如中性成分（中高层大气）、电离成分为主（电离层）、接近完全离化和无碰撞的等离子体（磁层和行星际），以及宏观与微观多种非线性过程和激变过程，如日冕物质抛射（CME）的传播、激波传播、磁场重联、电离与复合、电离成分与中性成分的耦合、重力波、潮汐波、行星波、上下层大气间的动力耦合等，这些都是当代难度很高的基本科学问题。研究日地系统所特有的高真空、高电导率、高温、强辐射、微重力环境，研究其中各种宏观与微观交织的非线性耗散，以及具有不同物理性质的空间层次间的耦合过程，了解灾害性太空天气变化规律，获取原创性科学发现，已成为当代自然科学中最富挑战性的国际前沿课题之一。

无论是国际日地物理（International Solar-Terrestrial Physics, ISTP）计划、日地能量计划（Solar-Terrestrial Energy Program, STEP），还是与恒星共存（Living With a Star）计划、日地系统的气候与天气（Climate and Weather of the Sun-Earth System）

计划等，太空天气研究都是组织多学科交叉、协同攻关去夺取重大原创性新成就的重大科学前沿领域。

中国科工委发布的"2011—2015年空间科学规划"中，将太空物理和太阳系探测作为重点发展的三大领域之一；中国发布的《国家中长期科学与技术发展规划纲要（2006—2020年）》将"太阳活动对地球环境和灾害的影响及其预报"列为基础研究的科学前沿问题之一。

10千米以上的大气圈层被定义为"中高层大气"，包括对流层的上部、平流层、中间层和热层。中高层大气是对太阳活动和人类活动等外界扰动都极为敏感的空间区域，是地球环境和太空之间的通道，也是当前人类知之最少的地球大气区域。其学科发展对于人类了解地球生态环境的变化、保障太空活动和技术系统的安全具有特殊的重要性。因此，吸引了众多的太空物理学家和大气科学家来共同关心这一领域。而各种灾害性天气、气候以及太空天气事件给人类的生产、生活带来的巨大破坏以及相应的巨额财产损失也迫使各国政府制订相应的国家研究计划。

一些发达国家相继推出了各自的研究计划并先后组织了多项全球性的合作研究，目的在于弄清中高层大气中关键的光化和动力学过程，以及它们对太空环境的影响。如美国的"太空天气计划"，欧洲航天局（ESA）的"欧洲太空天气计划"，以及国际日地物理委员会组织实施的"日地系统的气候和天气计划"等，都把研究中高层大气天气和气候问题作为明确的科学目标。而美国国家航空航天局（NASA）和美国国家科学基金会（NSF）分别推动的"大气各区域耦合、热力学和动力学计划"和"热层、电离层、中间层热力学和动力学使命"，更是直接关注于中高层大气的观测与数值建模工作。在重力波、行星波、潮汐的观测、激发、迁移、变化规律和统计特征以及大气风场的特性等方面取得了重要进展。

太空物理学具有强烈的国家需求。与地球对流层天气一样，太空环境也常常出现一些突发性、灾害性的太空天气变化，有时会使卫星运行、通信、导航和电力系统遭到破坏，影响天基和地基技术系统的正常运行和可靠性，危及人类的健康和生命，进而导致多方面的社会经济损失，甚至威胁到国家安全。据统计，航天故障40%来自太空天气的影响。

进入21世纪，中国面临自立于世界强国之林的历史重任，发展高科技，实现国防现代化是根本保证。在这种背景下，中国同世界发达国家一样，对太空天气研究产生了十分紧迫的战略需求。载人航天和探月工程是国家的重大专项。2011—2015年，已有几十颗卫星发射上天，载人航天实现交会对接，发射小型的空间实验室，嫦娥奔月实施"绕、落、回"三步走的第二步。然而，卫星故障常有发生，据统计，其中又有约40%来自太空天气。已有风云一号气象卫星、亚太2号通信卫星所遭遇的失败以及双星计划中姿控失效，嫦娥一号卫星发生单粒子锁定等。重大的灾害性太空天气常给航天器造成严重损伤，甚至提前坠落：如1998年4～5月美国银河4号通信卫星失效，造成美国80%通信寻呼业务的中断；2000年7月14日的灾害性太空天气使日本的宇宙和天体物理先进卫星ASCA（Advanced Satellite for Cosmology and Astrophysics）失去控制，损失很大。全球卫星通信、导航定位系统发展迅速，中国也必须发展自己的各类天基技术系统。在此期间，中国应用卫星、载人航天、嫦娥工程等航天活动日益频繁，航天安全形势更加严峻，太空环境保障需求也更为迫切。

总之，日地太空乃至整个太阳系，是人类开展科学探索、揭示自然规律的重要区域，同时也是人类太空活动最主要的区域。太空物理学是世界各国争相研究的热点学科，也是各国科技实力展示的舞台，更是引领世界科技发展的驱动力。由于伴随人类社会发展的诸多领域如航天、通信、导航等高科技领域和国家安全的强烈需求，太空物理学进入21世纪之后正迅速发展成国际科技活动的热点之一。

2006年国家颁布了《国家中长期科学与技术发展规划纲要（2006—2020年）》，将"太阳活动对地球环境和灾害的影响及其预报"列为基础研究的科学前沿问题之一，载人航天和探月工程被确定为国家重大专项，国家中长期发展规划赋予了太空物理学探测和研究新的责任。

为了落实国家中长期发展规划，太空物理学领域在未来几年重点关注日地太空环境，将日地太空天气连锁变化过程的探测和研究作为主攻方向；在太阳活动影响地球太空和人类社会的关键科学问题上取得突破性进展；着力提升太空环境的业务服务水平，增强中国航天活动和太空应用的安全保障能力。

根据中国的现状和国际学科发展趋势，太空科学领域发展布局的主要思路是立足于中国现状，以美国等主要发达国家作为参照系，突出中国的优势，重点布局，协调发展，建立和完善符合学科发展的体制、机制，大力培育新兴与交叉科学。

在地球周围的太空中，存在着丰富多彩的自然现象，形成大气层、电离层和磁层等。它们与人类的生活、生产活动、太空飞行、通信等极其密切，成为人类生存与发展的自然环境。

1.1.1 大气层结构

在地球引力作用下，地球周围聚集着大量的气体，形成了大气层。在近似条件下，大气层整体地随地球一起旋转。按不同物理特性，分为对流层、平流层、中层、热层和外层；按成分分布不同，分为均匀层和非均匀层；按电离状态不同，分为电离层和非电离层；按化学成分特征，还有臭氧层。这样，大气层是由许多不同层次构成的"家族"，它们紧密地联系在一起。地球科学中所研究的大气物理学与太空物理学形成了交叉学科。大气分层结构如图 1-1 所示。

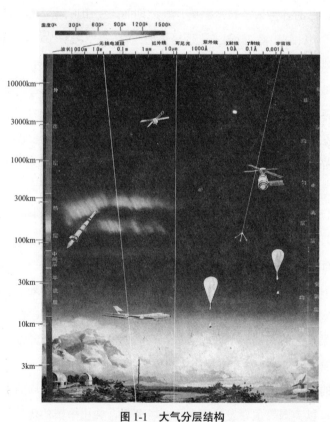

图 1-1 大气分层结构

［引自《茫茫太空（第一版）》，第7页］

1.1.1.1 对流层

对流层是介于海平面至 16 千米高度的区域。在这层中，大气主要处于垂直和水平对流运动状态。这是由于地面热变化大，使得这层大气经常发生上升和下降气流，造成大气混合，变化非常活跃，从而导致了水的三态变化，产生了一系列物理变化过程。风、霜、雨、雪、云、雾、雷、闪电、冰雹等变化多端的天气现象都发生在该层内。在这里，温度随高度变化也很明显。当向上升高时，温度就急骤地下降，大约每升高 1 千米，就下降 6.5℃，凡是登过高山的人都知道这种变化。当到对流层顶时，温度就降到 − 83℃，即 190K（K 为开氏温度）。

1.1.1.2 平流层

平流层是介于 16 ～ 50 千米高度的区域。臭氧层也嵌在此层中，并在 25 千米高度附近含量最多。正是由于臭氧层的存在，大量地吸收了太阳紫外线，即中紫外区（波长为 2000 ～ 3000Å，$1Å = 10^{-10}$ 米），从而保护了地球上的人类免受紫外辐射的伤害。人类十分关心臭氧层浓度的变化，若此层发生异常变化，将给全球气候带来重大的影响，以致给地球上的生命带来危害：如臭氧减少，则太阳紫外辐射更多地直达地面，造成伤害生命的恶果；若臭氧增多，大量地吸收了太阳紫外辐射，则地面植物不能正常地进行光合作用而引起生长不良的后果，使人体不能产生维生素 D 而危害健康。在有机体受到破坏与修复之间存在着连续的精致的平衡状态，任何外来因素干扰这种平衡，都会引起有害的后果。因此，人类正在采取保护措施，以防止臭氧层遭受人为的破坏。由于臭氧层嵌在平流层之中，当臭氧层吸收太阳紫外辐射时，就引起了热源汇集的效应，使得平流层温度向上递增，直到平流层顶温度可达到 7℃，即 280K。大气层的温度随高度的变化如图 1-2 所示。

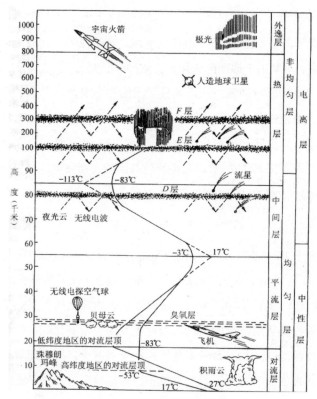

图 1-2　大气温度随高度变化

（引自《现代科学技术大众百科·科学卷》，第 577 页）

1.1.1.3　中间层

中间层是介于 50 ～ 90 千米高度的区域。在此层中，存在着强烈的光化学反应，即太阳辐射使大气中的氧、氮分子等吸收能量而产生电离，就是使其外层电子脱离原子的过程，同时电离后的各种带电粒子碰撞而复合一起，并将原来从太阳辐射中所吸收的能量以发光的形式释放出来，以至产生大气光学现象，如气辉就是这种微弱光辐射现象，这种大气层发射的光又被称为"地球光"。在地面台站或在卫星、空间站上都能观测到美丽的气辉，如图 1-3 所示。这层的温度随高度升高而下降，到中间层顶

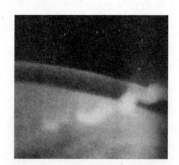

图 1-3　从天空实验室上拍摄的气辉

［引自《茫茫太空（第一版）》，第9页］

可降到－123℃，即150K。

1.1.1.4 热层

热层是介于90～500千米高度的区域。在此层中，温度随高度增加而迅速升高，在热层顶可达到约1227℃，即约1500K。能达到如此高温，主要是大气吸收了全部波长短于1750Å的太阳紫外辐射所致。在白天和夜晚，温度高低还不同。

但是，在热层顶之上，大气温度不随高度变化了，等于外层（逃逸层）大气温度，如图1-4（热层温度）所示。在热层中，存在着十分壮观、活跃的自然现象，如极光、流星和气辉（airglow）等。

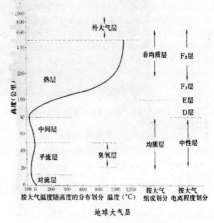

图1-4　热层温度随高度变化

［引自《茫茫太空（第一版）》，第9页］

1.1.1.4.1 极光

极光通常出现在地球两极，一般发生在100～1000千米高度范围内，出现在北极的称为"北极光"，出现在南极的称为"南极光"。在北极圈和南极圈内昼夜辉映天空，色彩瞬息万变，光辉夺目。极光是由于太阳的电磁辐射和粒子辐射进入高层大气中与原子、分子撞击而激发出来的绚丽多彩的发光现象。早在2000多年前，中国就有了用肉眼观测极光的记载。18世纪，俄罗斯科学家罗蒙诺索夫就用诗歌生动地描绘过极光发生的情景。19世纪，埃斯特罗姆第一次用摄谱仪记下了极光光谱。20世纪，科学家利用光学、无线电观测仪器和探空火箭、卫星等探测手段对极光进行了深入的研究。从地面上观察，极光形状多姿多态，大体可分为5种类型。

（1）均匀光弧光带，如均匀光弧极光（图1-5）。这类极光比较稳定，移动速度慢，厚度几千米。

（2）射线式结构的极光、光柱、光冕，如图1-6所示。射线状极光如同褶皱的窗帘，厚度约200米，长达几百千米，伸展到约500千米的高空，移动速度很快，每秒可达50千米；射线状光柱如柱状，耸立天空；射状光冕多为红色，其射线集中在天顶时像一顶帽子。

图 1-5　均匀光弧极光

（引自《中国大百科全书·空间
科学卷》彩图第34页，1985年）

图 1-6　极光冕

［引自《茫茫太空（第一
版）》，第12页］

（3）弥漫状光面，镶嵌着许多光斑，每块光斑的覆盖面积约 100 平方千米，分
布在 100～200 千米高度区域。

（4）大尺度均匀光面，覆盖着大部分天空，光面均匀，相当稳定。这类大片极
光的出现意味着一次极光显现的尾声。常见的极光形态不断变化，开始时常是均匀
弧，亮度不随时间变化，后来逐渐明显增加，均匀弧分裂成射线式结构（图 1-7），
而后是帘幕状极光或极光冕；快速向上移动的火焰式极光，往往出现在极光冕之后。
还有一类脉动极光。

（4）′罕见的白色极光（图 1-7′）和北极上空非常规的彩虹（图 1-7″）。

图 1-7　射线式光弧光带极光

［引自《茫茫太空（第一
版）》，第11页］

图 1-7′　丝绸般的稀有极光

图 1-7″　北极上空非常规的彩虹

（5）人造极光。在自然界形成种类繁多的极光，此外，还可在 200 千米高空释放钡云后 3 分钟就形成人工极光，如图 1-8 所示。

绚丽多变的极光现象对于研究高层大气的物理、人工极光化学本性十分重要，并与研究太阳活动和地球磁场活动有着密切的关系。中国研究极光有着悠久的历史。

图 1-8　人造极光

［引自《茫茫太空（第一版）》，第13页］

1.1.1.4.2　极光大爆发精彩记录

2015 年 3 月 15 ～ 18 日，太阳大爆发导致极光大爆发！这是太阳带电粒子流进入地球南北极上空 70 ～ 1000 千米范围与原子、分子相互作用所激发的发光现象。这是近 20 年来最强的极光爆发！地球南北极上空都出现了大范围的美丽极光。使整个北半球上空都绚丽多彩，令英国、瑞典、加拿大、美国等都震惊了！

太阳这次爆发正好朝着地球方向，边缘部扫到地球了，地球磁暴的强度达到了仅次于最强的 G4 级！然后，太阳高能粒子就来到地球，极光指数也达到了 Kp 8.9 的强度！极光大爆发就这么开始了。南半球新西兰也同时出现了南极光！（图 1-9 ～图 1-23）

图 1-9　从阿拉斯加发出的
极光记录（NASA 资料）

图 1-10　太阳高能粒子喷向地球

图 1-11　北爱尔兰海岸

图 1-12　苏格兰

图 1-13　苏格兰天空岛

图 1-14　苏格兰北方群岛

图 1-15　冰岛夜空

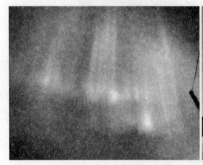

图 1-16　威尔士

图 1-17　芬兰

图 1-18　瑞典

图 1-19　挪威

图 1-20　新西兰

图 1-21 荷兰

图 1-22 波兰北部

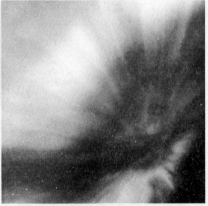

图 1-23 北半球一些地区

1.1.1.4.3 流星

当一大群流星体形成流星群并与地球相遇，则在太空某区域出现几小时至几天的流星雨，在地面看到几千条到几万条（可到 35000 条）流星从一个辐射点发射出来。

这是一种透视现象，并以辐射点所在的星座或恒星命名流星雨，如狮子座流星雨、天龙座流星雨，如图 1-24 所示。

1976 年，在中国吉林省就有流星体陨落，其中最大的一块陨石重 1770 千克，是迄今世界上收集到的最重的石陨石，如图 1-25 所示。其降落地面形成的大坑，陷入地下达 6.5 米深，直径 2 米多，如图 1-26 所示。

在美国亚利桑那陨石坑直径达 1240 米，深达 170 米，估计是在 2 万年前形成的（图1-27）。

图 1-24　天龙座流星雨

（引自《中国大百科全书·天文学》第218页，1980年）

图 1-25　中国吉林陨石

（引自《中国大百科全书·固体地球物理学·测绘学·空间科学》彩图第41页，1985年）

图 1-26　中国吉林陨石坑

（引自《中国大百科全书·固体地球物理学·测绘学·空间科学》彩图第41页，1985年）

图 1-27　美国亚利桑那大陨石坑

（引自《中国大百科全书·固体地球物理学·测绘学·空间科学》彩图第48页，1985年》）

流星体大小不等，小的重量不足千分之一克，大的可达几十吨（30～60 吨）。流星体与很小的小行星或彗星之间没有严格的界限。一种质量较大的流星体与大气层摩擦而发出明亮的光迹，并拖着很长的尾光带，可持续几分钟，有时还伴有爆裂声而落地成为陨石，这类流星体称为"火流星"。（图 1-28）

图 1-28　火流星

（引自《中国大百科全书·天文学》第216页，1980年）

1.1.1.5　外层（逃逸层）

这是位于热层顶以上的大气外缘。在此层中，不带电的中性分子很稀少，地球引力也小，因而这些分子能以大于第二宇宙速度（11 千米 / 秒）逃逸到行星际太空去。在 1000 千米高度以上的大气主要是由氢和氦组成，一些氢原子吸收太阳紫外辐射后就产生莱曼 α（H Lyman-α）辐射，这称为"地冕"。地冕远离地心的距离约 15 个地球半径（地球半径 R_E = 6370 千米），即约 10 万千米，在背太阳方向形成地尾。在地球大气外缘，氢是最轻的气体，再也没有其他气体能与它竞争了，因而氢一直保持到大气层的尽端，向同样是氢构成的星际太空气体过渡，而没有明显的界限了。

1.1.1.6　均匀层

这是 0～90 千米高度的区域。在这层中，大气成分是均匀的。实际上，均匀层包括对流层、平流层和中间层。在这些大气层中，由于大气中的风，即气体质量的大尺度运动，还有中小尺度运动和分子扩散作用，使得大气成分之间产生混合，形成均匀状态。

1.1.1.7　非均匀层

这是自 90 千米以上直到大气外缘的区域。在这层中，由于各种成分的分子，如氮分子、氧分子等，发生光化离解和扩散分离（重力分离），重分子沉在下面，轻分子分布在上面，使得大气成分随高度和时间而变化，下部大气成分是氮分子、氧分子、氧原子，而上部的主要成分是氧原子、氮原子、氢原子。整个大气层的大气密度随高度增高而下降，基本上按指数规律递降。在低层大气中，干洁空气的基本气体组成，按体积划分：分子氮（N_2）占 78%、分子氧（O_2）占 21%、氩（A_r）占 1%，还有二氧化碳（CO_2）、氖（Ne）、氦（He）和甲烷（CH_4）等微量成分。大气主要结构参量（包括密度、温度、压力和化学组成等）的变化随着时间、纬度、高度、季节、地球磁场活动和太阳活动等因素而经历着复杂的变化。如大气密度随这些因素的变化是很大的，在 300 千米高度上，昼夜可变 3～4 倍，在 600 千米高度上则可变 10 倍。地球大气层与人类的生存、太空飞行活动、生产活动、军事活动以及科学研究等都有着密切的关系。人类对地球大气层起源、演化的研究，对了解其他行星大气的起源、演化，太阳系天体的起源、演化，人类的起源，生命的起源、分布等，都有着重大深远的现实意义。

1.2 电离层物理学

地球上空 60～2000 千米之间的大气层受太阳紫外线及更高频率波段辐射的作用，使其部分被电离，称为"电离层"。电离层中有足够的自由电子，能影响无线电波的传播，进而影响通信、导航等地基和天基技术系统。电离层物理的主要研究对象是：在太阳辐射和太阳风扰动作用下电离层中的各种基本物理过程；这些物理过程导致的电离层形态及其分布与变化特征；电离层与地球太空中相邻层次（磁层和大气层）的相互作用。电离层是日地太空中的关键层次，是日地系统能量传输的终端，也是日地太空天气产生效应的主要场所。电离层研究的前沿科学问题包括：高纬电离层及其与太阳风、磁层的相互作用；中低纬电离层及其与大气层的相互作用；高纬电离层与中低纬电离层的相互耦合；电离层扰动与电离层太空天气预报；电离层气候学与模式化等。

1.2.1 电离层结构

1.2.1.1 D 层

这是电离层最低的一层，即 60～90 千米的区域，也称"D 区"。在这一层中，因大气密度大，电子与离子重新结合成中性分子的复合过程容易发生，所以电子密度很小，以至在夜间基本消失。在 D 层与地面之间，无线电长波可以来回反射，以至传播到很远的接收站，这样就在 D 层与地面之间形成波导。太阳耀斑和射电爆发时，太阳辐射增强，电离层突然骚扰，D 层电离度突然增加，D 层反射长波的高度也突然发生变化，长波和超长波信号突然增强。这种现象可持续几分钟至几十分钟之久，并借此可灵敏地发觉太阳耀斑的射电爆发的出现。

1.2.1.2　E 层

E 层又叫"肯内利—赫维赛德层"（Kennelly-Heaviside layer）。这是在电离层中位置比较稳定的一层，介于 100 ～ 130 千米。在此层中，电子密度变化很有规律。在白天最大电子密度约 $10^6/cm^3$。电子密度峰值出现在约 110 千米高度上。E 层的特点是电子密度及高度随太阳天顶角 X 及太阳黑子数 R 而变化，其临界频率 f_0E 和最大电子密度 N_mE_0 形成 E 层的主要电离辐射波长为 8Å ～ 104Å 的软 X 射线和 1000Å ～ 1500Å 的紫外线。此层的主要正离子成分为氧分子离子和一氧化氮离子。E 层在夜间基本上消失。

Es 层又称"散见 E 层"或"偶发 E 层"（sporadic E layer）。高度为 100 ～ 120 千米的低电离层中经常出现的不均匀结构，在背景电子密度之中"飘浮"着各种大大小小的"云块"。其厚度为 3 ～ 5 千米，水平尺度几十千米至上百千米。有沿磁力线方向伸展的趋势，因其电子密度的垂直梯度大，所以在频高图上的回波描迹呈水平状，其临界频率随时间变化很快，它对电波是半透明的，好像一个栅，入射波可以部分地通过，在更高层次上反射，在中纬度层主要在夏季出现，在极区主要在夜间出现，在赤道区主要在白天出现。一般认为，它的出现与电离输送过程及流星电离有关。

Es 层就似一面镜子，当投射电波频率增高时，则部分返回地面，当部分穿透 E 层到达电子密度值大而高度更高的 F 层，这些 Es 层就具有半透明性了。电离层不均匀结构的成因十分复杂，在 D 层、E 层、F 层中都存在着不均匀结构，其运动状态也十分复杂。

1.2.1.3　F 层

这是位于 140 ～ 400 千米乃至数千千米高度的区域。在电离层中，此层是电子密度值最大的一层，对于无线电通信有着重要意义的一层。在夏季，有时在春、秋季的白天，F 层分裂为一个较高的 F_2 层（200 ～ 400 千米以上）和一个较低的 F_1 层（140 ～ 200 千米）。在夜间，F_1 层便消失，而 F_2 层仍存在着。在 300 千米高度附近，电子密度出现最大值。电离层的分层结构使得发射不同频率的无线电波从不同层次上返回地面。一般地，发射较低频率的电波将从低电离层如 D 层和 E 层反射回来，发射较高频率的电波将从 F 层反射回来，如发射最大可用频率的电波，则会穿过电离层而不再返回地面。凡发射能被电离层反射的最大频率称为"临界频率"，它是电离层最大电子密度的表征，由此导致各层如 D、E、F 层都有各自的临界频率。如发射波频率等于 D 层的临界频率时，电波就从 D 层反射到地面，相应地，其他各层也如此。通常，3～30 兆赫，是实现远距离通信和广播的最适当的短波频率范围。在地面发射台发射电波经电离层一次或多次反射后到达接收站是实现远距离通信的原理。

太阳剧烈活动能引起电离层突然变化，电离层突然骚扰就是太阳电磁辐射引起的一种反常现象。这是当太阳耀斑爆发时，增强了紫外线和 X 射线辐射，使 D 层电离度突增，对于穿过此层又返回地面的短波，受到了强烈的吸收，所以出现短波通信衰落以至中断的现象。而长波、超长波则从 D 层类似镜面反射而返回地面，强度增强。电离层暴是由太阳粒子辐射引起的另一种反常现象，这是当太阳耀斑爆发后，喷发大量带电粒子流，并经过 36 小时左右，穿入磁层边界，与高层大气相互作用，使正常电离层，特别是 F_2 层受到扰乱，故又称为"层暴"。D 层的电离度大大增加，对电波吸收加剧，短波通信甚至中断，常常遍及全球。电离层是由电子、正负离子和中性粒子所组成的气体混合物。在比较大的体积内，正电荷量与负电荷量相等，故又称"等离子体"，在宏观上呈电中性。由于地球磁场分布在近地球太空中，因而整个电离层"浸"在地磁场之中，各类带电粒子的运动必然受到地磁场的约束。因此，电离层是一种非均匀的磁离子介质。电离层对于人类社会活动、科学技术的发展有着深远的影响。在 20 世纪初，无线电波横跨大西洋的通信就是靠电离层对电波的反射而实现的。在现代社会中，人类许多活动都依赖于对电离层的认识程度。电离层特性有微小的变化，也会影响无线电广播的质量和无线电通信的可靠性。随着地上无线电、电视网、航行，以及人造地球卫星中转讯号系统等的蓬勃发展，愈益要求研究电离层的变化、形成机制，以及与太阳活动、地磁活动等相关现象，才能有效地为人类社会所利用。

1.2.2 电波在电离层传播

在地球大气层中嵌着电离层，即当部分或全部中性大气分子和原子在太阳辐射包括电磁辐射（如紫外线、x 射线）、粒子（如高能电子、质子等）辐射，以及来自银河系的高能带电粒子辐射的共同作用下，电离为电子、正离子和负离子，形成电离层。一般地，电离层是部分电离的大气区域，而磁层才是完全电离的大气区域。在电离层中，只有含有足够多的自由电子，才能显著地影响无线电波的传播。可以形象地把电离层想象成一个环绕地球的带电粒子层，犹如一面"镜子"。地面发射短波无线电波就是靠电离层反射到地面，再从地面反射到电离层，经多次来回反射后，从而实现远距离通信，如图 1-29 所示。

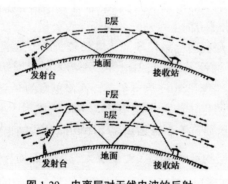

图 1-29　电离层对无线电波的反射

［引自《茫茫太空（第一版）》，第17页］

大气电离与电离辐射强度、大气密度等因素有密切关系。对于同一大气密度的区域，若辐射强，则电子密度（单位体积内自由电子个数）值大，即许多大气中性分子、原子都被电离了，因而产生了许多自由电子。若在同一辐射强度下，而大气密度各异的区域，则电子密度就不同了，如外层大气已高度稀薄，大气大部分虽已处于电离状态，但自由电子数也不多了；而低层大气，虽有浓密的中性分子和原子可供电离，但由于复合作用又使自由电子和正离子再结合成中性粒子或正负离子结合成中性粒子，造成自由电子损失，电子密度值小；因此，电离层只存在于大气层中一定高度的区域，并在一定的高度区域电子密度出现极大值和最大值，从而形成电离层的分层结构。

1.3　磁层物理学

正是地球存在着磁场，所以当太阳喷发大量带电粒子流，主要包括质子、电子、氦离子和含量甚微的重元素，并以超音速（350～700千米/秒）吹向地球时，才能形成磁层。地球磁场如图1-30所示。

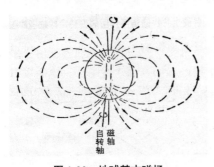

图1-30　地球基本磁场

[引自《茫茫太空（第一版）》，第20页]

这种从太阳外层大气连续不断地高速向外流动的等离子体流称为"太阳风"，由于有太阳风吹向地球，而地球又有磁场，太阳风与地球磁场相互作用所形成的区域，即这两者发生相互作用在地球周围形成的巨大区域，被称为"地球磁层"。

1.3.1　磁层结构

磁层是指地球电离层以上由地球磁场主要控制的广阔太空，其中包含几乎完全电离的等离子体。磁层物理学主要关注磁层太空中电磁场与等离子体的变化，重点研究太阳风输入能量在磁层太空不同区域中传输、转换释放的物理过程（图1-31）。

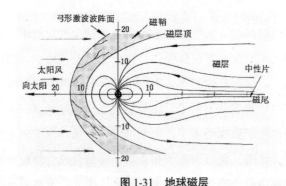

图1-31　地球磁层

（引自《中国大百科全书·天文学卷》，第56页）

磁层物理学的发展与太空探测技术密切相关，地球辐射带就是人造卫星太空探测的第一个重要发现。随着太空探测技术的提高与进步，人们不仅了解了磁层不同区域的精细结构，并对其中的物理过程有了深入的认识。目前，磁层太空探测的主要趋势是多点探测和成像探测。其中多点卫星探测计划以 ESA 的星簇（Cluster）计划、中欧合作的双星计划以及 NASA 的 THEMIS 计划为代表；成像探测以 NASA 的 IMAGE 卫星为代表。这些新的探测方法和思路虽然在 20 世纪 80 年代提出，但大都在近十几年内才开始实施，并已使磁层物理学在近地太阳风与磁层相互作用、磁层亚暴、磁场重联等方面取得了多项重大进展。目前，磁层物理研究的重点还是集中在三个方面：磁层亚暴物理过程、磁场重联和辐射带粒子的加速和损失过程。

1.3.1.1　磁层

这是磁层的外边界，其向阳面约呈一椭球面，这一侧面的位置约在太阳风的动压力与地球磁场的磁压力相等之处，而且位置和形状都不断地发生着变化，由这两种力达到平衡条件来确定。在太阳风平静时，磁层顶在日地连线上离地心 6 万多千米。

1.3.1.2　弓激波

由于太阳风受到磁层的阻挡，在磁层顶前方形成弓激波，又称"舷激波"或"船首激波"，类似于船在水流中高速航行时在船头激起的弓形激波。

1.3.1.3　磁鞘

在弓激波与磁层顶之间存在的一个区域，称为"磁鞘"。太阳风经过弓激波后，由于加热，温度升高，使得定向流动的太阳风速度减小，平均约为 250 千米 / 秒，流动方向偏向日地连线约 20° 以上。由磁层顶经磁鞘到弓形激波之间的距离约有几个地球半径。

1.3.1.4　磁尾

磁层顶在背太阳面形成一个略扁的、向外略张开的圆筒形，这个圆筒形所围成的空腔称为"磁尾"。它的长度可延伸到 1000 个地球半径，因为人造卫星在远离地心 1000 个地球半径处还测量到了它的痕迹。磁尾圆筒柱的截面半径约为 20 个地球半径。地球磁力线从磁南极 N 发出，从磁北极 S 返回指向地球，在 30 ～ 40 个地球半径以内形成闭合磁力线。而这以外的区域磁力线则不封闭了，这样，背离地球的磁力线与指向地球的磁力线在靠近地球赤道附近磁场方向正相反，磁场为零，形成了平行地球赤道面的中性片，将地磁尾分为南瓣和北瓣，这两瓣是等离子体密度较高的区域，外形呈平板状，故称为"等离子体片"。

1.3.1.5 内外辐射带

地磁场捕获带电粒子（图1-32），因而在磁层内部形成了内外辐射带。这是在1958年人造地球卫星进入地球太空后第一个重大发现，为纪念对这一发现做出重大贡献的美国科学家范阿伦（J.A.Van Allen）而命名为"范阿伦带"。

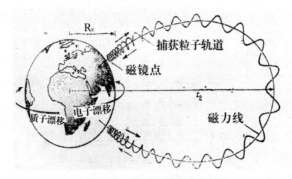

图1-32　地磁场捕获带电粒子

（引自《日地空间物理学》第103页，1988年）

内辐射带范围在 $600 \sim 10000$ 千米高度，并在南大西洋上空磁异常区离地面较近，带内主要由质子和电子组成。外辐射带范围在 $10000 \sim 60000$ 千米高度，带内主要由电子和质子组成，而质子主要来自太阳风的粒子。（图1-33，图1-34）

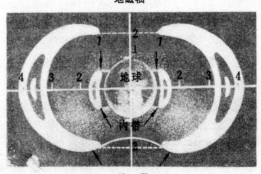

图1-33　磁层内外辐射带

（引自《中国大百科全书·天文学卷》，第57页，1980年）

图 1-34 磁层内外辐射带

（引自太空科学计划 ESA）

靠地球较近的磁层因在地磁场作用下随地球一起共转，这一部分磁层区域又称"等离子体层"。内外辐射带都是由地磁场所捕获的大量带电粒子（电子和质子）所组成的。带电粒子在磁场中因受洛伦兹力而围绕磁力线做旋转运动，称为被"捕获"现象。

1.3.2 太阳活动与地球磁层相关现象

1.3.2.1 磁暴

在磁层中，剧烈的能量释放使得地磁场发生急剧的变化和扰动，这种现象称为"磁暴"。它和太阳活动、太阳风、行星际磁场的状态有着密切的联系，而且在全球同时发生，影响磁层各个区域。在磁暴发生时，伴随有电离层扰动和极光的出现，无线电短波通信也受到严重的干扰。整个磁层发生持续一小时到几小时的剧烈扰动，形成磁层亚暴。一系列连续亚暴叠加又组成磁暴。

1.3.2.2 哨声和甚低频发射

哨声和甚低频发射被称为来自太空的"音乐"。在地面利用能接收几百至几千赫兹的低频接收机，就能听到来自外空的各种动听的声音。其中，一类称为"哨声"，即富有音乐性而类似吹口哨的声音；另一类称为"甚低频发射"，即各式各样悦耳的似鸟叫的声音。哨声来源于闪电，特别是云与地面之间的闪电，它犹如强大的发射天线，能激发各种频率的电磁波，其中在声频波段的电磁波能基本上沿着地球磁场方向传播，由于地球磁场在地球表面以上的太空分布很广，即可高达数万千米。

这样，哨声波在一个半球因闪电产生后就沿磁场方向，即磁力线方向，经过赤道上空传到另一半球的对称点，然后沿原来的路径返回。哨声波的能量很强，因而能来回传播数次才逐渐减弱。在哨声波中，频率较高的部分传播速度较快，频率低的部分传播速度较慢。因此，在接收机中听到的声音则先是尖声，即高频部分，最后是粗声，即是从高到低的下滑调。随着时间推移，频谱图上就先出现高频，然后出现低频，很像镰刀形。最后，犹如田径运动员绕场赛跑一样，经几圈之后，先后差距越拉越大。（图 1-35）

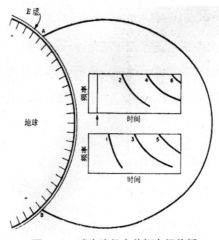

图 1-35　哨声路径在共轭点间传播

（引自《日地空间物理学》涂传诒等编著，第202页）

甚低频发射来源于在太空的高速带电粒子流或其他电磁波的激发，然后按哨声波的方式传播。因此，在地面高纬度地区能接收到各类动听的"音乐声"，类似各种鸟叫声。哨声波和甚低频发射的传播遍及巨大的地球太空，因而成为一种探测太空的重要手段。它们的传播受到周围介质的影响，如等离体密度不均匀结构、太空磁场、太阳活动和地磁活动引起太空环境的变化等。因此，从地面接收到它们的资料中可以分析出太空环境的变化。

早在 1886 年，在长途电话线中就有人听到哨声。在 20 世纪 30 年代后，特别是在 1957 年国际地球物理年后，科学家们利用地面台站、探空火箭和人造卫星等进行了研究。

中国太空物理学家于 20 世纪 60 年代已开始研究，并进行了国际交流。1963 年，在中国科技大学地球与空间学系就开始了哨声和甚低频发射研究，自制探测仪器和设备。1972年冬，由王水、李缉熙、李喜先和王淑华4人组成的观测组，在辽宁省新宾县中学建立了一个接收站。首先，在1972年12月中旬的一个晚上，第一次接收到了哨声，大家兴奋不已。接着，1973年1月11日，在辽宁省新宾又收到了多类哨声和干扰信号，如图1-36所示。

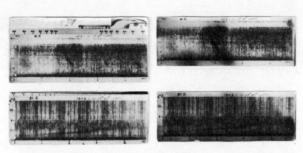

图1-36　1972年12月中旬，在辽宁省新宾县第一次收到了哨声，如频谱图显示

后来，接收站搬到北京中国科学院地球物理所白家疃地磁台，收到了多类哨声和甚低频发射（VLF）（图1-37）。

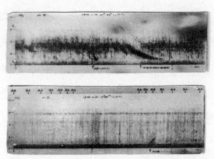

图1-37　在北京1974—1975年又收到了多类哨声和干扰信号，如频谱图显示

在北京长期观测中，李喜先、何友文等都参加了观测，接收了更多类型的哨声和甚低频发射（VLF），并对资料进行了分类[1]，且做了理论分析。

北京大学涂传诒等在编著的《日地空间物理学》一书中，专有一节论及磁层中的哨声和甚低频发射，其中一段论及了中国太空物理学家对哨声和甚低频发射的研

---

[1] 李喜先：《在磁暴期间的哨声和声低频发射（VLF）》，选自《全国空间物理学术会议文集（1979）》，科学出版社1982年版，第209页。

究："近年来，我国进行了大量的哨声观测工作（王水等，1979a，b；保宗悌等，1080，1983；何友文，1981；王挺柱等，1982；李喜先，1982；陈松柏和徐继生，1983；王友善等，1984；梁百先等，1985；高潮等，1986），这些工作的主要特色是在地磁纬度最低（与国外观测比较）的哨声观测站接收到了哨声，对低纬哨声的形态做了详细的分析，并讨论了其形成的机制。"如图1-38所示。

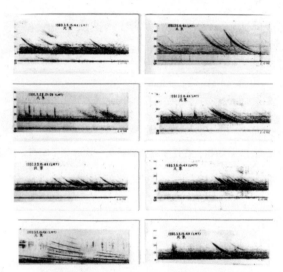

图 1-38　在北京白家疃收到了更多类型哨声和甚低频发射（VLF）

在中国不同地区可以听到几种动听的哨声。在北京记录的哨声，声音较短；中国科学院地球物理所在漠河站听到的哨声，声音偏长；在南极听到的哨声，声音最长，而且，还沿着多路径传播，如图1-39所示。

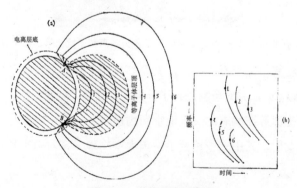

图 1-39　沿着多路径传播

（引自《日地空间物理学》涂传诒编著，第212页）

同时，在南极人工发射长波，可模拟哨声。美国"旅行者"号太空飞行器在木星周围也探测到哨声。在太空探测器中发现，地球也是一个强大的无线电波辐射源。磁层的存在对人类进行太空活动有很大的影响。

在磁层中，特别是在内辐射带内，主要成分是质子和电子。当这些粒子，包括它们产生的次级辐射与物质相互作用时，将在物质内部引起电离、原子位移、化学反应和各种核反应，从而容易造成对太空飞行器、人体和材料等的损伤。地磁场与太阳风相互作用形成的磁层是保护人类在地球上生存的天然屏障。磁层边界外的磁压力"顶住"了太阳风，犹如一堵挡"风"的"墙"，不让超音速太阳风吹到地球大气。否则，这种高速的太阳风将会迅速地扫去地球的大气和水蒸汽，使地球变成一个没有生命的荒凉世界。地磁场挡住太阳风如图 1-40 所示。

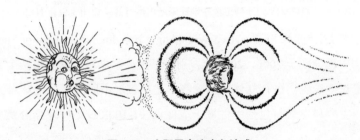

图 1-40　太阳风高速吹向地球

[引自《茫茫太空（第一版）》，第27页]

磁层在许多具有磁场的天体周围都存在着。当有太空等离子体流如太阳风、恒星风、星系风等吹向具有磁场的天体时，与这些天体磁场发生相互作用，就在这些天体周围形成天体磁层，其中带电粒子运动都要受到控制。

在国际上，磁层太空探测发展的重要趋势是太空的多点探测。THEMIS（Time History of Events and Macroscale Interactions during Substorms，亚暴期间事件时序过程及相互作用）是由 NASA、美国加利福尼亚大学洛杉矶分校和加州伯克利大学于 2007 年 2 月 17 日联合发射的 5 颗卫星组。其主要科学目标是：利用分布在不同太空区域的 5 个相同飞船确定磁层亚暴的起始和宏观演化，解决亚暴的时空发展过程。其主要科学载荷包括：电场探测仪、磁力仪、静电分析仪、固态望远镜（25kev-6 Mev）。

2008 年 2 月 26 日，当一个亚暴发生的时候，THEMIS 正好位于地球的背阳侧

（图1-41），可以观测到磁尾重联，同时地基观测台站观测到了北美上空的极光增亮和电流。这些观测结果第一次证实了磁场重联触发亚暴，触发极光。

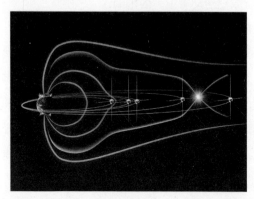

图1-41　THEMIS 的 5 颗卫星在地球磁场中运行的示意图（引自 NASA）

广角中性原子成像双星（Two Wide-Angle Imaging Neutral-Atom Spectrometers, TWINS）由美国分别于 2006、2008 年发射，其主要科学目标为利用两个能量中性原子成像卫星对地球磁层进行立体成像观测，建立磁层不同区域的全球对流图像及其相互关系。主要科学载荷包括中性原子成像仪（1-100Kev，4×4 角分辨率，1-m 时间分辨率）。

中性成分与带电粒子耦合探测卫星（Coupled Ion Neutral Dynamic Investigation, CINDI）由 NASA 于 2008 年 4 月 16 日发射。该计划主要科学目标为：了解中性成分和带电粒子相互作用对电离层—热层行为的控制作用。主要科学载荷包括中性风探测仪、离子速度探测仪。

1.3.3　中国磁层物理学进展

21 世纪以来，中国太空物理学有了重大的发展，包括实现了一系列探测计划和即将实施的大型计划：获得大量成果且有国际影响的双星计划，正在进行的夸父计划，正在进入运行的地基太空探测系统——子午工程。在理论上，中国太空物理学也有了新的进展。

1.3.3.1　中国双星计划进展

双星包括近地赤道区卫星（TC-1）和极区卫星（TC-2），目前运行在国际上地球太空探测卫星尚未覆盖的近地磁层活动区。

这两颗卫星相互配合，形成了独立的具有创新的地球太空探测计划，并与 ESA 的星簇计划相配合，构成了人类历史上第一次使用相同或相似的探测器对地球太空进行的"6点"探测，其中星簇计划4颗成团一起运行；中国双星中，一颗沿地球纬度运行，另一颗沿地球经度运行，如图 1-42 所示。

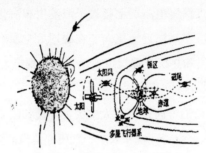

图 1-42　对地球太空进行的"6点"探测示意图

[引自《茫茫太空（第一版）》，第77页]

这一系列的探测都是为了研究地球磁层整体变化规律和爆发事件的机理，以及日地间极其复杂的关系。迄今，已获取了大量可靠的科学数据，并获得了突破性的理论成果。

1.3.3.2　中国双星计划的成果

（1）在两个顶级国际核心期刊 *Annales Geophysicae* 和 *Journal of Geophysical Research* 上各出版成果专刊一期。在 2004 年 3 月—2009 年 2 月，发表 SCI 收录论文 104 篇，被引用 107 次，国际会议特邀报告 10 篇，大会报告 46 篇；申请发明专利 15 项，其中 12 项已获授权；申请实用新型专利 8 项，已全部授权；计算机软件著作权登记 46 项。

（2）双星计划获得"2010 年度国家科学技术进步奖一等奖"。

（3）双星计划和 ESA 的星簇计划团队获得国际宇航科学院"2010 年度杰出团队成就奖"。这是国际航天领域极高的荣誉，也是中国第一次获此殊荣。

1.3.3.3　中国双星计划的国际影响

这一计划填补了中国太空探测几十年来的空白，开辟了太空科学卫星系列的先河，提高了中国与 ESA 合作的层次，让国际同行了解了中国太空科学的水平。

1.3.3.4　磁层—电离层—热层小卫星星座探测计划（MIT）

在近地球太空中，将磁层、电离层、热层作为一个整体进行系统研究。因此，必须有 MIT 计划，即利用小卫星星座系统进行探测的计划。这也是国际上首个把 MIT 作为一个整体来探测的计划，从而具有开创性和挑战性。其科学目标是：解决 MIT 耦合系统中能量耦合、电动力学和动力学耦合以及质量耦合等方面尚未解决的若干重大科学问题；重点探测电离层上行粒子流发生和演化对太阳风直接驱动的响应过程；研究来自电离层和热层近地尾向流在磁层太空暴触发过程中的重要作用；了解磁层暴引起的电离层和热层全球尺度扰动特征；揭示 MIT 系统相互作用的关键途径和变化规律。（图 1-43）

21 世纪太空物理的前沿方向是日地太空灾害环境和太空天气连锁变化物理过程的观测、研究和预报。太空灾害环境和太空天气研究是当前太空物理学新的生长点。日地太空是一个紧密联系的整体，各个相邻的层次之间存在着密切的耦合。太空灾害环境和天气的发生和发展，是太阳活动—行星际太空扰动—地球太空暴的连锁变化过程，伴随着一系列人类尚未认识的基本的物理过程，是新世纪初国际太空物理研究的主要内容。对日地太空天气连锁变化过程的探测应是中国未来 20 年太空物理探测的主旋律。

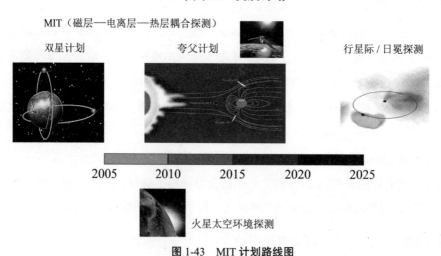

图 1-43　MIT 计划路线图

太空物理学是伴随人造卫星发射进入太空而迅速发展起来的一门新兴的多学科

交叉的前沿基础科学。它主要研究近地球太空、日地太空、行星太空、行星际太空、太阳系太空的物理现象。太空科学特别关注的是地球表面 30 千米以上直到太阳大气这一广阔的日地太空环境中的基本物理过程，这是当代自然科学领域最活跃的前沿科学之一。自 20 世纪 90 年代末以来，太空物理学走向一个新的发展阶段：强调科学与应用的密切结合，并且由此产生了一门专门研究和预报太空环境特别是太空环境中灾害性过程的变化规律，旨在防止或者减轻太空灾害，为人类活动服务的新兴科学 —— 太空天气科学。

近几十年来，太空物理学科取得了巨大的发展，在揭示宇宙奥秘、发现自然规律方面，获得了举世瞩目的科学成就，并开辟了新的应用领域，对社会和经济发展产生了重要影响。

1957 年，人类发射了第一颗人造卫星，从而开辟了太空科学发展的新纪元。太空科学的发展随着航天技术和太空探测技术的发展而迅速发展起来了。自 20 世纪中期以来的半个世纪，人类发射了数百颗航天器用于太空科学探测，其中在太空物理学研究中，天基探测大致分为 3 个阶段：① 20 世纪 60 年代初到 80 年代末，发现和专门探测阶段；② 20 世纪 90 年代，将日地系统作为一个整体来研究；③ 21 世纪开始，将太阳—太阳系作为一个有机整体来研究，并强调太空物理探测和研究为太空探索保障服务。

1.4　地基太空观测

1.4.1　国际地基太空探测

国际上在着力发展太空探测和研究的同时，也十分注重地基探测。事实上，大型国际合作计划"国际与日共存计划（ILWS）"和"日地系统太空气候和天气计划"中，地基观测是非常重要的组成部分。正是由于具有"5C"（continous 连续，convenience 方便，controllable 可控，certainty 可信和 cheap 便宜）的优越性，地基观测是太空环境监测的基础，也是太空探测计划的重要补充。出于对太空环境进行全天时和整体性监测的需求，世界太空环境地面监测正沿着多台站、网络式综合监测的方向迅速发展。

加拿大提出的地球太空监测计划（CGSM），包括了协调观测、数据同化和模式研究等各个方面。计划从 2003 年开始，在加拿大全国范围内建设无线电观测设备（8 个先进数字电离层探测台、相对电离层吸收仪）、磁场观测设备（各种地磁仪 48 台）和光学观测设备（10 台 CCD 全天成像仪、沿子午线布置多通道扫描光度计 4 台），并利用国际两极雷达探测网的 3 ～ 4 台高频电离层雷达设备等地基观测系统，对太空环境进行综合监测。

作为世界最先进的太空环境监测国家，美国在众多的卫星探测计划之外，也提出了先进模块化的可移动雷达（AMISR）计划，通过 2007 ～ 2012 年和 2013 ～ 2016 年两个阶段的研制与发展，为研究迅速变化的高层大气以及观测太空天气事件提供强有力的地面太空环境监测手段。

1.4.2　中国地基太空探测系统

以子午工程为基础，中国科学家率先提出了"国际空间天气子午圈计划"（简称"国际子午圈计划"），拟通过国际合作，将中国的子午链向北延伸到俄罗斯，向南经过澳大利亚，并和西半球 60°附近的子午链构成第一个环绕地球一周的太空环境地基监测子午圈（图 1-44）。地球每自转一周，就可以对地球太空各个方向，包括向阳面和背阳面的太空环境完成一次比较全面的观测。国际子午圈计划建成后将实现：协调全球太空天气联测及共同研究；向全世界科学界提供可使用的观测数据；支持基于太空天气科学攻关和观测所需的密切协作；推动太空科学和技术的公众教育和科学普及。

图 1-44　国际子午圈计划示意图

国际子午圈计划抓住只有 120°E+60°W 子午圈是全球陆基观测台站最多的地理特征，以及许多基本的近地太空天气过程沿子午圈发生的物理本质，随地球的自转，比对两个经度相距 180°的子午链位置上的太空环境变化，再结合太空探测，第一次使得了解太空天气全球结构的时空变化规律成为可能。

正是由于国际子午圈计划是世界太空天气地基综合监测史上从未有过的创新，对引领太空天气地基监测"多台站、链网式、多学科协同综合监测"的发展方向，增强全球监测太空天气的能力具有深远意义，一经提出就得到了相关国际科学组织、国家与地区的积极响应。国际子午圈计划实施的多边行动包括：

（1）拓展中国的子午工程，使之实现国际化，以涵盖现有位于 120°E 和 60°W 的全部子午链，使该子午线的太空环境观测能取得事半功倍的科学结果。

（2）在中国、美国、加拿大、日本、俄罗斯及其他国家或地区现有的地磁子午链之间建立起最紧密的合作。通过科学论证和规划，在西伯利亚、东南亚等区域新建若干台站，以弥补全球子午链的部分缺口。

（3）支持各国的电离层、磁层和行星际观测台站间实施密切的协作。

（4）沿全球 120°E 和 60°W 子午圈，在欧洲非相干散射雷达网（EISCAT）的框架内建立非相干散射雷达链。

国际子午圈计划还能与正在实施的"国际与日共存计划"、国际日地系统的气候与天气计划、国际太阳物理年计划（IHY）等一系列国际计划有机衔接，并使中国成为其中的核心贡献国家，例如子午工程南极中山站的高频雷达也将参加国际地球极区高频雷达探测网（SuperDARN）的组网。国际子午圈计划对于实现子午工程的科学、工程和应用目标具有倍增效应，也是中国为国际太空科学合作做出的重大贡献。利用中国子午工程建立的基础和优势，通过国际子午圈计划来推进国际合作，可以调动国际上的各种资源，发展和建立地域更为广泛的数据获取能力，使中国在太空天气监测和研究领域具备话语权，并逐步掌握主导权，从而推动国际太空研究的发展，促进中国和平利用外层太空，实质提升中国科技创新能力和中国对人类科学发展的贡献度。（图 1-45）

综上所述，可以将国际上太空物理探测和研究的发展趋势归纳如下：

进一步开展日地系统整体联系过程的研究，并延拓为太阳—太阳系整体联系，天基与地基相结合的观测体系将日趋完善。以卫星、飞船、空间站等航天器为观测平台的天基探测是太空物理探测最主要的手段，它可直接探测太空环境的各种就地数据，利用有利位置获得地面所不能获得的太空环境遥感数据。地基探测是太空环境探测的重要补充。只有天基和地基监测系统有机地结合，才能形成从太阳到近地太空的无缝隙的综合监测体系，为太空物理研究和应用提供观测基础。

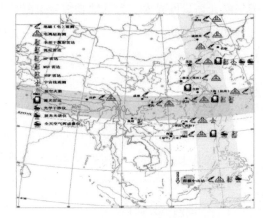

图 1-45　中国子午工程台站分布图

探测区域向太空天气的源头 —— 太阳不断逼近。这样有利于认识太阳活动物理过程和影响，进而形成从太阳源头、行星际传播到近地太空响应的整体观测。

多颗卫星的联合探测成为主流，立体探测、时空区分、多空间尺度探测成为太空物理探测的前沿。只有实施联合探测，才能了解关键区域、关键点处扰动能量的形成、释放、转换和分配的基本物理过程，深入揭示其物理过程的本质。

1.5　中国近地太空物理学重大进展

1.5.1　中国太空物理学的理论成就

近年来，在理论上，中国太空物理学有了重大的进展。这包括一系列重大领域的研究：①太阳大气磁天气过程，②太阳风的起源及其加热和加速，③行星际扰动传播，④磁暴和亚暴的产生机制，⑤磁重联过程，⑥太阳风与磁层的相互作用，⑦中高层大气动力学过程，⑧电离层的建模以及区域异常，⑨地磁、电离层天气预报方法和极区光学等，⑩空间等离子体基本过程（如磁重联、等离子体波的激发、粒子加速等），都取得了一些有国际重要影响的成绩，连续获得国家自然科学二等奖等多项国家科技奖励，进入了国际研究前沿。与此相联系的太空天气建模与预报也有了长足的进步，在中国神舟飞船系列、嫦娥一号等的太空天气保障方面做出了突出贡献。

2008 年 1 月，由汤姆森科技信息集团（总部设于美国，系全球科技信息服务企业领导者）发布的 22 个主要科研领域全球上升最快的研究机构"新星"（rising stars）名录中，中国科学院在太空科学领域中被评为最新的全球科研机构"新星"。这从一个侧面也反映了中国太空物理研究领域的水平正在快速提升。

1.5.2　中国太空物理学适应国家需求

中国太空科学的学科体系基本形成。有关太阳大气、行星际太阳风、磁层、电离层、中高层大气、地磁、太空等离子体等学科配套齐全。已建设了太空天气学国家重点实验室和相关的部委级重点实验室 10 余个，形成了由中科院、高校、工业部门和应用部门有关院所组成的较完整的学科研究体系，主要研究单位包括中科院、教育部、航科集团、工业和信息化部、中国地震局、中国气象局和国家海洋局的近 20 家科研单位和高等院校。业务预报体系也正在初步形成之中，在民口、军口新建了预报服务的专门机构，如国家太空天气监测与预警中心、总参气象局的气象水文海洋太空天气总站，以及中国科学院太空环境研究预报中心。中国在太空天气的探测、研究、预报与效应分析等方面的队伍初具规模，人数达千余人，涌现了一批优秀的中青年学术带头人。

太空物理学是当代自然科学最富挑战性的国际前沿领域，从根本上讲是要了解太阳系范围的太空状态、基本过程和变化规律。宇宙太空是一个地面无法模拟的特殊实验室，不断涌现出自然科学领域数百年来的经典理论所无法解决的新问题，是有待探索、开垦的重大基础科学前沿。日地之间的太空环境涉及诸多物理性质不同的区域，如中性成分（中高层大气）、电离成分为主（电离层）、接近完全离化和无碰撞的等离子体（磁层和行星际），以及宏观与微观多种非线性过程和激变过程，如日冕物质抛射（CME）的传播、激波传播、磁场重联、电离与复合、电离成分与中性成分的耦合、重力波、潮汐波、行星波、上下层大气间的动力耦合等，这些都是当代难度很高的基本科学问题。研究日地系统所特有的高真空、高电导率、高温、强辐射、微重力环境，研究当中的各种宏观与微观交织的非线性耗散，以及具有不同物理性质的空间层次间的耦合过程，了解灾害性太空天气变化规律，获取原创性科学发现，已成为当代自然科学最富挑战的国际前沿课题之一。无论是国际日地物理计划、日地能量计划，还是与恒星共存计划、日地系统的气候与天气计划等，太空天气研究都是它们组织多学科交叉、协同攻关、去夺取重大原创性新成就的重大科学前沿领域。中国科工委发布的"2005～2010年太空科学规划"中将太空物理和太阳系探测作为重点发展的三大领域之一，2006年中国发布的《国家中长期科学与技术发展规划纲要》（2006—2020年）将"太阳活动对地球环境和灾害的影响及其预报"列为基础研究的科学前沿问题之一。

为了落实国家中长期发展规划，太空物理学领域在近期重点关注日地太空环境，将日地太空天气连锁变化过程的探测和研究作为主攻方向；在太阳活动影响地球太空和人类社会的关键科学问题上取得突破性进展；着力提升太空环境的业务服务水平，增强中国航天活动和太空应用的安全保障能力。

根据中国的现状和国际学科发展趋势，未来太空物理学领域发展布局的主要思路是立足于中国现状，以美国等主要发达国家为参照系，突出中国的优势，重点布局，协调发展，建立和完善符合学科发展的体制、机制，大力培育新兴与交叉科学。

1.5.3　中国近期太空物理学发展方向

1.5.3.1　中高层大气物理学

中国中高层大气物理着重开展中高层大气动力学、光化学与辐射过程及其耦合的研究和建模。

1.5.3.2　电离层物理学

中国电离层物理研究将围绕太空天气的监测预报，以及电离层模式化等的需求，着重开展耦合体系中的电离层太空天气与气候学研究。

1.5.3.3　磁层物理学

中国磁层物理的重点研究方向包括磁层能量的储存与损失过程、磁层亚暴过程的物理机理、磁层磁重联的过程及其在能量转换中的作用、内磁层波与粒子的相互作用、磁暴期间环电流的来源与损失、辐射带粒子的加速与损失、极区磁层与电离层的耦合以及磁层整体模式研究等。（图1-46）

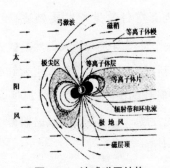

图1-46　地球磁层结构

［引自《茫茫太空（第一版）》，第21页］

1.5.3.4　日球物理学

中国日球物理的重点研究方向包括太阳风三维结构、太阳爆发在行星际太空的传播和演化、太阳能量粒子的加速与传输、日冕—行星际—地球太空耦合的数值模式等。

1.5.3.5　日冕物理学

中国日冕物理学的重点研究方向包括高速—低速太阳风的起源和加速的物理机制、日冕磁场的数值重建技术、日冕物质抛射（CME）和耀斑过程中磁能的孕育和释放机制、爆发结构的三维时空拓扑、高能粒子加速和射电爆发的物理机制，以及基于多波段观测数据的日冕磁场和太阳爆发过程的关键物理参数的诊断技术等。

1.5.3.6　行星太空物理学

中国行星太空物理主要利用中国的嫦娥工程和火星探测计划开展太阳风与火星、月球的相互作用研究。（图1-47）

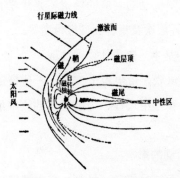

图1-47　太阳风吹向行星际太空

［引自《茫茫太空（第一版）》，第21页］

1.5.3.7　未来中国近地太空科学优先发展领域

在未来10年里，日地太空环境与天气领域仍然是优先领域。由太空物理基础研究与应用需求相结合产生的新兴学科——日地太空天气在国际上方兴未艾，已呈现蓬勃发展之势。在进入太空时代的国际大背景下，日地太空环境与天气领域是优先发展领域，通过以往10年的发展，中国在该领域已取得了长足的进步和一系列重要的进展，在国际竞争中崭露头角。

该领域的科学目标是：以日地系统不同太空层次的天气过程研究为基础，形成太空天气连锁过程的整体性理论框架，取得有重大影响的原创性新进展；建立日地系统太空天气事件的因果链模式和发展以物理预报为基础的集成预报方法，为航天安全等领域做贡献；实现与数理、信息、材料和生命科学等的多学科交叉，开拓太空天气对人类活动影响的机理研究，为应用和管理部门的决策提供科学依据；发展太空天气探测新概念和新方法，提出相关的数据分析、理论与数值模拟研究。

（1）太阳剧烈活动产生机理及太阳扰动在行星际太空的传播与演化

关键课题有：日冕物质抛射、耀斑，及其对太阳高能粒子加速的过程；太阳风的起源与形成机理和过程；太阳源表面结构及太阳风的三维结构，以及各种间断面对行星际扰动传播的影响；太阳高能粒子事件、磁云及行星际磁场南向分量、行星际激波及高速流共转作用区的形成与演化等。

（2）地球太空暴的多时空尺度物理过程

关键课题有：不同行星际扰动与磁层的相互作用及地球太空不同的响应特征；太阳风—磁层—电离层耦合；磁暴、磁层亚暴、磁层粒子暴、电离层暴、热层暴的机理与模型；中层大气对太阳扰动的响应的辐射、光化学和动力学过程；日地太空灾害环境和天气连锁变化的各层次及集合性预报模型等。

（3）日地连锁变化中的基本等离子体物理过程

关键课题有：无碰撞磁重联、带电粒子加速、无碰撞激波及太空等离子体不稳定性与反常输运、波粒子相互作用过程、等离子体湍流串级耗散、电离成分与中性成分的相互作用等。

（4）太空天气对人类活动的影响

关键课题有：太空灾变天气对信息、材料、微电子器件的损伤，以及对太空生命和人体健康影响的机理；太阳活动对气候与生态环境的影响及人为活动对太空环

境的影响；国防安全与航天活动的保障研究。

（5）太空天气建模

① 区域耦合和关键区域建模，太阳耀斑／日冕物质抛射／行星际扰动传播、太阳风／磁层相互作用、磁层／电离层／中高层大气以及中高层大气／地球对流层四个耦合区域的建模以及辐射带、极区、电离层闪烁高发区、太阳风源区等关键区域的建模、日地系统各太空区域的预报指标等。

② 集成建模，包括太空天气物理集成模式，构建太空天气因果链综合模式的理论框架，发展有物理联系的成组（成套）模型，发展基于物理规律的第一代太空天气集成模式；太空天气应用集成模式，以天基和地基观测资料为驱动，建立关键太空天气要素的预报和警报模式，建立为航天活动、地面技术系统和人类活动安全提供实际预报的太空天气预报应用集成模式，并开展预报试验。

（6）太空天气探测新方法、新原理、新手段

太阳多波段测量方法和技术，行星际扰动、磁层、电离层和中高层大气的成像和遥感技术，小卫星星座技术以及太空探测的新技术、新方法。

1.5.3.8　未来中国近地太空科学发展战略

（1）建立国家层面上的学科协调发展体制和机制

目前，中国太空间物理学领域的探测、研究到应用服务各个方面，多头管理，缺乏国家层面的统一规划和发展战略。建议明确主管部门，制定统一权威的发展规划和实施计划，统筹探测、研究和应用服务的协调发展。

（2）建设天地一体化的太空环境综合监测体系

建立中国太空物理学探测方面的系列卫星计划，作为国家大型科技平台建设的主要组成部分，纳入国家科技发展的整体规划。地基探测以子午工程为基础，建设太空环境地基综合观测网。

①天基探测系统

继双星计划之后，实施夸父计划，通过三颗卫星的联测完成从太阳大气的遥感探测到近地太空完整的扰动因果链探测，以研究日地系统能量输入和输出、日地爆发事件的形成和因果关系，以及太空天气连锁变化过程。接着，要实现 MIT 计划，通过与夸父计划配合，充分发挥夸父计划 A 星的作用。形成太空天气探测小卫星系列，

并利用应用卫星搭载机会进行应用研究。

②地基观测系统

利用多种观测手段，在以子午工程为骨干的地基监测链的基础上向经、纬向延拓，对中国重点区域加密观测，充实完善沿 100°E 和 40°N 的两条观测链，与子午工程的 120°E 和 30°N 观测链共同构成覆盖中国区域上的太空环境地基综合监测，完成子午二期工程。

（3）布署重大科学研究计划

聚焦日地系统太空天气整体变化及其影响组织重大研究计划，将最充分利用建成的子午工程、双星计划和夸父计划、地震电磁探测卫星等天基、地基观测，最有效地把有限人力、物力、财力和时间聚焦在太空天气科学前沿，形成优势力量对关键科学问题的集中研究，取得有重要国际影响的自主原创新成果，为提升中国太空天气科学研究水平与未来跨越进入国际先进水平做出重大贡献。

（4）建设数字化近地太空保障平台

以太空环境综合监测体系为基础，构建中国高层大气和近地太空的无缝隙监测体系，建立近地太空的精确、可靠、时变、可快速更新的中高层大气、电离层以及电磁环境等的数字化模式，实现重大的突破。

（5）建设高水平的基础和应用研究队伍

造就有国际影响的将帅人才，建设能站在国际前沿的创新研究群体，培养国家杰出青年科学基金获得者、学科带头人和一批具有高水平的基础和应用研究的优秀队伍。加强对有潜力的年轻人才的倾斜支持力度，营造"十年磨一剑"的科研氛围，制定更加注重质量的评价体系，鼓励培养高水平人才。

（6）开展更高层次的国际合作与交流

在国际合作中，重点支持有重大科学意义的国际重大探测和研究计划，积极开展"以我为主"的国际科技合作与交流计划，吸引海外高水平科研人员长期来华工作和年轻科研人员来华做博士后研究。

2 太阳系太空物理学

太阳系太空，构成银河系太空的一部分。太阳是太阳系的中心天体，太阳系八大行星和其他天体都围绕着它运动。它的质量占太阳系总质量的99.865%，是太阳系里唯一能发光的天体，它带给地球光和热。如果没有太阳给地球带来能量，地面的温度将会很快地降到－273℃左右，人类不可能生存下去。太阳是离地球最近的一颗恒星，因而也就成为能为我们详细地研究的一颗典型恒星。由此得到的知识可以推知其他遥远的恒星状态，如关于太阳风的概念可推知出恒星风、星系风，尽管在这些天体中的产生机制可能不尽相同。地球绕太阳公转的轨道是一个椭圆，所以它与太阳的距离在不断地变化着。

太阳系物理学（solar system physics）包括太阳物理学，由于太阳的特殊地位已形成一个独立的分支学科，为从整体上了解太阳系，也可列入其中，还包括行星物理学、彗星物理学、行星际太空物理学。太阳系是由太阳、行星（包括地球）及其卫星、小行星、彗星、流星体和行星际物质组成的天体系统。太阳是太阳系的中心天体，其他天体都在太阳的引力作用下，绕太阳公转。通常将地球绕太阳公转轨道的半长轴作为一个度量长度的单位，称为"天文单位AU"，$1AU=1.495985\times10^{11}m$，约为149598000千米，即约为1.5亿千米。太阳系的半径，即太阳到冥王星的距离，约40AU。太阳与其他天体大小的比较结果如图2-1所示。

图2-1 太阳系天体依次排列

2.1 太阳物理学

太阳大气分为光球、色球、日冕等层次，各层的性质有着显著的区别。

2.1.1 太阳结构

太阳物理学是用物理方法研究太阳的结构和演化的一门分支学科。太阳是太阳系的中心天体，也是太阳系的母体，太阳系的八大行星和其他天体都绕着它运动。八大行星包括：水星、金星、地球、火星、木星、土星、天王星、海王星。冥王星已降为矮行星。太阳的直径约 139 万千米，体积为地球的 100 多万倍，质量约为地球的 33 万倍，集中了太阳系内 99% 以上的质量。太阳表面由炽热气体构成，太阳大气层从里向外分为光球、色球和日冕 3 层，温度约 7500℃；太阳外大气层不断地发射粒子流，形成太阳风，不断地"吹"向太阳系太空（图 2-2）。太阳内部深处原子经常重新组合，形成核反应区，基本过程是由 4 个氢原子聚变成 1 个氦原子，从而释放出巨大的能量，中心附近约 1500 万摄氏度，并产生光辐射和粒子辐射。太阳的剖面如图 2-3 和 2-3′所示：

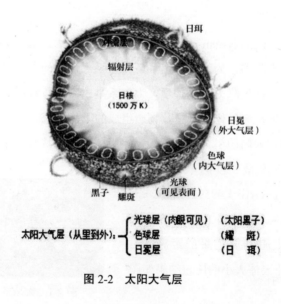

图 2-2　太阳大气层

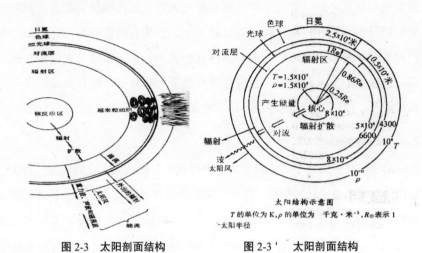

图 2-3　太阳剖面结构　　　　　图 2-3'　太阳剖面结构

（引自《中国大百科全书·天文学卷》，第340页）

2.1.1.1　太阳内部结构

太阳内部结构对于理解太阳外部特征至关重要，它是维持太阳"熊熊燃烧"的大熔炉。在这个熔炉中绝不是引起火焰似的燃烧，也不是普通的化学反应。太阳的光和热来自热核反应释放的能量，使得温度高达约 $15000000^0 K$，这迫使某些原子克服斥力而聚合成新的原子核。（图 2-4）

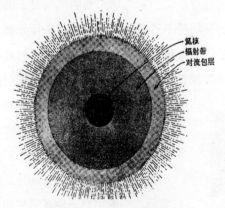

图 2-4　太阳内部结构

（引自《行星　恒星　星系》第229页，1979年）

太阳因大量辐射能量而损失质量，因而不会永生不亡。不过，它已活了约 50 亿年。

在它的氢燃料耗尽之后，将由氦和其他较重元素的核反应维持其能源。然后由目前的黄矮星阶段渐变为红巨星，再变为红超巨星。当所有的能源都用完之后，太阳内部再没有能源来抵抗引力坍缩，太阳半径就会大大缩小，密度大大增加，从而变成白矮星。当太阳不能再收缩时，就再也没有能量可释放了，最后变成一个不发光的冷"黑矮星"。预计，太阳的寿命可达 100 亿年。

2.1.1.2　对流层

太阳的光球层下面处于对流状态的一个层次。一般认为，它的厚度约为 15 千米。太阳对流层起着承内启外的作用：其一，太阳核心区域的核聚变能量传到了对流层，使它维持一定的热力学状态和运动状态；其二，对流层的能量传到太阳大气中使色球和日冕加热，太阳磁场在对流层内被畸变和放大后，浮出太阳表面，导致太阳的活动。我们可以把对流层看成一个巨大的热机，它把太阳内部的核反应外流热量的一部分变为对流能量，成为产生诸如黑子、耀斑、日珥以及在日冕和太阳风中其他瞬变现象的动力。

2.1.1.3　光球层

光球层是我们平时看到的太阳大气的一层。实际上，我们接收到的所有太阳光光辐射都是由这里发出的。光球可以看作是一个发光壳，光球的厚度是由太阳大气层对光线的透明度或混浊度决定的。光球上面的大气对于由光球发出的光线是透明的，相反，光球下面的区域是不透明的，不能对其进行光学观测，因为那里的气体密度过高，内层气体的辐射波被外层气体吸收，由透明到混浊是逐渐变化的，不完全透明也不完全浑浊的区域就是光球。光球下边界不是很明确，在某种程度上依赖于辐射波长。光球的厚度为几百千米量级，所以实际上几乎所有的可见太阳光都是由太阳大气中极薄的一层辐射出来的。

光球是太阳大气的最底层。太阳的光能几乎全从这层发出，一般用白光所观测到的太阳表面，其厚度仅为 500 千米左右。虽然，整体来说光球是明亮的，但各部分的亮度还是很不均匀，布满了米粒组织，即光球层中气体的对流引起的一种日面结构，如图 2-5 所示。

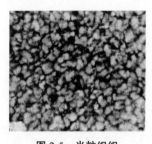

图 2-5　米粒组织

［引自《茫茫太空（第一版）》，第37页］

在光球活动区，有太阳黑子，黑子中的暗核部分为本影，围绕着本影较亮的边框为半影。黑子大多成群出现，由几个或几十个黑子组成，最多可达100多个，如图2-6所示。小黑子的线度约为1000千米，而大黑子可达20万千米。在太阳表面上，黑子好像一个不规则的洞，看起来是黑暗的，其实是明亮的光球反衬的结果。

1991年10月1日，中国科学院紫金山天文台用20厘米折射望远镜拍摄的太阳黑子精细结构，黑子群的校正面积Sp达1572个单位（以太阳半球百万分之一为单位），如图2-7所示。

图2-6 太阳精细结构

（引自中国科学院紫金山天文台台刊，1992年）

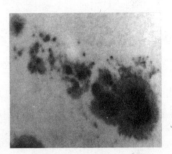

图2-7 太阳黑子群

（引自中国科学院紫金山天文台台刊，1992年）

2.1.1.4 太阳黑子磁场纤维

北京天文台研制的在国际上领先的太阳磁场望远镜首先发现太阳黑子磁场纤维结构，亮纤维比暗纤维的磁场强约300高斯，如图2-8所示。

图2-8 北京天文台首先发现太阳黑子磁场纤维结构

2.1.1.5 色球层

色球是太阳大气的中间一层，位于光球之上。平时，由于地球大气中的分子以及尘埃粒子散射了强烈的太阳辐射而形成"蓝天"，色球和日冕完全淹没在蓝天之中，只有在日全食时，观测者才能用肉眼看到太阳圆面周围的这一层非常美丽的玫瑰红色的辉光。色球是一个充满磁场的等离子体层，由于磁场的不稳定性，常常会产生剧烈的耀斑爆发，以及与耀斑共生的爆发日珥。日面边缘出现巨大的日珥，如图 2-9 所示。

图 2-9　太阳巨大日饵

（引自《中国大百科全书·天文学卷》，彩图26页）

2.1.1.6 日冕层

日冕是太阳大气的最外层，从色球边缘向外延伸到几个太阳半径的区域，甚至更远。日冕可分为内冕和外冕，均由很稀薄的完全电离的等离子体组成，其中主要是质子、高度电离的离子和高速的自由电子。日冕辐射的波段范围很广，从 X 射线、可见光到波长很长的射电波。早前，人们只能在日全食时观察到日冕，如图 2-10 所示。现在太空利用太空飞行器进行观测，可从多种波段上获得日冕的信息。

图 2-10　日全食时摄的日冕

（引自《中国大百科全书·天文学卷》，彩图25页）

日冕不仅仅是日球太空中的基本介质——太阳风与行星际磁场的起源所在，而且是日冕物质抛射（CME）和耀斑等太阳爆发现象的主要孕育和发生场所，对日地太空中的物理过程特别是太空天气具有直接的影响和控制作用。（图2-11）

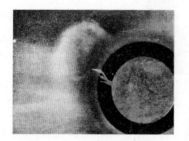

图 2-11　太阳日冕的喷焰

（引自NASA 戈达德太空飞行中心，第10页）

自从 20 世纪 30 年代初通过光谱观测发现太阳日冕具有上百万摄氏度高温以来，日冕的加热问题一直是研究者普遍关注的焦点问题，至今仍没有被彻底解决；50 年代末 E. Parker 理论预言了日冕高温膨胀将产生超声速太阳风，并被随后几年的行星际太空探测所证实；70 年代初，OSO-7 卫星最早观测到了 CME 现象；随后 20 余年不断更新和改进的系列太空探测设备，如 SMM、SOHO、Yohkoh、Trace 和 Rhessi 等几个重要卫星的相继投入，使得研究人员能有效避开地球大气的消光效应，得以在（E）UV、软（硬）X 射线、γ 射线等波段同时观测日冕，从而极大地推动了日冕物理学的发展，并彻底改变了早期主要由引力控制的均匀稳态日冕观点；有关研究在日冕波动现象的观测和证认、太阳风的起源和加速、日冕磁场结构、日冕中的磁场重联、太阳耀斑和 CME 的触发和爆发过程、太阳射电爆发、高能粒子的加速等方面，均取得了重要进展。以探索太阳磁场演化及其爆发过程、CME 的三维特征与性质等为主要科学目标的 Hinode（日出）和 STEREO （日地关系观测台）卫星的成功发射，正在为相关物理问题的深入研究和解决提供契机。

具体前沿科学问题包括：日冕等离子体的加热问题、日冕中的波动现象、太阳风的起源和加速的物理机制、CME 和耀斑等太阳爆发现象物理过程的能量孕育和释放过程、各种爆发现象（太阳射电爆发、CME 激波的产生和演化、爆发过程中的粒子加速等过程的物理机制）；发展考虑不同时空尺度物理过程耦合的、更为实际的三维日冕动力学模型，并将太阳爆发在日冕与太阳风中的初发和传播作为直接控制和影响太空天气的重要环节进行研究。

2.1.2 太阳活动

太阳上有变化多端的活动，也有平静的现象。一般将这些现象分为宁静太阳（quiet sun）和活动太阳（active sun）两类。常常讨论宁静太阳模型，实际上是一个简化模型，这与实际情况有较大差距。而活动太阳是指处于高潮活动状态的太阳，也指"扰动太阳"，太阳以 11 年为周期的活动极盛期。活动太阳的形成原因是太阳黑子出现的周期性所致。

在太阳大气层中，可以观测到各种活动现象，太阳黑子群、日珥、耀斑、光斑、谱斑，等等。所有这些现象都与太阳磁场的发展关系密切。太阳活动的更普遍的含义是指发生在光球、色球和日冕的许多不同现象。这些现象都密切相关并集中在太阳的一定区域里，故常称这种区域为"活动区"，还有另一更恰当的说法是"磁区"。

太阳活动区最突出的、在日地关系中最重要的现象就是"耀斑"。耀斑是在日面局部区域亮度突增的现象，其强度常增至正常值的 10 倍以上，最大发亮面积可达日面的 0.5%。作为一个整体，耀斑事件包含着大量的不同现象，其过程十分复杂，最重要的是：射电辐射、光学辐射、远紫外辐射和 X 射线辐射的迅速增强；高能粒子的加速和抛射；在太阳大气中的一系列动力学现象，包括物质运动、抛射、爆发、冲击波等，这些可认为是次级的与耀斑共生的现象。

1979 年 3 月 27 日，中国科学院紫金山天文台用 14 厘米色球望远镜拍摄到一个具有特殊旋转结构的边缘耀斑，照片表明耀斑的演变过程如图 2-12 所示。

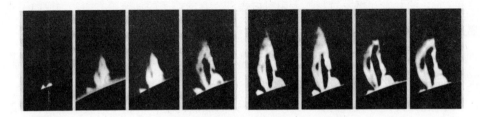

14时06分15秒　14时12分12秒　14时13分12秒　14时17分20秒　　14时19分19秒　14时20分20秒　14时23分03秒　14时25分02秒

图 2-12　具有特殊旋转结构的边缘耀斑

（引自中国科学学院紫金山天文台，彩图第10页）

其中耀斑的极大高度约为 10 万千米，耀斑的爆发能量为 10^{31} 尔格。

2006 年 9 月 22 日，日本宇航机构的 Hinode（日出），原名 Solar-B，在日本九州的内之浦航天中心发射升空。该卫星以探索太阳磁场的精细结构、研究太阳耀斑等剧烈的爆发活动、CME 的三维特征与性质等为主要科学目标。主要仪器有：太阳光学望远镜（SOT）、X 射线望远镜（XRT）和极紫外成像摄谱仪（EIS）。（图 2-13a、b、c、d）

图 2-13a　太阳活动极大期日冕　　　　图 2-13b　太阳活动中间状态时日冕

图 2-13c　太阳活动极小期日冕

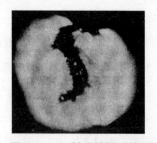

图 2-13d　x 射线拍摄到的冕洞

[引自《茫茫太空（第一版）》，第40页]

2011 年 2 月 1 日，Hinode 卫星拍摄到了太阳表面存在两个冕洞（图 2-14），该图像中一个冕洞位于太阳中心偏上位置，而另一个冕洞（极地冕洞）清晰地位于图像底部。冕洞是太阳磁场间隙所形成的巨洞，穿过太阳超炽热外大气层（日冕），气体能够通过冕洞逃逸向太空。这两个巨大的冕洞比太阳表面其他区域色彩更暗，这是由于冕洞与邻近活跃区域相比，其温度相对较低。

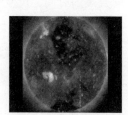

图2-14　2011 年 2 月 1 日，Hinode 拍摄到的冕洞图像

（图片来源：Hinode/XRT）

NASA 研制的 STEREO（日地关系观测台）卫星于 2006 年 10 月 25 日在佛罗里达州的卡纳维拉尔角空军基地发射。STEREO 有两颗子卫星，分别位于地球绕太阳公转的轨道前方和后方，形成对日观测的立体视角，拍摄太阳的三维图像（图 2-15）。其主要科学目标为：研究日冕抛射事件从太阳到地球的传播与演化，研究能量粒子的加速区域和物理机制，观测太阳风的结构与性质等。其主要科学载荷包括：日地联系日冕与日球探测包，研究日冕物质抛射从太阳表面穿过日冕，直到行星际太空的演化过程；波动探测仪（SWAVES）研究太阳爆发事件对地球的射电干扰；原位粒子与磁场探测仪（MPACT）研究高能粒子和行星际磁场的太空分布；等离子体和超热离子构件（PLASTIC）主要任务是研究质子、α 粒子和重离子的特性。

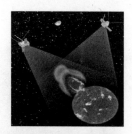

图 2-15　STEREO 示意图

（图片来源：NASA）

2011 年 6 月 1 日，STEREO 拍摄到完整的太阳背面的图像（图 2-16），这也是第一次由太阳观测卫星在轨道上拍摄到太阳另一面的情景，这个角度在地球上是看不见的。同时，通过将呈 180° 的两颗卫星 STEREO-A 与 STEREO-B 的数据进行组合，

获得了首张完整的太阳全景照片。

太阳动力学观测台（Solar Dynamics Observatory，SDO）由 NASA 于 2010 年 2 月 23 日使用宇宙神 5 运载火箭发射，本项目是 NASA 的"与恒星共存计划"的第一个步骤，旨在理解太阳，以及它对太阳系的生命有何影响。SDO 运行在 36000 千米的地球同步轨道，运行寿命为 5 年，它搭载了 3 部研究太阳的仪器，能够不间断地对太阳进行观测。其主要科学目标为：利用多个谱段同时观测太阳大气的小时空尺度，了解太阳对地球和近地太空的影响。与以往的观测相比，SDO 将能更详细地观测太阳，打破长期以来阻碍太阳物理学发展的时间、尺度和清晰度方面的障碍。SDO 的主要载荷包括：日震磁场成像仪、大气成像包（包括 4 个望远镜，10 个滤光器）以及极紫外变化实验仪。

图 2-16　2011 年 6 月 1 日拍摄的合成的太阳图像
（图片来源：NASA/STERE）

2011 年 3 月 19 日，SDO 观测到一次日珥喷发事件，如图 2-17 所示。

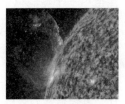

图 2-17　2011 年 3 月 19 日，SDO 观测到的一次日珥喷发事件

2.1.3　日地相互作用

在地球周围的太空中，存在着丰富多彩的自然现象，形成大气层、电离层和磁层等。它们与人类的生活、生产活动、太空飞行、通信等极其密切，成为人类生存与发展的自然环境。太阳风高速吹向地球，使地球磁场变形。（图 2-18、图 2-18′）

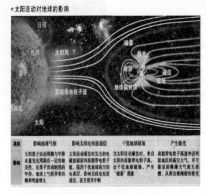

图 2-18　日地关系图

图 2-18′　（科学艺术图）太阳风高速吹向地球

[引自《茫茫太空（第一版）》，第75页]

磁层在许多具有磁场的天体周围都存在着。当有太空等离子体流如太阳风、恒星风、星系风等吹向具有磁场的天体时，与这些天体磁场发生相互作用，就在这些天体周围形成天体磁层，其中带电粒子运动都要受到控制。

地球磁层的研究对其他科学的发展也有重要的意义。地球磁层的研究可以与木星、水星磁层以及其他行星磁层进行比较，对了解这些行星的物理性状有一定的帮助。还可以把地球磁层的概念引申到遥远的天体和星系中去，有助于研究如中子星、活动星系核、类星体等的"磁层"结构。地球磁层中发生的过程，也可以与某些具有强大磁场和相关粒子加速现象的 X 射线源进行比较，可以促进这方面研究的发展。此外，地球磁层还是一个"天然太空等离子体实验室"，可以说是离我们最近的"宇宙等离子体"。所以，加强地球磁层的研究，对于太空等离子物理学的发展有着巨大的推动作用。

2.1.4 日球层

日球层，又称为"太阳磁层"。太阳大气的外层是日冕，它不断地向外膨胀。这是由于，围绕着太阳的大气层，既受到太阳重力引起的向内的作用，把大气吸引在太阳的周围，同时又受到日冕极高温产生的向外热压力的作用，特别是当在几个太阳半径以外引力已经减小，而向外的热压力足够克服引力的作用，这时日冕就以超声速不断地向外膨胀，形成太阳风，即连续向外流的等离子体流。

实际上，太阳风不会伸展到无穷远，当其压力与星际压力达到平衡时就终止了，终止面称为"日球层顶"，而太阳风伸展的太空范围称为"日球层"，又称为"太阳磁层"，如图 2-19 所示。

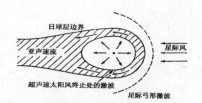

图 2-19 日球层结构

[引自《茫茫太空（第一版）》第42页]

2.2 行星物理学

环绕太阳旋转而自身不发光的天体，称为"太阳系的行星"。类似太阳的其他恒星也有类似的行星。太阳系有八大行星和成千上万颗的小行星，它们可能与太阳同源。它们绕太阳公转具有 3 个特点：

（1）共面性，即公转的轨道面几乎都在同一平面上；

（2）同向性，即绕太阳公转朝同一方向；

（3）近圆性，即绕太阳的轨道与圆相当接近。（如图 2-20 所示）

图 2-20 行星、卫星绕太阳公转的特性

（引自《中国大百科全书·天文学卷》，第429页）

2.2.1 行星分类

太阳系行星系统分类，如图 2-21 所示：

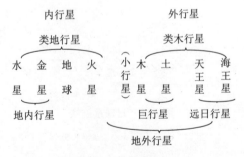

图 2-21 行星分类

按不同性质，对行星进行分类，有 4 种：地内行星和地外行星、内行星和外行星、巨行星和远日行星、类地行星和类木行星。（图 2-22）

图 2-22　行星依次为：海王星、天王星、土星、木星、火星、地球

2.2.1.1　地内行星和地外行星

（1）以地球轨道为界，位于其内的水星、金星称为"地内行星"；

（2）位于地球轨道以外的火星、木星、土星、天王星、海王星，称为"地外行星"。

2.2.1.2　内行星和外行星

（3）以小行星带为界，比较接近太阳的水星、金星、地球、火星，称为"内行星"；

（4）远离太阳的木星、土星、天王星、海王星，称为"外行星"。

2.2.1.3　类地行星和类木行星

（5）按质量、大小和化学组成的不同，水星、金星、地球、火星，称为"类地行星"；

（6）将木星、土星、天王星、海王星，称为"类木行星"。

2.2.1.4　巨行星和远日行星

（7）还可把木星、土星，称为"巨行星"；

（8）把天王星、海王星，称为"远日行星"。

太阳系的大部分行星各有自己的卫星，它们在椭圆轨道上绕行星运转。

2.2.2　行星的卫星数

2.2.2.1　地球有 1 颗卫星

人类生存的行星地球的周围只有一颗环绕着它、平均距离 38 万千米的卫星，即

月球——月亮，它的一面始终朝着地球，并能反射太阳光，夜间与人类相伴。（图2-23）

图 2-23 太阳、
地球和月球

月球是被人们研究得最彻底的天体。人类至今第二个亲身到过的天体就是月球。月球的年龄大约有 46 亿年。月球与地球一样有壳、幔、核等分层结构。最外层的月壳平均厚度为 60 ～ 65 千米。月壳下面到 1000 千米深度是月幔，它占了月球的大部分体积。月幔下面是月核，月核的温度约为 1000℃，很可能是熔融状态的。月球直径约 3474.8 千米，大约是地球的 1/4、太阳的 1/400，月球到地球的距离相当于地球到太阳的距离的 1/400，所以从地球上看月亮和太阳一样大。月球的体积大概有地球的 1/49，质量约 7350 亿亿吨，差不多相当于地球质量的 1/81 左右，月球表面的重力约是地球重力的 1/6。

月球永远都是一面朝向我们，这一面习惯上被我们称为"正面"。另一方面，除了在月面边沿附近的区域因天秤动而中间可见以外，月球的背面绝大部分不能从地球看见。在没有探测器的年代，月球的背面一直是个未知的世界。月球背面的一大特色是几乎没有月海这种较暗的月面特征。而当人造探测器运行至月球背面时，它将无法与地球直接通信。

月球 27.321666 天绕地球运行一周，而每小时相对背景星空移动半度，即与月面的视直径相若。与其他卫星不同，月球的轨道平面较接近黄道面，而不是在地球的赤道面附近。

相对于背景星空，月球围绕地球运行一周所需时间称为"一个恒星月"；而新月与下一个新月（或两个相同月相之间）所需的时间称为"一个朔望月"。朔望月较恒星月长是因为地球在月球运行期间，本身也在绕日的轨道上前进了一段距离。

严格来说，地球与月球围绕共同质心运转，共同质心距地心 4700 千米（即地球半径的 3/4 处）。由于共同质心在地球表面以下，地球围绕共同质心的运动好像是在"晃动"一般。从地球南极上空观看，地球和月球均以顺时针自转；而且月球也是以顺时针绕地运行；甚至地球也是以顺时针绕日公转的，形成这种现象的原因是地球、月球相对于太阳来说拥有相同的角动量，即"从一开始就是以这个方向转动"。

月球本身并不发光，只反射太阳光。月球亮度随日、月间角距离和地、月间距离的改变而变化。平均亮度为太阳亮度的 1/465000，亮度变化幅度从 1/630000 至 1/375000。满月时亮度平均为 - 12.7 等。它给大地的照度平均为 0.22 勒克斯，相当于 100 瓦电灯在距离 21 米处的照度。月面不是一个良好的反光体，它的平均反照率只有 7%，其余 93% 均被月球吸收。月海的反照率更低，约为 6%。月面高地和环形山的反照率为 17%，看上去山地比月海明亮。月球的亮度随月相变化而变化，满月时的亮度比上下弦要大十多倍。

由于月球上没有大气，再加上月面物质的热容量和导热率很低，因而月球表面昼夜的温差很大。白天，在阳光垂直照射的地方温度高达 127℃；夜晚，温度可降低到－183℃。这些数值只表示月球表面的温度。用射电观测可以测定月面土壤中的温度，这种测量表明，月面土壤中较深处的温度很少变化，这是由于月面物质导热率低造成的。

2.2.2.2　火星有 2 颗卫星

火卫一（Phobos），呈土豆形状，一日围绕火星 3 圈，距火星平均距离约 9378 千米。它是火星的两颗卫星中较大的、离火星较近的一颗。火卫一与火星之间的距离也是太阳系中所有的卫星与其主星的距离中最短的，从火星表面算起，只有 6000 千米。

火卫一在 1877 年由 Hall 发现，1971 年由"水手 9 号"首次拍得照片，并由 1977 年的"海盗 1 号"、1988 年的"火卫一号"进行观测。

火卫一的环绕运动半径小于同步运行轨道半径，因此它的运行速度快，通常每天有 2 次西升东落的过程。由于它离火星表面过近，以至于从火星表面的任何角度都无法在地平线上看到它。

据推断，由于它的运行轨道小于同步运行的轨道，所以潮汐力正不断地使它的轨道越变越小（最近的统计数字表明，它正以每世纪 1.8 米的速度减小）。所以，据估计大约 5000 万年后，火卫一不是撞向火星，便是分解而成为光环。

火卫二（Deimos）是火星的两颗卫星中离火星较远、较小的一颗，也是太阳系中最小的卫星。火卫二在 1877 年 8 月 10 日被 Hall 发现，在 1977 年由"海盗 1 号"首次拍得其照片。

火卫一和火卫二可能像 C 型小行星一样是由富含碳的岩石组成的。但它们不可能是由纯岩石组成的，因为它们的密度太低了。它们很可能是由岩石与冰的混合物组成的，并且它们都有很深的地壳坑。

苏联的探测器 Phobos 2 号探测到一种从火卫一上逃逸出的微弱但又持久的气体。可惜的是，Phobos 2 号在探测出这种气体的组成成分之前便无法工作了。水或许是最有可能的组成部分。Phobos 2 号也带回了一些照片。

火卫一和火卫二大多被认为是捕捉到的小行星，也有一些人认为它们是起源于太阳系外的，而不是来自于小行星带。到目前为止，还没有一个完整的、令人满意的理论来解释火卫二和火卫一为什么会绕着火星旋转。

因为冰的存在的事实，火卫一和火卫二或许某天会成为了解火星的、非常重要的"中转站"。

2.2.2.3　木星有 79 颗卫星

伽利略发现其他行星也有卫星，这一发现加深了人类对宇宙的理解。他亲手制作望远镜，进行细致研究，开创了现代天文学。这些发现是运用望远镜进行的首次天文发现。他注意观察夜空中令人神往的天体，证实了地球不是宇宙中唯一有卫星的行星，还证明了"日心说"是正确的。使用简单的望远镜，依靠单独研究，伽利略让人们很好地认识了太阳系、星系和浩瀚的宇宙。他制作的望远镜使人们观察到以前难以观察到的太空景象，加深了人们对宇宙的理解。1608 年底，伽利略第一次见到望远镜，他很快意识到天文学家最需要的是高倍望远镜。1609 年底，伽利略制造出一台 40 倍的双透镜望远镜。这是科学研究中第一台用于天文观测的望远镜。开普勒在一篇论文中描述行星运行轨道，这使伽利略相信波兰天文学家哥白尼"日心说"。相信"日心说"是很危险的，因为相信"日心说"，乔纳诺·布鲁诺被活活地烧死在火刑柱上。伽利略决定使用新望远镜，以更准确地绘制行星运行图，证明"日心说"是正确的。伽利略运用望远镜先观测月亮。他清晰地看到月亮上高山和山谷凹凸起伏，参差不齐的月亮边缘看起来就像锯齿刀切割的一样。他所观察到的月亮并不像亚里士多德和托勒密所说的那样平滑。但是，实力强大的天主教会、欧洲的大学教师和科学家们都对亚里士多德和托勒密的理论深信不疑。通过对月亮表面一夜的观察，伽利略再次证明亚里士多德的理论是错误的。伽利略曾经证明自由落体运动定律，因为这与亚里士多德的理论相悖，他从教师职位上被解雇。

伽利略观测的下一个目标是最大的行星——木星，他计划花几个月的时间仔细绘制木星运行图。通过望远镜，伽利略观察到人类从未观测到的太空，清晰地观察到木星。令他吃惊的是，几颗卫星正在围绕木星旋转。亚里士多德曾经说过（所有的科学家都这样认为），宇宙中只有地球有卫星。在随后的几天里，伽利略发现了木星的 4 颗卫星，它们是地球之外首次发现的卫星。他再次证明亚里士多德的理论是错误的。然而，旧的观念不会很快消失。1616 年，天主教会禁止伽利略教书，严禁他宣扬哥白尼的理论。很多教会的高级头目拒绝使用望远镜观察太空，声称这是魔术师的把戏，卫星只存在于望远镜中。伽利略对教会的警告不屑一顾，最后被宗教审判所召回罗马，饱受折磨。他被迫收回自己的观点和发现，还被判处终身监禁。1640 年，伽利略去世，去世前他除了说自己的发现是正确的外，没有说任何别的话。1992 年 10 月——伽利略被误判 376 年后，罗马教会才为他平反昭雪，承认他的科学发现。（图 2-24、图 2-24′）

图 2-24　木星的卫星系统

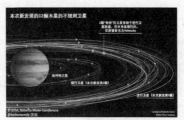

图 2-24′　新发现 12 颗行星

至 2019 年，发现木星有 79 颗卫星。

2.2.2.4　土星有 82 颗卫星

土星有为数众多的卫星（图 2-25）。可以认为，所有在环上的大冰块，从理论上来说都是"卫星"，而且要区分出是环上的大颗粒还是小卫星是很困难的。到 2009 年，已经确认的卫星有 61 颗，其中 52 颗已经有了正式的名称；还有 3 颗可能是环上尘埃的聚集体而未能确认。许多卫星都非常小：34 颗的直径小于 10 千米，另外 13 颗的直径小于 50 千米，只有 7 颗有足够的质量能够以自身的重力达到流体静力平衡。至 2019 年，土星的卫星确认有 82 颗。

图 2-25　土星的光环和卫星

传统上，土星的卫星的英文名称都以希腊神话中的巨人来命名，这种惯例源自约翰·赫歇尔（威廉·赫歇尔的儿子）——土卫一（Mimas）和土卫二（Enceladus）的发现者。他在 1847 年出版的《在好望角的天文观测成果》中提出了这种命名法，理由是 Mimas 和 Enceladus 是克洛诺斯（希腊神话中的 Saturn）的兄弟姐妹。

在太阳系中，土卫六被科学家寄予厚望，认为这里很有可能存在"怪异生命"。科学家相信，如果有生命能在"土卫六"上立足，那么这种生命一定非常"怪异"，它的器官功能将与地球上的生命存在很大不同。

2.2.2.5 天王星有 27 颗卫星

天王星的卫星简称"天卫"。（图 2-26）1948 年前发现的 5 颗天卫星均属规则卫星。1986 年"旅行者 2 号"在天卫五轨道内又发现了 10 颗黝黑、直径也小得多的天卫。天卫的平均密度介于 1.26 ～ 1.65 克 / 厘米 ^{3}，它们的环形山下常覆盖有一层富碳的有机物，很可能是由岩石与固态的甲烷、氨冰的混合物所构成的。

图 2-26 天王星带光环和卫星 24 颗

天卫一（Ariel）是环绕天王星运行的一颗卫星。

天卫二（Umbriel）是天王星第三大卫星，已知卫星中距天王星第十三近。它由 William Lassell 于 1851 年发现。天卫二的剧烈起伏的火山口地形可能从它形成以来就一直稳定存在。天卫二非常暗，它反射的光大约是天王星最亮的卫星 —— 天卫一的一半。它的表面布满陨石坑。尽管没有地质活动的迹象，却有着离奇的特征。它有一个明亮的陨石坑，宽约 112 千米，绰号"萤光杯"。坑表面深色部分可能是有机物质，浅色部分则无人知道是什么。

天卫三（Titania），直径约为 1000 千米，是天王星最大的卫星。它的表面也覆满了火山灰，这表明曾发生过火山活动。那儿有长达数千千米的风力强劲的大峡谷，可能是由于内部的水冻结、膨胀，撑裂了薄弱的外壳而形成的。

天卫四（Oberon）的最外层布满了陨石坑。陨石坑底有许多暗区，可能已经填满冰岩。

发现天卫五很有意义，"旅行者 2 号"为了继续飞向海王星，不得不飞近天王星以获得推动力，由于整个飞行的方向几乎与黄道面成 90 度角，所以只与天卫五十分接近。在"旅行者 2 号"飞近之前，由于天卫五不是天王星的最大卫星，也没有什么特别之处，因此也不可能被选为主要研究对象，所以当时对于这颗卫星几乎是一无所知的。然而"旅行者 2 号"却证明了这是一颗非常有趣的卫星。天卫五是由冰与岩石各半混合而成。天卫五的表面是由众多的环形山地形和奇异的凹陷、山谷和悬崖组成。起先，"旅行者 2 号"带来的天卫五图片上的情景使人们困惑不解。每个人过去都认为天王星的卫星的地质内部活动的历史极短（就像木卫四）。对那些进行现场直播的工作人员来说，如何去讲解这至今仍无法解释的古怪地形是一项很大的困难。他们常用的那些深奥难懂的行话也已经无济于事了，他们不得不用一些诸如"∧或∨的锯齿图""跑道"和"多层蛋糕"之类的术语来描述天卫五的奇异性。

后来，人们认为天卫五自其产生后经历过多次的粉碎与重新聚合（即原来十分光滑，然后经小行星或彗星撞击后被粉碎，最后靠其自身引力重新组合使表面奇特），并且每次都破坏了一部分的原始表面，露出一些内部物质。然而现在，另一更易被人们接受的理论产生了，那就是这些地形是由融化的冰造成的。

天卫十六（Caliban）、天卫十八（Prospero）、天卫十九（Setebos）和天卫二十（Stephano）这些小卫星的名字源于莎士比亚的剧作 *The Tempest*：Prospero 是神奇的魔法师，作为精灵船上的管家驾驭着 Ariel（精灵）；Stephano 和 Caliban 则密谋杀害 Prospero；Setebos 是 Sycorax 领地的神。

在天卫十六被发现之前，天王星是唯一一颗未被找到"不规则"卫星的巨型气体行星。所谓"不规则"卫星是指：它们的轨道面不平行于行星赤道面。如其他的不规则卫星（诸如木星的外层 8 颗卫星、土卫九和海卫二）。同样，它们可能是被吸引的小行星。它们不可能是在其现行的轨道上形成的。

天卫二十三（Margaret）和天卫二十四（Ferdinand）是夏威夷大学的 Scott S. Sheppard 和 David Jewitt 发现的另一对命名为 S/2001U2 和 S/2003U3 的天王星卫星。

2.2.2.6 海王星有 14 颗卫星

海王星的卫星简称"海卫"。海卫一至海卫九的直径分别为 2720 千米、340 千米、58 千米、80 千米、142 千米、150 千米、188 千米、416 千米、28 千米。海卫一是非常特殊的卫星，其直径比月球略小，是太阳系中 4 个有大气的卫星之一，它离海王星较近，但却是逆行的。

1989 年"旅行者 2 号"发现海卫一几乎具有行星的一切特征：不仅有行星所有的天气现象，具有类似行星的地貌和内部结构，它的极冠比火星极冠还大，上面的火山也在活动，惊奇的是它还具有只有行星才有的磁场。海卫八在海王星的卫星中也很引人注目，因为它的直径达 416 千米，而形状却不规则，是太阳系最大的不规则卫星。

1846 年，威廉·拉索尔发现海王星，17 天之后便发现海卫一。杰拉德·柯伊伯于 1949 年发现海卫二。海卫七首次在 1981 年由 Harold J. Reitsema、William B. Hubbard、Larry A. Lebofsky 和 David J. Thole 发现。

"旅行者 2 号"于 1989 年掠过海王星的时候发现了 5 颗新的内圈卫星，使卫星数目增至 8 颗。2002 年和 2003 年地面太空望远镜对天观察发现了 5 颗外圈卫星，总数增至 13 颗。

NASA 于 2013 年 7 月 15 日宣布，哈勃太空望远镜发现了海王星的又一颗卫星。至此，海王星拥有的卫星数量上升至 14 颗（图 2-27）。NASA 当天发表声明说，这

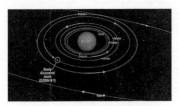

图 2-27　海王星的 14 颗卫星

颗代号为"S/2004N1"的卫星直径不超过 19 千米，是海王星所有卫星中最小的。它在距海王星约 105 万千米的圆形轨道上运转，周期为 23 小时。它的亮度比从地球上肉眼能看到的最暗淡的星星还要弱一亿倍，以至于 1989 年"旅行者 2 号"探测器飞经海王星时，也没有发现它。

2.2.3　行星的光环

4 颗类木行星还有行星环，即由无数碎小物体和颗粒组成的环状天体，形成漂亮的光环。这些美丽的光环形成了奇特的自然天象。土星就有变化多端的光环。（图 2-28、图 2-28ʹ）

图 2-28　土星及其光环
（NASA 从空间站拍摄的照片）

图 2-28ʹ　土星光环随化学成分不同而发生颜色变化
（NASA 从空间站拍摄的照片，1990 年）

（引自《茫茫太空（第一版）》，第34页）

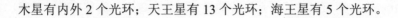

木星有内外 2 个光环；天王星有 13 个光环；海王星有 5 个光环。

2.2.4 行星大气层

太阳系八大行星都有不同组成、结构的大气层，其存在和保持取决于其组成成分的逃逸率。类比地球，行星大气分层类似地球大气分层。

2.2.4.1 水星大气层

水星大气在水星形成之后，有稀薄的大气，因为本身的引力不够强大，加上高温的影响，还有太阳风的吹拂，原始的大气在短时间内就已经消失殆尽。尽管如此，现在还是有一层稀薄的大气包围着，成分有氢、氦、氧、钠、钙和钾，其主要成分是中性氢。综合的大气压力为 10 ～ 15 帕，实际上是微不足道的。（图 2-29）

图 2-29　水星大气层

2.2.4.2 金星大气层

金星有稠密大气，气压约为地球的 100 倍，主要成分是二氧化碳，由此而产生"温室效应"，造成了像"蒸笼"般的环境，并常有放电现象，如图 2-30 所示。

图 2-30　金星大气层

金星大气层是由俄罗斯科学家米哈伊尔·瓦西里耶维奇·罗蒙诺索夫于 1761 年在圣彼得堡观测金星凌日时发现的。它比地球大气层更为厚重与浓密，其表面温度为 740 K 或 467°C，而气压则为 93 大气压，主要为二氧化碳所构成。在大气层中，硫酸形成了不透明云，因此在地球或金星环绕探测器上不可能以可见光观测到表面，其地形是以雷达成像的方式探测得知。大气层主要由二氧化碳和氮组成，以及少许痕量气体。

大气层受到超高速大气环流和超慢速自转影响。大气环流只需要 4 个地球日就可以环绕金星一周，但金星的恒星日却有 243 日。金星的风速最高可达到 100m/s，是金星自转速度的 60 倍；而地球最高速的风速度只有地球自转速度的 10% ～ 20%。另一方面，金星的风速随高度下降而降低，在表面时风速大约是 10km/h。两极则有属于反气旋的极地涡旋，每个气旋都有两个风眼，并且有特殊的 S 型云结构。

与地球不同，金星缺乏磁场，电离层将大气层和太空以及太阳风分离。电离层将太阳磁场隔离，使金星的磁场环境相当特殊，造成金星的磁层是"诱发磁层"。包含水蒸气等较轻气体则持续被太阳风经由诱发磁尾吹出金星大气层。推测 40 亿年前的金星大气层与表面有液态水的地球大气层相当类似。失控温室效应（Runaway greenhouse effect）造成金星表面的液态水蒸发，并且使其他温室气体含量上升。

尽管金星表面的状况相当严苛，在金星大气层 50～65 千米高的地方气压与温度却与地球相若，使金星的高层大气是太阳系中环境最类似地球的地方，甚至比火星表面更类似。因为温度和压力类似，并且在金星上可呼吸空气（21% 的氧和 78% 的氮）是上升气体，类似地球大气层中的氦。因此，有科学家提出，可在金星的高层大气进行探测和殖民。

2.2.4.3　行星地球大气层

地球是人类熟悉的一颗特殊的行星，有复杂结构的大气层。

2.2.4.4　火星大气层

火星大气很稀薄，主要成分是二氧化碳，常有风暴发生。稀薄的大气层，其密度相当于地球大气层 30～40 千米高处的密度，大气的主要成分是二氧化碳，约占 95%，此外还有氮占 2%～3%，氩占 1%～2%，氧的含量很少（图 2-31）。火星表面白天最高气温为 −13℃，夜间最低气温为 −73℃。气温和气压都变化很快。火星表面气候干燥、寒冷，天空灰蒙蒙，看不到蓝天，虽然有云，但不可能下雨。黎明时有云，云呈粉红色，主要由尘埃组成，可能含有极少的冰粒，太阳一出来，

图 2-31　火星大气层

云就消散了。火星大气中有时刮起"季候风"，低层大气卷起大量尘沙，这种独特的狂风叫"尘暴"。有巨大的尘暴可以席卷整个火星，并持续几十天。例如，1971 年，"水手 9 号"抵达火星时，恰逢火星上扬起大尘暴，无法观测火星表面，只得退居到等待轨道上去观测火星的卫星，尘暴过后再观测火星。1996 年 9 月 18 日，哈勃太

空望远镜在观测火星时，也发现在火星北极附近笼罩着一场巨大的尘暴。

德国《明镜》周刊报道，正在火星轨道上转动的 ESA "火星快车"的观测结果，证实了过去一些科研小组的结论：在火星大气层中含有甲烷，这为火星上可能有以微生物形式存在的生命提供了进一步的证据。甲烷俗名叫"沼气"，即使在地球上，现在也有细菌之类的一些微生物，它们依靠从氢和二氧化碳中制造的甲烷维持生命，从而可以在没有氧气的环境下生存。

科学家根据化学知识认为，如果火星上有甲烷存在，这些甲烷不能存在很久，最多也不过是在几百年前形成。因此，这里必然有一个能不断向火星大气提供甲烷的"源泉"。这个"源泉"有三种可能：①外来的小行星或彗星等碰撞火星带来甲烷；②火星火山爆发喷出的；③火星上微生物制造出来的。从而证实火星有生命的观点，最后一种可能最受欢迎，因为这本身就是证实。此外，科学家根据现有观测完全排除第一种可能。对于第二种可能分析上有些麻烦。首先，目前火星上没有活火山，但是科学家说，这并不能说明问题，因为根据"火星快车"对火星上死火山的观测，它们有的甚至是在几百万年前才成为死火山，而以前的几十亿年一直活跃。而且，即使甲烷来自火山喷发，也无损于科学家猜测火星有生命，因为火山喷出的岩浆使表面下的水以液体形式存在，从而易于生命存在。

2.2.4.5 木星大气层

木星大气成分主要是氢，还有氦、氨和甲烷等气体，在色彩变化的云层中，有大红斑。木星及其大红斑如图 2-32 所示。

2.2.4.6 土星大气层

土星大气类似木星。土星从里往外第 14 颗简称土卫六，是太阳系中唯一比地球大气还稠密的卫星。土星还有美丽的光环。

图 2-32　木星及其大红斑
（NASA提供的照片，1979年）

卡西尼号探测器一直是全球无数天文学者的宠儿。从 1997 年 10 月 15 日发射，2004 年 7 月 1 日进入土星轨道，在从地球出发到达土星的 7 年旅程间，它两次经过金星，穿过木星轨道，跨越小行星群，经历无数日起日落、浩瀚宇宙，孤寂而壮阔，这样的经历，远非人类可以企及和想象的。

直到 2017 年 9 月 15 日，卡西尼号探测器按照指令主动投身土星大气层壮丽坠毁。它绕土星拍摄 13 年华丽终章坠入土星大气层，它带给人类伙伴行星的震撼奇景，它发回了足够科学家分析百年的信息和数据，从而全面地改观天文学家对土星、土星环、土星卫星群的理解和认识，让外星生命、地球移民、宇宙演变的话题变得有据可查，触手可及（图 2-33）。

根据卡西尼号探测器的大量数据显示，出人意料，土星环很年轻，在几亿年前还不存在，它的形成可能约在 2 亿年。形成的原因可能性有多种：一种观点认为，就在那时，一场巨大的灾难袭击这颗气态巨行星；另一种认为，可能是一颗流浪的彗星或小行星撞击了一颗冰冻的卫星，随后将其残余物抛到了轨道上；还有一种认为，土星的一颗卫星轨道发生了变化，由此产生的引力牵引使其撕得粉碎。此外，还有另一类分析得到了支持，即认为是一场持续不断的黑色微小陨石雨从太阳系的边缘落入土星上，估计这种流量使土星环在 1.5 亿～ 3 亿年之间才能形成。

图 2-33　卡西尼号探测器探测土星大气层

2.2.4.7　天王星大气层

天王星有着浓密的大气，主要成分是氢。在望远镜中，它是一个蓝绿色的圆面（图 2-34）。

天王星是位于土星之外第一颗被发现的星体，被发现于 1781 年，它的发现过程也一度引起了整个世界的震动，改变了普遍的大众的认识。直到天王星被发现 200 年后，从天王星图片上，看到了天王星星环，科学家们一直都不确定天王星是否有行星

图 2-34　天王星大气层

环。虽然英国天文学家威廉·赫歇耳声称他曾经在 1789 年看见过天王星。现已清晰地观测到天王星有 13 个环、24 颗卫星。

天王星（Uranus）是太阳系由内向外的第七颗行星（18.37 ～ 20.08 天文单位），其体积约为地球的 65 倍，在太阳系中排名第三（比海王星大），质量排名第四（小于海王星），自转轴几乎倒在它的轨道平面上，这种奇特的倾倒是太阳系起源学说

中的一个难以解决的难题。

2.2.4.8　海王星大气层

1845 年夏天，法国勒威耶发现了这颗行星，并命名为"海王星"，将这一结果告诉了柏林天文台。海王星也有一年四季变化，不过一年比地球的长得多。海王星的体积约为地球的 57 倍。海土星有浓密的大气，大气层中有 80% 氢、19% 氦，也存在着微量的甲烷，主要的吸收带出现在 600 纳米以上波长的红色和红外线的光谱位置。与天王星比较，海王星吸收的是大气层的甲烷，使海王星呈现蓝色的色调（图 2-35）。它离太阳距离很远，因而其表面温度很低。2007 年，发现海王星的南极比表面平均温度（大约为－200℃）高出约 10℃，高出 10℃ 的温度足以把甲烷释放到太空，而在其他区域海王星的上层大气层中甲烷是被冻结着的。目前，知道海王星有 14 颗卫星，其中海卫一是一颗逆行卫星。1989 年，NASA "旅行者 2 号" 航天器在海王星表面发现蛋型旋涡 "大黑斑"（The Great Dark Spot）。"大黑斑" 是一个欧亚大陆大小的飓风系统，类似木星上的大红斑，在海王星表面的 22°S，以大约 16 天的周期一反时钟方向旋转。

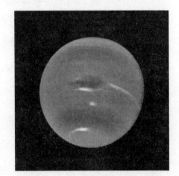

图 2-35　海王星大气层及其大黑斑

2.2.5　行星电离层

太阳系天体对太阳上的活动有着强烈的反应。行星大气既受到太阳短波电磁辐射又受到带电粒子辐射的作用，从而形成了行星电离层。其基本结构类似地球电离层，具有多层结构。行星电离层有着不同的物理性状。在类地行星（水星、金星、地球、火星）中，金星和火星都有电离层，和地球电离层相比，电子浓度较小，其所处位置更靠近行星表面。在白天，金星电离层最大电子浓度位于 145 千米高度附近，类似地球电离层，电离层顶在向阳侧对日点处为 350 千米，背阳侧高度范围变化很大，从 200 千米到 3500 千米，视太阳风压力而定。金星没有磁场或磁场很弱，因而形成的电离层不同于有磁场的行星所形成的电离层。有磁场与无磁场行星的电离层比较如图 2-36 和图 2-37 所示。

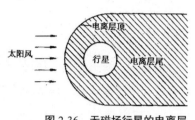

图 2-36 无磁场行星的电离层

［引自《茫茫太空》（第一版）》，第31页］

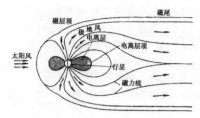

图 2-37 有磁场行星的电离层

［引自《茫茫太空（第一版）》，第31页］

2.2.5.1 无磁场行星的电离层

没有磁场或磁场很弱的行星如金星所形成的电离层，不同于有磁场的行星所形成的电离层。由于电子浓度较小，其所处位置更靠近该行星的表面。

金星电离层的结构是与无磁场行星电离层的结构模式一致的。向阳面电离层的主要层最大电子密度 m ≈ $5×10^5/cm^3$，高度 hm ≈ 140 千米。它是一个主要离子成分为 CO 的光化反应平衡层。在 hm 以下 15 千米处存在由软 X 射线产生的类似于地球 E 层的亚电离区。顶部层的主要成分是轻离子 He^+，其等离子体温度很高。背阳面电离层的最大电子密度 Nm 可达 $10^4/cm^3$ 量级，峰值高度 hm 则与向阳侧的 hm 相同。维持这种电离结构的机制很可能是从向阳面到背阳面的等离子体输运过程。无论在向阳面电离层还是在背阳面电离层中，探测到的离子密度分布和等离子体温度都有相当大的时空变化，这种变化同太阳风的特性相关。

2.2.5.2 有磁场行星的电离层

（1）火星电离层

除地球之外，火星电离层是第一个得到实验证实的行星电离层。火星电离层是一个高度较低的、"发育不全"的电离层。它不是一个由光化学过程和等离子体扩散所共同控制的F_2层模式，而是包括分子离子在内的光化反应平衡的查普曼层模式。这一点后来由绕火星运转的飞行器"水手9号"的重复观测所证实。一些观测结果表明，这个层的电子密度峰值及峰值高度随太阳天顶角 x 而变化，具有查普曼层的特征，也就是具有和地球电离层 F_1 层相同的特征。另外，也观测到在 25 千米处出现了第二个层，它对应于由软 X 射线产生的地球 E 层。预计下面还有一对应于地球 D 层的区域存在，并且可能延伸到火星表面。

（2）木星电离层

在行星探测器到达木星以前，人们已经根据这个行星的无线电辐射的观测，确信在它的周围存在着电离层。"旅行者1号"的探测表明：白天木星电离层中的电子密度峰值约为 2×10^5，峰值高度为 1600 千米；晚间的峰值不到白天的 1/10，峰值高度为 2300 千米。

（3）土星电离层

1973 年 4 月，美国发射的行星际探测器"先驱者 11 号"发现土星有一个由电离氢构成的广延电离层，其高层温度约为 977℃。观测结果表明，土星极区有极光存在。

尽管金星、地球、火星和木星的大小、与太阳的距离和各自的大气结构有很大的差异，但这些行星的电离层的电子密度峰值都在 $10^5 \sim 10^6$ 之间。对这一点还未找到完满的解释。土星、天王星、海王星和冥王星的电离层结构还有待进一步的探测和研究。

2.2.6 行星磁层

在有行星磁场的周围，都形成了不同性状的磁层。太阳风与行星磁场的相互作用，使行星磁场限制在一定的太空区域，类似地球磁场受到太阳风的压缩一样，这个太空区域称为"行星磁层"。

2.2.6.1 水星磁层

水星有偶极场，其位形与地球的磁场相似，水星磁层也与地球的相似，只不过按比例缩小了。（图 2-38）

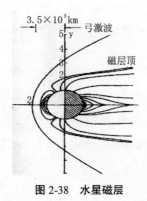

图 2-38　水星磁层

［引自《茫茫太空（第一版）》，第32页］

2.2.6.2 金星磁层

金星的磁场是很弱的，或者认为金星没有内禀磁场，而是太阳风与金星电离层相互作用产生的感应磁场。金星磁层应限制在 41000 千米以内的范围之中，而磁层顶可能位于稠密大气层里。

2012 年，中国科学技术大学地球和空间科学学院与奥地利、美国科学家合作，利用欧洲金星快车的磁场探测数据，首次在金星的诱发磁层中发现了磁场重联现象，研究成果发表在 2012 年 4 月 5 日出版的国际权威学术期刊 *Science* 上。这一发现对金星大气演化和气候变化研究具有重要意义。

太阳每时每刻往外喷射着高速带电粒子流，即太阳风。金星和地球一样，处于高速流动的太阳风中，但与地球不同的是，金星本身没有磁场，金星大气直接暴露在太阳风中，通过与太阳风直接相互作用，形成金星电离层，同时与太阳风携带的行星际磁场发生作用，在金星附近产生诱发磁层。这种诱发磁层和地球的磁层一样，可以有效阻止太阳风。然而，科学家发现，只要本身有磁场的行星，如地球、木星、土星、水星，太阳风的部分能量可以通过磁场重联进入行星磁层，从而造成太空天气变化，如地球南北极上空的极光等。磁场重联是指方向相反的磁力线因互相靠近而发生的重新联结现象，它产生了一种将磁场能量快速转化成等离子体能量的物理机制，是太空和天体等离子体物理中的一个基本物理过程。此前，科学家普遍认为，金星由于本身没有磁场，不太可能存在磁场重联现象。在金星的诱发磁层中发现了磁场重联，并提出磁场重联是导致金星上大气逃逸的重要机制之一。金星上的大气逃逸，被认为是造成金星上缺水而被富含二氧化碳的稠密大气所笼罩，从而导致严重温室效应的原因。该研究成果对地球气候长期演化研究有借鉴意义。该发现有可能极大改变我们对磁场重联及太阳风与无内禀磁场的行星或彗星相互作用的理解。

2.2.6.3 火星磁层

火星磁层和水星磁层基本上是一样的形态，而且是一个具有弓形激波的磁层。火星表面磁赤道的磁场强度约为 60 纳特，弓激波位置变化较大，为 1.36 ～ 1.74 个火星半径。火星磁场是它本身所固有的结构。

2.2.6.4 木星磁层

木星磁层很大，它能把木星的卫星都包在里面，但磁层顶的位置在太阳风的作用下变化很大，木星的卫星对磁层的影响也很大。木星磁层如图 2-39 所示。

　　木星磁层有一个向外拉长的磁尾。木星磁层粒子主要来源于木星电离层及其卫星，这与地球磁层粒子的来源不同。粒子成分主要有质子、氧、钠和硫等离子。木星磁层发射无线电波波长范围很宽，包括厘米波、10 厘米波、10 米波和 1000 米波。木星环离木星中心约 128300 千米，环宽数千千米，厚约 30 千米。木星辐射带比地球的强 100 万倍，在带内的卫星像一个吸收器可把带中粒子带走。木星是一个极强的粒子和波的发射源，还有向外逸散的木星风，它辐射出的能量比太阳给它的还要多，所以具有恒星的特征，或叫"弱恒星"。

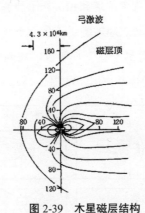

图 2-39　木星磁层结构

2.2.6.5　土星磁层

　　土星磁层的大小介于木星和地球的之间，也有辐射带，外形与木星和地球相似，有明显的弓激波和磁层顶。在向阳面，弓激波离土星的位置在 120 万～140 万千米范围，磁层顶在 100 万千米附近。（图 2-40）

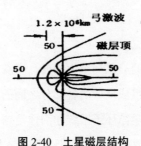

图 2-40　土星磁层结构

[引自《茫茫太空（第一版）》，第33页]

2.2.6.6　行星磁层比较

比较行星学是以地球为基础，对比研究太阳系各行星的物质组成、表面特征、物理场、内部构造和演化历史的学科。比较行星学的发展表明，地球是太阳系的一员，因而把地球置身于太阳系的时空尺来研究具有重要的意义。

地球磁层的研究对其他科学，特别是对比较行星学等的发展也有重要的意义。地球磁层的研究，可以与木星、水星磁层以及其他行星磁层进行比较，对了解这些行星的物理性状有一定的帮助。还可以把地球磁层的概念引申到遥远的天体和星系中去，有助于研究如中子星、活动星系核、类星体等的"磁层"结构。地球磁层中发生的过程，也可以与某些具有强大磁场和相关粒子加速现象的 X 射线源进行比较，可以促进这方面研究的发展。此外，地球磁层还是一个"天然太空等离子体实验室"，可以说是离人类最近的"宇宙等离子体"。所以，加强地球磁层的研究，对于太空等离子物理学的发展有着重大的推动作用。（图 2-41）

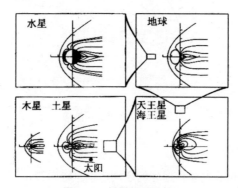

图 2-41　行星磁层比较

（引自《现代科学技术大众百科·科学卷》，第522页）

2.3　行星地球系统

当前，人类面临着全球性的一系列重大问题，要有效地解决这些问题，必须把地球作为统一的有机整体，研究组成地球的各部分之间的动态相互作用，即研究相互关联的流体子系统、生物地球化学循环子系统和固体地球子系统之间的动态相互作用。同时，把地球系统作为一个开放系统，从而把太阳输入作为控制地球演变的外源。

运用系统思维的方式，把地球作为一个系统来进行研究，从而聚结成为一门崭

新的地球系统科学 —— 全球性多学科创新的前沿科学。这种研究方式是一种观念上的基本转变，即运用系统认识论和方法论，研究地球系统的整体行为、全球变化的性质和原因，因而地球系统科学就最有利于科学地理解和解决人类共同面临的全球性的重大问题。从 20 世纪 90 年代开始，开展地球系统科学研究。这是把地球作为一颗行星来研究的长期任务，并一直持续到 21 世纪初，主要通过国际地圈生物圈计划的实施来达到人类共同奋斗的伟大目标。这个计划在与地基观察配合的条件下，主要是利用多个太空飞行器（卫星、极轨平台和对地静止平台）进行协同观测，以提供全球性的遥感信息，并获得动态的统一的全球图像。

2.3.1　地球系统是统一的有机整体

过去，我们对地球的了解，在很大程度上是分别研究地球的各个部分，并力图从可观察的部分中分离出各个要素，以至寻求"原子"单元；正是研究这些孤立的部分和过程，形成了各种专门化的学科，并取得了很多成就，这是很必要的，还将会得到继续的发展。但是，相对于要了解地球这一宏大的复杂系统来说，这些成就只不过是各种学科的局部知识，仅囿于各自的学科领域，仅知道各种要素，而没有多学科的互相渗透，不了解各种要素间的相互关系，是不可能科学地了解地球系统的，从而也难于全面地理解或解决人类面临的一系列重大问题。

有近几十年里，日益增强的注意力已集中在超越传统的学科界限，初步描述了地球某些部分之间的基本相互作用及其在地球演化中的影响。同时，随着对地球各个部分的了解增多，又进一步增加了对各部分相互作用的重要性的认识。如涉及地球有关部分的一系列国际合作研究计划不断地产生，就充分地表明了这些认识的深化。

近年来，一系列后续国际合作研究计划更加频繁、规模更大、持续时间更长，通过这些共同行动，人们越来越意识到，必须从根本上把地球作为一个连续的、统一的有机整体来研究，这就注定要聚结成一门广泛的、多学科创新的前沿 —— 地球系统科学。这门科学是把地球系统视为由大气圈、水圈、生物圈、固体地球所组成的耦合系统，并把太空环境和太阳输入作为起控制作用的外源来研究各组成部分之间发生的物理、化学和生物学动态相互作用过程。把地球系统作为一个统一的整体来研究，这是一种观念的转变，即是应用一般系统论原理来研究地球系统的整体行为。按照这种原理，系统内部的特征不能用孤立部分的特征来解释，因为整体行为绝不等于各部分的线性总和，而是整体不同于部分之和。这里，正如生物学家贝塔朗菲在《一般系统论》中坚持的一样："要解决一个把孤立的部分和过程统一起来的、由部分间动态相互作用引起的、使部分在整体内的行为不同于在孤立研究时的行为的问题。"

在研究地球系统中，还必须研究太阳输入的影响，因为地球系统本质上是开放系统，太阳以许多方式控制着地球的环境。研究地球系统是十分复杂的：在时间尺度上，要追溯地球几千年、几十万年演化的历史，甚至更长的时间，一直预测到未来几十年、几百年的变化趋势；在空间尺度上，要涉及从组成地球的原子，一直到行星地球，乃至相关联的太阳系。

今天，在现代技术水平上，已经有能力来研究宏大的地球系统。现在，全球已建立了合理分布的观测系统，如在地面、海上设立的台站网，进行就地观测。特别是随着现代太空技术的迅速发展，可以利用遥感卫星、空间站极轨平台和地球同步平台，对全球进行长期的连续观测，这对监测全球动态变化起着关键性的作用。太空飞行器在研究地球系统中，最独特的贡献还在于具有构成统一全球图像的能力，以及对需要详细了解的区域增强观测（图2-42）。还有，要建立联结地球系统的综合模型，以及建立拥有现代数据储存技术的数据库，就直接开辟了一条学科交叉融合的新道路。按照一般系统论所确立的科学概念和采用现代先进的技术途径来研究复杂的地球系统的整体行为，是科学思维的基本方向的转变，全人类必须朝着这个方向前进。

图 2-42　太空飞行器观测地球

（引自《茫茫太空（第一版）》，第81页）

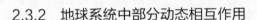

2.3.2　地球系统中部分动态相互作用

由地球系统相互作用的各部分组成的地球系统的整体，不能用叠加方法来研究，因为不能从各个孤立部分的研究概括出整体行为。如果研究各个部分及其之间的动态相互作用，则可能从各部分的行为推导出地球系统的整体行为。按照组成地球系统的不同层次、联系紧密的程度，可区隔（Compartmentalize）为流体子系统、生物地球化学循环子系统和固体地球子系统三个主要子系统来研究，其中前两者之间的关系更为密切。

2.3.2.1　流体子系统

流体子系统包含大气、海洋和冰圈，以及水循环的物理过程。通过这一子系统，在全球连续地传输能量、动量和物质，而大气和海洋是整个地球系统的主要聚集库（integrator），通过它使其他子系统能产生大部分的相互作用。因此，了解这些传输过程和确立相应的控制作用是十分重要的。海洋和大气环流对应于来自太阳的外力或由化学成分改变而引起的变化，这些变化可能改变它们的结构和强度。由于这一子系统所含的物理过程和时间尺度不同，因而适宜于分别地研究平流层、对流层、海洋和冰，但还必须注意到它们之间，以及与陆地之间的通量，特别是水循环以及热量和动量的交换。这一子系统的中心问题是长期气候变化的性质和原因。这种变化的分析，需要综合所有部分之间的相互作用，以及揭示出每一部分内部行为的基本特征。

在许多方面，全球水循环是生物地球化学循环的最基本部分，它强烈地影响着其他生物地球化学循环，并在大气化学和全球循环中起着直接的作用，从而在天气和气候的形成中也起着直接的作用。目前，还很少知道海洋对气候变化的"缓冲"作用。只有更多地了解，才有利于预测人类活动产生的影响。

2.3.2.2　生物地球化学循环子系统

生物地球化学循环子系统是全球新陈代谢系统，包含整个地球的化学和生物学过程。这是主循环系统，因而能表现出地球中心系统的特征。人类活动已明显地干扰了这个循环系统，破坏了地表环境脆弱的自然平衡。这些干扰和地球系统做出的反应，在全球范围内构成了一个实验，虽然这是无意的。如果提出正确的问题和收集适当的资料，那么这个实验对于维持这颗行星上生命的基本过程来说，能提供重要的新的见识。

在地球上的生命现象中，最关键的在于了解存在于大气、海洋、固体地球和生物界中的 C、N、S、P 和其他基本元素、成分的生物地球化学循环。它们和水一样，是生命系统的限制成分，生命的兴衰取决于这些元素的供应、交换和转换。地球在变化中，最明显的也许是大气成分中的 CO_2、CH_4、CO、N_2O、NO_X、SO_X、O_3 等，以及降水的化学性质的变化。但是，现在难于区分是自然的还是人为引起的变化。

近来，对于地球环境的变化积累了许多资料，如保留在沉积物、冰盖、树木年轮和珊瑚沉积中的记录，为这些变化提供了依据，在分析古冰中气泡里的空气和海底沉积物中海生生物体碳酸盐骨骼的碳同位素组成，可再现在 6 万～40 万年前 CO_2 的情况，从中表明暖寒气候与高低浓度 CO_2 有关。此外，CH_4、N_2O、O_3 等气体在改变现代地球辐射平衡上比 CO_2 更为有效。现在，N_2O 仍在继续增加，会使 O_3 的含量减少。为了确定在陆地环境、海洋和大气中主要储库的状态，确定这些储库状态变化和 C、N、S、P 相联的通量，了解相联结的这些库作为一个系统如何起作用，以及从此部分地了解整个地球系统如何运行。在研究地球化学演化过程中，人们还强调利用同位素法来监测这种演化，并把地球划分为大气、海洋、大陆壳层、地核和上下地幔等地球化学库，研究库的形成和在其间的物质传输过程。

2.3.2.3　固体地球子系统

固体地球子系统包括形成地表、矿物分布和提供过去气候状况的信息过程。板块构造地质学的确立，引起了概念的革命，从此改变了对地球过去历史和大陆形成过程的了解。板块构造地质学虽是一种宏观理论，但有助于统一许多不同的固体地球科学中的原理，并提供了一个能解释在固体地球中发生的大部分现象的总体综合模型。现在，已经知道地表破裂成 7 块坚硬的板块，每年以 1～10 厘米的速率彼此做相对运动，它们漂浮在地幔之上，因地幔流动而移动。地幔在某些地方上升，便形成海岭，并向下延伸到海洋中心。地幔在另一些地方下沉，把大陆边缘拉回到地幔中。根据这些解释可用来预测一些可能发生的现象。如地震容易发生在板块彼此相互摩擦的地方，山脉建造在板块碰撞或一块板块俯冲在另一块边缘之下的地方，火山爆发在地幔上升到接近表面的地方，以及提供浓缩矿藏的信息等。

新技术的采用有助于探测地核，绘制岩石和矿床分布图。化石记录使人们对过去气候变化开了眼界，并提供了在过去产生这些变化机制的线索。今天，沉积过程和土壤侵蚀仍在进行着，这与地表水文学和生态系统地球化学紧密地联系着。

在研究固体地球子系统过程中，地球物理学、地质学和地球化学是紧密相关的学科。特别是，在固体地球动力学和大陆地质学研究中，要在太空进行测量。许多地质现象，包含以百万年至十亿年为时间尺度的过程，而短至千年、百年、十年的变化过程。只有从地质年代来观察，如地壳形变、古气候演变和陆地沉陷等才能了解诸如火山、地震活动和气候趋势等。地质过程是地球系统这个复杂网络中的组成部分。

2.3.2.4　太阳输入 —— 控制地球环境的外源

太阳是距地球最近的一颗恒星，它以电磁辐射、粒子辐射和磁场等方式不断地输出能量，通过行星际太空，到达地球太空（geospace），控制着地球环境。储存在大气层中的太阳能的大部分，约为 10^{12}MW，以可见光的形式到达；总能量的少部分，约为 10^6MW，以高能辐射的形式 —— UV、X 和 γ 辐射 —— 对地球环境有着显著的和多变的影响；还有，太阳各种能量的带电粒子流和太阳风所携带的磁场对地球太空的影响。太阳能量加热和离化高层大气，温暖着陆地和海洋，搅动着大气，并经过光合作用构造着食物链最初的基本单元。

地球上的季节变化是地球环境对太阳辐射分布变化产生敏感反应的证据。然而，太阳对气候的影响更灵敏的判断表现在 Milankovitch 效应中。通过这种效应，在纬度和季节日照分布中，产生缓慢和微小的变化，尽管这种变化小于季节变化，但持续更长的时间，而足以导致主冰期的再现和其他长期气候的周期变化。

太阳与天气和气候的关系有一些可信的统计分析结果。在几百年至几千年的时间尺度上，气候长期变化与太阳活动密切相关，从树轮中 C 和 ^{14}C 的含量可以分析公元前 7500 年以后的太阳活动特性，从中表明，大冰期和小冰期的出现都对应于太阳活动很低的时期。在 1645—1715 年，太阳活动相对较弱，黑子也很少，Maunder 注意到这种现象，称为"Maunder 极小期"。后来，Eddy 又分析了这种现象。这与地球上出现的小冰期相对应。在 10 ~ 20 年的时间尺度上，气候变化与太阳活动的联系常常不一致，而只是一些局部地区干旱现象与太阳磁场 22 年周期变化相关。太阳活动影响天气过程的机理还不清楚，只是有人研究了太阳耀斑的天气效应和太阳磁场的扇形结构引起的天气效应。研究太阳输出的变化与气候的关系也很重要。在太阳输出中，电磁辐射能量占 99.9%，因而要研究太阳总辐照度的变化：在离太阳一个天文单位的地球大层外，每单位面积和单位时间接收到的各种波长的垂直太阳电磁辐射能量的总和，一般为 1.23×10^6 尔格/平方厘米·秒，称为"太阳辐照度"，习惯称为"太阳常数"，通常被认为是不变的，实际上，它有微小的变化。近年来，利用太空飞行器进行了精确的测量表明，这一常数有 0.1% ~ 0.3% 的变化，它若持续十年以上有 0.1% 的变化，则地表温度有 0.1 ~ 0.2℃ 的变化，若持续减少 1%，就足以使地球出现冷气候。因此，要研究太阳输出变化的机制，以预测气候的变化。

在研究地球环境变化中，研究大气中性成分和电离成分及其化学反应是十分重要的。在 20 ~ 110 千米高度上，是发生一系列化学反应最激烈的区域，从而构成了大气活动的主要特征。在化学性质活泼的中性成分中，如 O_3、H_2O、CO_2 等，它们与红外电磁波发生着强烈作用，影响全球大气的辐射平衡，从而影响全球的气候变化。特别是 O_3，对于全球环境和维持地球上的生命起着极其重要的作用。由观测表明，O_3 在 130 千米高度以下的大气中，浓度最大值在 25 千米高度附近。O_3 产生于 O_2 的光致离解和随后的三体碰撞反应过程：$O_2 + O(^3P) + M \rightarrow O_3 + M$，其中 $O(^3P)$ 是由于 O_2 受到 1750 ~ 2420 Å 波段光致离解而产生的基态氧原子，M 是参与碰撞的其他分子。O_3 的消失反应过程：$O_3 + O(^3P) \rightarrow 2O_2$，太阳在 1800 ~ 3200 Å 波段上产生的紫外辐射，被大气中的粒子和几种微量成分所吸收，尤其因 O_3 的吸收截面大而容易造成更多的吸收，然后再产生红外辐射，加热大气，形成大气运动的一种能量。其中，在 2800 ~ 3200 Å 波段上产生辐射，称为"生物紫外（UV-B）辐射"，能量很强，而构成许多生命形式的主要组分 DNA 和蛋白质的吸收截面也很大，所以容易遭受破坏。但是，由于 O_3 对这一波段产生着强烈的吸收，使地球上生物免受损伤，从而造成了地球上许多生命形式得到生存的必需条件。如果由于种种原因，使得 O_3 含量减少到相当程度，而不足以更多地吸收 UV-B 辐射时，就会导致危害生命的恶果；反之，当 O_3 的含量增加时，更多地吸收 UV-B 辐射所带来的后果，同样不可忽视，因为对于人体，需要 UV-B 辐射产生维生素，而对于植物，在某种程度上总是需要它来产生光合作用。幸好，对于生物圈来说，动植物都产生了防止遭到 UV 辐射而受到破坏的机制，如人体因晒成褐色而产生黑素来阻止 UV 辐射的穿透，以及动植物都因受辐射损伤而产生酶的修复机制。实际上，许多有机体在细胞的破坏与修复之间存在着连续的精致平衡状态，因而任何作用于这种平衡的外来干扰会严重地引起有害的后果。现在，已经知道一些天然的和人为的原因使得 O_3 含量减少：在大气中氮及氮的氢氧化物，如 NO、NO_2、HNO_3、N_2O、NO_3O、HNO_2 等，与 O_3 发生化学反应，使 O_3 受到破坏，其中 N_2O 由于农业生产、废物处理和燃烧而引起的释放量约占 1/3，并在继续增加着；氢或氢化物，如 OH、HO_2、H_2O_2 等，与 O_3 发生化学反应，也导致 O_3 的破坏；卤族元素及其化合物，如 Cl、ClO、HCl、$CFCl_3$、CF_2Cl_2 等，与 O_3 发生化学反应，引起 O_3 的破坏更为严重，因为这些化合物极其稳定，在大气中可存留达几十年之久，并向高层大气扩散，然后受 UV 辐射分解释放 Cl，继续破坏 O_3。此外，太阳和银河宇宙线与大气相互作用而产生 NO，也能使 O_3 显著地减少。

2.3.2.5 地球系统科学国际化

在地球科学研究中，一直有着全球合作的悠久历史和良好的传统。早在 17 世纪，Hadly 就致力于全球大气环流和信风的研究。接着，在 1882—1883 年，组织了第一次国际极年。1932—1933 年，又组织了第二次国际极年，对地球进行了联合研究。1957—1958 年，组织了规模更大的国际地球物理年，并产生了一系列后续计划：国际生物学计划、人与生物圈计划、国际岩石圈计划、全球大气研究计划、国际日地物理计划，以及国际地圈生物圈计划等。地球系统科学研究具有内在的全球性的属性，因此，对比其他任何科学研究来说，更富于国际性。因为只有这样，才能取得最佳的研究效果。

人类在漫长的日子里，倾注了很多的精力探索宇宙的奥秘和了解人类在宇宙中的地位和自身生存的环境。可以说，在人类共同探求未知的过程中，再也没有比了解地球系统的演变和人类子孙后代持续可居住性这种问题更重要的了。特别是，在地球资源的有限性、人口增长持续施加于地球环境的压力和人类活动已超越大自然极限的条件下，紧迫地要求世界各国政府和科学家必须联合起来，肩负起这一远大的、艰巨的责任，了解地球变化原因和性质。在了解这一极其复杂问题的过程中，地球系统科学最有利于对这些原因和性质做出科学的理解，成为解决人类面临的一系列重大问题的强大武器，从而全面地为世界各国长期的社会经济发展、制定计划和做决策提供可靠的依据。

2.4 日地系统

2.4.1 日地系统的组成

日地系统是由太阳系的母体恒星太阳，行星际介质，地球磁层、电离层和大气层组成的物质系统。

日地系统是一个有机的整体，其整体行为更为复杂，绝不等于各个部分简单的线性总和，即孤立地研究任何一部分，然后叠加起来，仍不可能弄清整个系统的复杂行为，而采用系统方法，进行系统研究，才可能利于研究整体行为。这一大规模的研究已从观念上发生了根本的变化，因而形成了空前规模的持续至21世纪初的国际日地物理计划，以达到研究日地系统这一远大的目标。

2.4.2 人类面临全球性的重大问题

地球是人类赖以生存和发展的物质源泉和环境，因而人类总是把自己的命运与地球的演变和太阳对地球环境的影响紧密地联系在一起。

一般认为，地球演变的主要因素源于自然变化，如日地间距离变化、大气和海洋湍流、大陆板块漂移、造山运动、火山爆发、冰川伸缩以及河流变动等过程。但是，在几个世纪的时间里，人类社会的经济和技术活动却对全球变化产生了明显的影响。人类自身已变成了地球系统的一部分，并且直接成为全球变化的影响力。人类的能源生产、集约农业和强化技术，已经改变了地球的反射率，改变了土壤和水体的组成、大气化学成分、森林面积，以至全球生态系统平衡。这样，当前人类的生存和社会发展已面临着一系列严重的问题，如沙漠化扩大和土壤退化、大气污染和大气质量下降、全球性和区域性的水污染与水资源匮乏、生态环境的破坏导致生物物种灭绝与种群量迅速缩减，等等。从太空对行星地球进行观测，如图2-43所示。

活动的不断增强，造成能量和物质的释放，必然引起全球变化，而人类又不能使自身不受这个变化过程的支配。若人类违背客观规律，危害了自然界，那么，自然界也会

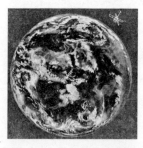

图 2-43　在太空观测地球

以种种方式报复人类。因此，人类活动必须谨慎行事，必须服从自然界，才可支配自然界。我们全人类对自身赖以生存的地球的未来负有新的责任，而这只有基于智力的行动，科学地研究地球系统整体行为，积累完整的知识，才能合理地支配和管理地球。

在太阳系太空探索中，具有重大意义的是日地系统研究。首先，对日地系统进行系统的整体的研究始于 20 世纪 90 年代，这标志着太空科学发展的新阶段。

2.4.3　国际日地物理计划

国际日地物理计划，是 20 世纪末规模最大、持续到 21 世纪初的国际太空科学合作计划。它第一次把日地系统作为一个整体进行研究，以求深入地理解日地之间复杂现象的因果关系，从而深化对太空环境的认识，使之对太空环境预报的能力达到一个高级阶段，为人类造福。

2.4.3.1　计划的发展过程

从地球周围等离子体起源（OPEN）计划发展到国际日地物理计划。在过去 20 多年里，日地物理研究经历了发现、探索和理解三个时期。以前，人们大多进行的是卫星的单点探测。后来虽有许多太空飞行器做多点探测工作，但都限于局部区域，而一直未能把日地系统作为一个整体来研究。20 世纪 70 年代中期开始的国际磁层研究计划，主要是定量地了解磁层的动力学过程，虽然采用多种手段进行探测，对磁层结构、磁层中离子起源和分布等有许多了解，但由于计划性不强，所以对磁层动力学过程中的因果关系还理解得不够。70 年代末，美国科学家提出了地球周围等离子体起源计划，试图把地球太空作为一个整体进行定量的、综合性的研究。相应地，在 20 世纪 80 年代初，中国科学院空间科学技术中心李喜先提出中国应设计一颗运行在极地轨道上的卫星，称为"OPEN-C"，如图 2-44 所示。21 世纪初，中国预计发射 2 个太空飞行器加入，即双星计划。一般地，把地球太空定义为围绕地球约几十万千米的太空区域，即地球磁场产生的阻尼在日球层内所引起的扰动区域。它是由高层大气、电离层、磁层和靠近地球的行星际介质所组成的物质体系。在这个太空区域中，包括着等离子体、磁场、各种能量的粒子以及波动和辐射等。地球周围等离子体起源计划的目的主要是了解动力学过程在这些区域如何密切地耦合，跟踪从太阳输入的物质流和能流最后到高层大气的沉积，了解地球周围受到控制的等离子体的起源、传入、输运、储存和耗散的物理过程，研究各种相互作用中复杂链的因果关系。在对太阳的探索中历来是两个方向，即日地关系和行星探测。许多国家就把注意力集中在制定日地研究计划上，并强调要继续在这一重大领域研究中进行国际合作，以实现人类共同奋斗的远大目标。后来，美、俄、欧、日共同认为，国际性日地物理研究能形成科学上密切相关的战略计划，节省经费和充分利用共同的资源，为此共同提出了计划。至少要发射多个相关联的太空飞行器系；建立日地物理资料库；邀请其他国家和团体参加国际日地物理计划。

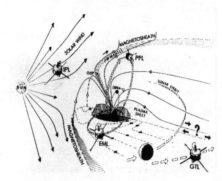

图 2-44　国际日地物理计划中太空飞行器配置（OPEN-C 中国设想的卫星轨道）

2.4.3.2　计划的科学构思

国际性日地物理（ISTP）研究能形成科学上密切相关的战略计划。国际日地物理计划由一个核心计划和一些遍及世界的综合性计划构成。前者已由 13 个太空飞行器系和数据网系统组成，后者包括其他国家和团体现已制定和将开展的日地研究计划。另外，还有地面台网、飞机、气球和探空火箭等协同探测所提供的相关资料。

图 2-45　对日地太空进行的"多点"探测彩图

［引自《茫茫太空（第一版）》，第77页］

可以预料，国际日地物理计划将会由国际科学组织机构来协调。

国际日地物理计划提出重大的科学课题涉及日震学、日冕动力学、太阳风的起源和三维结构、太阳风与磁层的相互作用、全球等离子体的起源和储存以及在磁层内的流动和转输、基本等离子体的状态和特性等。其中强调的重点是日地相互作用、太阳和日球层物理、全球性太空物理和太空等离子体物理。

国际日地物理计划中 15 个太空飞行器系的配置如图 2-45 所示，主要使命是：①运行在双月借助式轨道上的"太阳风"（Wind）飞行器，在地球向阳面的高度可达 1600 万千米，即 250 个地球半径，它主要研究原始太阳风；②"赤道"（Equator）飞行器，它运行在 1.3×12.4 个地球半径（1.3 个地球半径为近地点高度，12.4 个地球半径为远地点高度）的轨道上，主要研究太阳风和环电流；③"极区"（Polar）飞行器运行在 1.5×8.5 个地球半径的轨道上，它主要是进行内磁层动力学的研究；④"磁尾"（Geotail）飞行器，它在双月借助式轨道上运行，在地球背阳面距地球可达 60 万～160 万千米，主要是对全球的输运及中磁层动力学进行研究；⑤"太阳"（Soho）飞行器停留在日地连线中拉格朗日[1]平动点 L_1* 轨道上，即在地球向阳面 266 个地球半径附近，主要研究太阳内部和表面波动和振荡、太阳活动与太阳风的关系，以及进行日冕动力学的研究。⑥由 4 个太空飞器组成的"飞行器系"（Cluster）运行在 3×20 个地球半径的轨道上，主要研究极区物理现象（微观等离子体湍流、极尖、极盖、极光带、边界层和电流片）；⑦俄罗斯参加观测的太空飞行器（Interbll）有 2 个，主要探测磁尾和极光区；⑧预计 2002 年，中国发射 2 个参加观测的太空飞行器，一个运行在 350×25000 千米的极轨道上，观测极区，另一个运行在 550×60000 千米的赤道面轨道上，观测磁层；⑨绕太阳两极运行的太空飞行器（Ulysses），主要研究太阳磁场三维结构等。

2.4.3.3　计划的重大意义

日地系统是各部分有着强烈相互作用的物质体系，其整体行为极为复杂，绝不等同于各单个部分简单的线性总和。如果对日地系统的研究仅限于个别部分，则很难了解整个系统的集体行为。

国际日地物理计划第一次把日地系统作为一个有机的整体进行定量的、综合性的和较长期的研究，合理地配置多种探测手段进行协同探测，紧密地与理论研究相结合，并广泛地组织国际合作的形式，因而构成了 20 世纪末期空前规模的国际太空

---

[1]　注：拉格朗日（Lagrange, J.L），法国数学家，首先求得平面型限制性三体问题的 5 个解，称"平动解"，5 个点称"平动点"，这种三体运动在太空飞行器的轨道理论中得到了应用，如太空飞行器（人造卫星等）在地月系统、日地系统中运动就要运用这种理论。在国际日地物理计划中，其中一颗太空飞行器"Soho"就运动在日地连线平动点 L_1 轨道上，即在晕环轨道上。由于 L_1、L_2、L_3 是在一条直线上不稳定的三个点，运动在这三个点上的太空飞行器要漂移，而且越漂越远。因此，要进行轨道位置控制。如采用晕环轨道，则能稳定在原地。在这里，要保持太空飞行器的位置，不需耗费大量能量（推进剂）。平动点 L_4、L_5 是稳定点，即当太空飞行器产生漂移时，能自动地返回，如图 116 所示，其中 P_1、P_2 代表两个有限质量的天体，如太阳、地球。

科学研究战略计划。日地系统是唯一可能成为我们直接地、比较详细地研究的典型天体系统。在 21 世纪初，实现国际日地物理计划，就能深入地了解整个系统各个部分相互作用和相互耦合的过程，进而使我们深刻地理解其他许多天体物理过程和产生新的概念。日地系统提供了详细研究宇宙等离子体的一个理想的天然的宇宙实验室，从而开拓了了解人类在宇宙中所占地位的道路。日地系统是与人类关系最密切的天体系统。实现国际日地物理计划，就能增进我们对太空环境的认识，从而使对太空环境的监测和预报能力进到一个高级阶段。这包括在通信、电力、能源、地球物理勘探、航行、太空活动以及天气和气候等方面所产生的效益。以往在设计太空系统的过程中，已吸取了日地系统研究的智力资源，并利用了数据库。

太阳变化对天气和气候的影响，电离层小尺度结构及太阳活动对通信的干扰，以及地球环境中生物圈和气候的关联等重大应用课题，其重要性是不言而喻的。大量事实表明，日地系统研究的成就已演变为知识的源泉。现在，人类的生活环境和活动范围在不断扩大，太空活动也愈益频繁，未来太空工业化的前景已展现在眼前，人类正在加快进入开发太空的时代。这一切，迫切地需要增强与人类自身的生存和未来的命运紧密相关的日地系统的研究。国际日地物理计划就是实现这一远大目标的重大步骤。

2.5 太阳系小行星

行星际太空看起来好像空空荡荡，而实际上存在着极稀薄气体和尘埃，布满着等离子体、各种粒子和电磁波等。

在太阳系中，围绕太阳运行的还有为数众多的小型天体，它们是小行星。在火星与木星轨道之间有一个小行星密集的区域，称为"小行星带"，绝大多数小行星就集中在这里而绕太阳运行。其中最大的小行星是谷神星（Ceres），直径约 1000 千米；还有几颗较大的小行星，如智神星（Pallas）、婚神星（Juno）、灶神星（Vesta）、大力神（Herculina）。人类已经发现并命名了 10000 多颗小行星，如周光召小行星、吴健雄小行星，等等。对于小行星的研究，对了解太阳系的起源和演化有着重要的意义。

2.5.1 小行星带

在太阳系中，围绕着太阳运行的数量达 5000 多颗小型天体，在火星与木星轨道

之间形成一个小行星密集区，称为"小行星带"。（图 2-46）

2.5.1.1 谷神星

被人类发现的第一颗小行星。

1801 年元旦之夜，意大利西西里天文台台长皮亚齐（G. Piazzi）发现的一颗小行星，是迄今已知的最大的小行星，轨道半长径 2.77 天文单位，轨道偏心率 0.079，轨道倾角 10°.6，平均轨道速度 17.9 千米 / 秒，直径 987±150 千米，自转周期 9 小时，恒星周期 1682 天，会合周期 466.6 天，光谱似碳质球粒陨石。

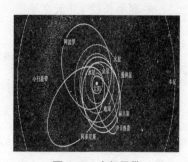

图 2-46　小行星带

［引自《茫茫太空（第一版）》，第46页］

2.5.1.2 阿莫尔（型）小行星

即公转轨道近日距 q 在 1.017～1.3 天文单位的一些小行星。目前已观测到 20 颗，其中包括 1221 号小行星"阿莫尔"，1932 年发现的（图 2-47）。近日距小到 1.08 天文单位，可接近地球到 0.1 天文单位。在此型小行星中，1898 年就已发现了著名"爱神星"，近日距为 1.13 天文单位，离地球最近距离为 0.156 天文单位，曾用于测定天文单位的数值。由于小行星的长期摄动，阿莫尔（型）小行星轨道可与地球轨道交叉。估计亮度到 18 等的阿莫尔（型）小行星约有 500 颗，与地球平均碰撞概率约为 $1×10^{-9}$ / 年。

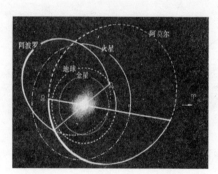

图 2-47　阿莫尔（型）小行星

［引自《茫茫太空（第一版）》，第46页］

2.5.1.3 阿波罗（型）小行星

即轨道半长径 a ≥ 1.0 天文单位，近日距 q ≤ 1.017 天文单位的一些小行星。在此型小行星中，1932 年，第一个被发现的 1862 号，其轨道 6°.4。1566 号小行星伊卡鲁斯的轨道半长径 1.07 天文单位，近日距 0.19 天文单位，唯一能进入水星轨道之内，轨道周期 408 天，轨道偏心率 0.827，轨道倾角 23°。估计亮度到 18 等的约有 700±300 颗。与地球的平均碰撞概率为 $2.6×10^{-9}$ / 年。

2.5.1.4 阿坦（型）小行星

轨道半长径 1.0 天文单位、近日距 0.983 天文单位的一些小行星。1976 年发现此型中的第一颗，即 2062 号，还有 2100 号、1976UA。估计绝对星等到 18 等的小行星有上百颗，与地球碰撞的概率为 9.1×10^{-9} ／年。

2.5.1.5 脱洛央（群）小行星

轨道半径与木星相同的两个小行星群。离太阳约 5.2 天文单位，分别在 L4，L5 附近，与太阳和木星大致构成等边三角形的顶点。在木星前的一群称为"希腊群"，在木星后的一群又称为"脱洛央群"，这些小行星都较暗，光谱特征也与其他小行星不同。（图 2-48 和图 2-48 ′）希腊群约有 700 颗，脱洛央群中有 200 颗达到 21 等星亮度。希腊群中的 624 号光变最大。

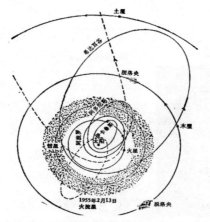

图 2-48　"希腊群"和"脱洛央群"分别在附近

［引自《茫茫太空（第一版）》，第49页］

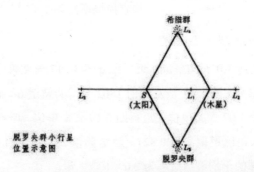

图 2-48 ′　"希腊群"和"脱洛央群"分别在附近简图

2.5.1.6 阿基利斯

1906 年发现 588 号，是最早发现的脱洛央小行星，属希腊群，位于木星前方。轨道半长径 5.2 天文单位，轨道周期 11.98 年，轨道偏心率 0.15，轨道倾角 10°.3。

2.5.2 小行星命名

从小行星的发现并算出其轨道，再经两次冲日观测到之后，给予它一个正式的编号。按发现次序，号数后还有一个名字，大多数用希腊、罗马神话的名字。如 1125 号"中华"是中国天文学家张钰哲于 1928 年在国外工作时发现的。

2.5.3 小行星的特性

小行星的大小有很大的差异，最大的 4 颗已直接测出了直径大小：谷神星为 980±150 千米，智神星为 490 千米，婚神星为 195 千米，灶神星为 390 千米，迄今已编号的小行星有 2118 颗，按照照相巡天观测发现亮度大于照相星等（表示天体相对亮度的数值）21.2 等的小行星达 50 万颗。估算，小行星的总质量约为地球质量的 4/10000。除了几颗较大的小行星外，大多数小行星质量都很小。现在已测定出约 70 颗小行星的自转周期，数值一般为 2 ~ 16 小时，少数有更长的周期。其中，质量仅有木星和土星质量 1/1000000 的小行星，其自转周期却与它们相近。小行星的自转轴的取向毫无规律，大多数小行星的形状也是不规则的，有三轴体、长条形，少数如谷神星和灶神星可能是球状。按照已定出的质量和直径，可计算出几颗较大的小行星的密度，如婚神星为 3.6g/cm^3，谷神星为 1.6g/cm^3。按照反照率的不同，可将小行星分为反照率小的为碳质类，反照率大的为石质（硅酸盐）类，少数为金属含量高的一类。

（1）轨道特殊

小行星在太空的运动轨道大多数集中在火星与木星之间的轨道上，形成小行星带，而少数的运动轨道很特殊：阿莫尔的近日距小到 1.08AU，与地球的距离可以接近到 0.1AU，一直为天文学家持续地观测着；阿波罗的轨道穿到了金星轨道以内，几乎与地球轨道相交，如图 2-47 显示了阿莫尔、阿波罗小行星轨道偏心率极大，竟然深深地进入水星轨道以内；如图 2-49 伊卡鲁斯小行星轨道所示，希达耳谷在远离太阳时可达到土星的轨道范围，很像彗星，但无丝毫云雾状；还有一颗极不平常的小行星柯尔瓦（chiron），它的轨道上前后有两个脱洛央群，前面一群有500个小行星，后面一群有200多个小行星。

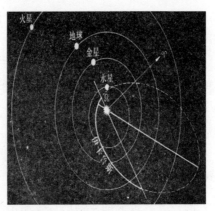

图 2-49　伊卡鲁斯小行星轨道

[引自《茫茫太空（第一版）》，第48页]

（2）起源与演化

小行星的起源有几种学说：一种是爆裂说，即认为它们数量很多，是由大行星碎裂而成；第二种是碰撞说，即认为是几颗原行星碰撞碎裂而产生的；第三种是"半成品"说，即认为在太阳系诞生初期，原始弥漫物质由于某种原因，未能凝聚成大行星，而只形成了半成品小行星，以分散状态遗留至今。轨道狭长的小行星可能是散失了气体尘埃的彗星残核。小行星质量小，不会发生地球那样大的变质过程，因而保留了太阳系形成初期的原始状况，这对研究太阳系的起源和演化具有重大的价值。

2.5.4　小行星的卫星

大行星大多有卫星已不足为奇，但小行星居然也有卫星，这就令人惊奇了。大力神小行星的直径为243千米，其卫星直径为45.6千米；梅波蔓小行星的直径为135千米，其卫星为37千米；还有一些小行星可能有卫星陪伴着。直接测量小行星的直径很困难。近年来，测到了约200颗小行星的直径。大多数小行星的形状很不规则，而且都有自转。小行星的轨道与行星不同，偏心率和倾角比行星大。从小行星掩（恒）星观测，即用掩星观测法观测，发现有几颗小行星，如532号——大力神星、6号、18号、44号、64号，也有自己的卫星。

2.6　太阳系彗星

太阳系还有许多其他小天体，还有彗星（comets）和流星（meteor）。彗星是在扁长的轨道上绕太阳运动的小天体，当离太阳较近时，受到太阳辐射出来的太阳风的压力，便产生了彗尾，呈云雾状，民间又叫"扫帚"星，如图 2-50 所示。

图 2-50　在近日点彗星外貌变化

［引自《茫茫太空（第一版）》，第43页］

2.6.1　彗星的起源与演化

迄今，对彗星的起源有多种假说，其中以原云假说最为著名。荷兰学者奥尔特统计得出，长周期彗星轨道半长径为3万～10万 AU，因而提出太阳系边远区有一个彗星储库——"彗星云"，又称"奥尔特云"。估计储库里有 1000 亿颗彗星，其总质量比地球的小。彗星云中的彗星长久地远离太阳，绕太阳公转一周要几百万年。由于它们处于太阳与其他恒星之间，恒星引力摄动使一部分彗星轨道改变，进入太阳系内部，当与大行星相遇时，其中一些被摄动而变为短周期彗星，另一些可能被抛出太阳。还有其他一些假说：喷发说认为，彗星是由于木星等行星或卫星上的火山喷发而形成；碰撞说认为，彗星是由太阳系内某两个天体互相碰撞而形成；俘获说认为，彗星受太阳的引力从恒星太空俘获过来的。在扁长轨道上绕太阳运行的一种质量较小的天体，当走近太阳时，后面拖着亮而长的尾巴，并呈雾状的独特外貌，被称为"彗星"，又称为"扫帚星"，"彗"就是扫帚之意。

彗星具有几种类型的运行轨道，其起源、演化也有多种假说，其结构十分复杂，富含挥发物质，较多地保留形成早期的状态，这对了解太阳系的起源能提供重要的信息。

2.6.2　彗星轨道

彗星的运行轨道有椭圆、抛物线和双曲线三种类型，如图 2-51、图 2-51′所示。彗星经过行星，特别是大质量的木星，会受到这些行星的摄动（一个太空飞行器绕一个天体，或者一个天体绕另一个天体运行时，受到其他天体附加的作用力，这样就引起太空飞行器或天体轨道的偏离）改变原来的轨道。在椭圆轨道上运行的彗星称为"周期彗星"；周期地绕太阳公抛物线或双曲线轨道上运行的彗星称为"非周期彗星"；绕太阳转一个弯，就一去不复返了，公转周期短于 200 年的彗星称为"短周期彗星"；走近太阳和地球次数较多，绝大多数都与行星同一方向绕太阳公转的彗星，称为"顺行彗星"。还有逆行彗星，如著名的哈雷彗星。长周期彗星的轨道非常扁长，接近抛物线轨道，这样就需要几百几千年甚至更长的时间才能走近太阳一次。大行星的摄动会改变彗星的轨道，如木星的摄动会使周期彗星变为短周期彗星，甚至如 1994 年 5 月 26 日，发生苏梅克·维利彗星与木星碰撞的壮观事件。

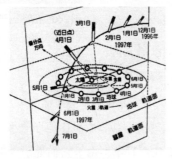

图 2-51　彗星轨道

（引自《中国科学院云南天文台观测指南》，第4页）

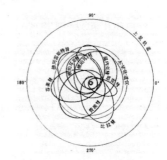

图 2-51 '　彗星轨道

［引自《茫茫太空（第一版）》，第50页］

2.6.3　彗星结构

彗星的结构十分复杂。一般彗星由彗头和彗尾两部分组成，如图 2-52（彗星结构）所示，彗头又包括彗核和彗发两部分。

图 2-52　彗星结构

（引自《中国大百科全书·天文学卷157页》）

太空飞行器观测到彗发外面还有氢原子云，称为"彗云"。彗云包围着彗发，其直径为 100 万～ 1000 万千米。因此，将彗核、彗发和彗云合称为"彗头"。不同彗星的彗头也有很大差别，不少彗星的彗头没有彗云。有的彗星的彗头中连彗发也没有，而只有彗核，尘埃组成的彗尾直接从彗核开始背向太阳延伸；有的在彗核周围稍有彗发；有的彗发很亮。彗核集中了绝大部分质量，彗核的密度也有很大差别。彗发的体积随着彗星离太阳的距离变化，其直径比彗核大得多，有 180 万千米，比太阳直径 140 万千米还大。虽然，彗星的体积庞大，但是，它的质量却很小，物质很稀薄。少数大而亮的彗星运行到土星轨道附近时，就能从大望远镜中看到，但一般彗星只有当走到离太阳3AU附近才能看到，这时，彗星只有暗星状彗核及其周围朦胧的彗发。当离太阳2AU左右时，开始产生彗尾，离太阳更近时，彗尾显著地变长变大。当它经过近日点之后离开太阳越走越远时，彗尾就逐渐缩小。彗尾的体积很大，大彗尾长达上亿千米，宽度从几千千米甚至到2000多万千米。彗尾形状多种多样，一般总是背离太阳方向延伸，而且常常有两条以上。一类彗尾较直，由离子气体组成，称"离子彗尾"，呈蓝色；另一类较弯曲，由微尘组成，呈黄色，称"尘埃彗尾"。

2.6.4　著名彗星

在彗星中，最著名的是哈雷彗星，还有恩克彗星、比拉彗星、科胡特克彗星和掠日彗星。哈雷彗星是英国天文学家、数学家哈雷经推算预言得到证实的著名大彗星，如图2-53（哈雷彗星轨道）所示。

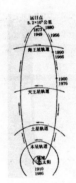

哈雷在1682年注意到这颗彗星的轨道与1531年、1607年出现的彗星轨道相似，认为是同一颗彗星3次出现，公转周期为76年。后来，虽哈雷死于1742年而未见到，但这颗彗星果然于1759年重新回来了。这颗彗星近日距为8800万千米，远日距为53亿千米。1985年11月18日，它离地球仅有1亿千米，是地球上最好观测的时刻，整夜都能看到。估计它的质量为1000亿～10万亿吨，依其密度（$1.3g/cm^3$）可算出彗核半径为3～15千米，每一周期减小质量20吨左右，因而它会存在很长时间。

图2-53　哈雷彗星轨道

［引自《茫茫太空（第一版）》，第53页］

恩克彗星是一颗微弱、周期最短、出现次数最多的彗星。它是第二颗被预言重现的彗星，周期为3年106天，每次回归时间总要减少3小时左右，这表明它有加速运动，而轨道在缩小。它的近日距为5千万千米，呈一团不太亮的雾状。

比拉彗星是分裂现象最显著的彗星，周期为6.6年。1846年1月13日，突然惊奇地分裂为两颗，分裂后的两颗彗星各有彗核和彗发，它们之间的距离慢慢拉大。1865年回归时，未发现它们的踪迹。但1872年11月27日，当地球穿过它们原来的轨道时，那天晚上太空中出现了灿烂的流星雨，延续4小时之久。1885年11月27日，又发生一场大流星雨。这两次流星雨的辐射点恰恰都在原比拉彗星轨道与地球轨道相交的地方，很显然这些流星雨是比拉彗星瓦解的碎粒。

科胡特克彗星是在 1972 年 12 月 28 日过近日点时由射电观测发现的彗星。这时，它离太阳约 2100 万千米，它的公转周期为 75000 年，由于受其他天体的摄动，可能一去不复返了。

掠日彗星是指一些近日距很小的彗星，因往往掠过太阳外层大气（如日冕）而得名。1680 年，观测到其中的一颗大彗星是最亮的掠日彗星，最亮时比满月还亮 100 倍。它在过近日点时，离炽热的日面只有 23 万千米，以 530km/s 的速度穿过温度高达 100 多万摄氏度的日冕，却没有被烧毁，只是彗核受热生出长达 2.4 亿千米的大彗尾。另一颗掠日大彗星的近日距只有 13 万千米，过近日点时很亮，白天可见，4 天后彗尾长达 3.2 亿千米，宽 600 万千米。这种彗星容易分裂。

2.6.5 彗星与太阳风相互作用

彗星是探测太阳风的天然"探针"。彗星与太阳风相互作用是一个十分复杂的过程。如图 2-54 所示。

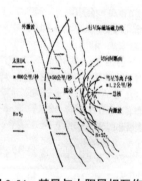

图 2-54 彗星与太阳风相互作用

[引自《茫茫太空（第一版）》，第54页]

1985—1986 年，有 5 个太空飞行器对彗星及其与太阳风相互作用进行了实地观测。1986 年 3 月 6—14 日，5 个太空飞器携带着 44 个观测仪器与哈雷彗星交会。观测到哈雷彗星的彗核呈不规则椭圆状，短轴为 7 ～ 10 千米，长轴约为 15 千米，彗核主要由含有其他成分的冰块组成，其表面的活动性不均匀，从活动区向外喷出尘埃喷流。同时，在距彗核 100 万千米处还观测到了弓形激波。

2.7 行星际太空物理学

太阳的外层大气 —— 日冕具有百万摄氏度以上的高温，它持续不断地携带着磁场向外膨胀，形成自太阳向外以超音速运动的太阳风等离子体流。太阳系内主要由等离子体流和磁场充满的太空称为"日球太空"，其边界大致位于 70 ~ 200AU。日球物理就是了解该太空区域的物质状态的特征与演化，探索发生在其中的物理过程和变化规律以及太阳风与星际介质相互作用的一门学科。日地行星际太空是太阳向地球输运能量、动量和质量的传输通道，它像一条纽带把太阳和地球密切联系起来，是日地系统相互耦合链上非常重要的一环。

2007 年"旅行者 2 号"飞船在离 85AU 处穿越终止激波进入日球鞘区时，发现中性成分对外日球环境有重要影响。最近十年，在行星际中的多种间断面（如电流片、激波间断、接触间断、阿尔芬间断等）与行星际扰动的相互作用、多重 CME 的相互作用、行星际激波的相互作用、行星际磁重联、太阳能量粒子在行星际的传输等方面都取得了重要进展。本领域的前沿科学问题包括行星际太阳风和日球的三维结构、各种间断面对行星际扰动传播的影响、日冕物质抛射事件 / 激波的行星际传播过程、行星际磁场南向分量的形成和演化、行星际扰动与磁层的相互作用、高能粒子在行星际太空的加速和传播等。

2.7.1 行星际物质

在行星际太空布满着行星、卫星、小行星、彗星、陨星、流星体等天体，除此之外，并非绝对真空，还存在着太阳风、行星际激波、宇宙线以及行星际物质，主要成分是尘埃、气体、黄道光等自然现象。

2.7.1.1 尘埃物质

行星际物质的一种主要形式是流星体，从几厘米大小到几微米，从地面的流星体观测资料估算得出，每天进入地球大气到亮度 2 等的亮流星体数目为 2.8×10^{26} 个，亮度每暗一等，数目就增加 2.5 倍，由此估算出地球附近流星物质的密度约为 $10^{-23}\mathrm{g/cm^3}$，其中未考虑落到地面的"陨星尘"。估计，每年落到地面的微流星有 10 万吨。由于太阳辐射压力作用，小于 1 微米的尘粒被排斥出太阳系；但是大于 1 微米的尘粒则在辐射压力的作用下，沿螺旋形轨道逐渐落在太阳上；在地球轨道处 10 厘米大

小的颗粒需要 10^9 年落到太阳上，颗粒越小落得越快。因此现在地球附近的尘粒或是新形成的，或是从太阳系外部来的。

2.7.1.2 黄道光

行星际尘埃基本上散布在黄道面及其近旁，它们对太阳光的散射形成黄道光，如图 2-55 和图 2-56 所示。

位于地球上低纬度和中纬度地带的人，春季黄昏后在西方地平线上或于秋季黎明前在东方地平线上所见到的淡弱的三角形光锥，就是黄道光。它沿着黄道向上伸展，可达地平线以上 30° 左右，可见时间不长。春季黄昏后见到的黄道光，随着夜幕完全降临逐渐消逝；秋季黎明前见到的黄道光，随着东方逐渐吐白隐没于晨曦之中。黄道光光谱与太阳光谱相似，这表明黄道光主要是行星际尘埃反映和散射太阳光所产生的，也有部分是自由电子散射产生的。

图 2-55 黄道光

［引自《茫茫太空（第一版）》，第46页］

图 2-56 引自黄道光图册

2.8 太阳系宇宙线

宇宙线是来自地球之外宇宙太空的高能粒子流，包括来自太阳、银河系和河外星系的宇宙线，主要是高能带电粒子和光子。这些高能粒子主要由银河系产生，经过星际太空和行星际太空传播到内太阳系。太阳通常在耀斑爆发时产生宇宙线。目前，河外宇宙线还处于假设时期，若要进入银河系，直到进入太阳系，则必须有很高的能量才有可能性。

2.8.1 初级宇宙线

初级宇宙线是没有受到地球大气影响的所有来自太空的宇宙线，包括太阳宇宙线、银河宇宙线和河外宇宙线。宇宙线主要由氢原子核（质子）、氦原子核（α 粒子）、少量其他原子核、电子和 γ 光子等组成，称为"初级宇宙线"。初级宇宙线与地球大气中分子的原子核相互作用产生的次级质子、介子、中子、光子、电子以及其他核子和基本粒子等统称为"次级宇宙线"。

2.8.2 次级宇宙线

次级宇宙线又同另外分子的原子核作用产生更多的粒子，这种过程一直进行下去。这样，一个初级宇宙线粒子产生了一簇次级宇宙线，称为"雪崩簇射"。在地球大气55千米左右，次级粒子的产生已很重要了，以至在20千米左右达到最大值。在这高度以下，在地面以上，由于碰撞损失能量，次级宇宙线的强度不断地减少，而只有能量大于500MeV（兆电子伏）的初级宇宙线才有机会到达地面。在地面上通常测量初级宇宙线产生的中子和 μ 介子。

2.8.3 宇宙线的传播

宇宙线在太空的迁移过程，称为"宇宙线的传播"。银河宇宙线的传播经过银盘（银河系的恒星密集部分组成一个圆盘，形状似铁饼）和银晕（银河系外围由稀疏分布的恒星和星际物质组成的球状区域）向外扩散，其中一部分宇宙线到达银晕边界时，又反射回到银晕内。太阳宇宙线在行星际太空中的传播也是扩散过程。银河宇宙线粒子进入日球层后，其强度、方向、成分和能谱都受到太阳风、太阳、行星际磁场、太阳活动的影响而发生变化，这又称为"宇宙线日球层效应"。当宇宙线进入近地球太空受到地磁场的影响，称为"宇宙线地磁效应"，又称为"宇宙线地磁调制"。当宇宙线进入地球大气层后，由于大气压力、温度等发生变化而引起宇宙线强度随高度发生变化，称为"宇宙线大气效应"。

2.8.4 宇宙线的起源

太阳宇宙线来自太阳耀斑区，能量一般为几个到几百个MeV，除电子、质子以外，还有其他元素的原子核成分。迄今，银河宇宙线的起源尚未准确地确定，一般认为来自新星和超新星爆发以及超新星遗迹，但这些尚待证实。河外宇宙线可能来自银河系以外的其他星系，但这是一个有待研究的问题。宇宙线起源中的一个核心问题是宇宙线粒子能量的增加，即加速过程，目前已提出了几种加速的机制。

3　星际和星系际太空科学

　　星际太空就是在恒星际之间、星团之间的巨大太空。其中充满着复杂的自然现象，包括星际气体、星际尘埃、各式各样的星际云，以及星际磁场、宇宙线、星风、星际分子、各类电磁波，等等。

　　星系际太空就是星系之间、星系团之间更巨大的太空。星系际之间充满着复杂的自然现象，如分布着星系际物质、星系际气体、星系冕等。

　　2014年3月24日，美国威斯康星大学的一个科学家小组利用NASA斯皮策太空望远镜拍摄的超过200万张图像，合成了一张360度银河系全景图，揭示出银河系新的结构与内涵（图3-1）。天文学家根据获取的数据绘制了一幅更精确的银河系中心带星图，并指出银河系比我们先前所想的更大一些。这些数据使科学家能建立起一个更全面立体的星系模型。

图3-1　360° 银河系全景图

　　银河系的覆盖区域长约37米，中间部分高约2米，两侧部分高约1米，中间部分就是银河系核球区域的特写图。

　　这张最新的合成图采用在过去10年间由斯皮策太空望远镜拍摄获取的红外图像，并在加拿大温哥华举行的一次TED大会演讲期间首次公诸于众。

　　NASA公布了数字版银河系360度全景图，该图片包括银河系一半以上的恒星，像素达200亿，如果打印出来，需要体育场那么大的地方才能展示，因此，NASA决定发布其数字版，方便天文迷查询。人们惊奇地发现，如今想一览银河系已简单到只要一点鼠标即可。其实，这张图片展示的仅是地球天空中大约 3% 的区域，却包含了银河系里超过一半的星辰。

合成这张图像的是美国威斯康星大学迪逊分校的天文学教授爱德华·乔治威尔（Edward Churchwell）领导的一个小组，这张图像覆盖了银河系盘面附近的一道狭窄区域。乔治威尔表示："我们首次可以利用恒星而非气体来进行对银河系大尺度结构的测量。我们已经明确银河系拥有一个几乎相当于从银心到太阳轨道位置一半距离的棒状结构，而我们现在对这个棒状结构的了解变得更加精确了。"

乔治威尔和他的小组已经致力于一个分析和处理斯皮策太空望远镜数据的名为"窥视"（GLIMPSE）的项目超过 10 年之久。他表示："这告诉我们一些有关银河系内恒星分布的宏观信息。而恒星当然是构成银河系质量的重要组成部分。而这便是这项工作的重要意义所在。"

3.1 星际太空科学

3.1.1 恒星物理学

恒星物理学是研究各类恒星的生成、演化、形态、结构、物理状态和化学组成等的一门分支学科，即天体物理学的分支之一。在宇宙中，恒星是最有趣、最重要的天体，要认识星系，乃至总星系，都先要了解恒星。实际上，与人类关系最密切的太阳就是一颗典型的恒星，也是我们能详细地研究的、离地球最近的唯一恒星。其次，是半人马座比邻星，它发出的光到达地球要 4.22 年。一般人的肉眼就可以看到 3000 多颗恒星；利用望远镜则可以看到几百万颗恒星，在银河系中有 1000 亿～2000 亿颗。

在太阳系内，用 1.5 亿千米作为天文单位来度量天体之间的距离是合适的，而用于银河系和大宇宙则显得太小了。因此，度量天体距离的单位用光年，1 光年的长度等于光在真空中一年传播的路程，即 94605 亿千米。同时，还用秒差距（parsec）作为度量距离的单位，即当地球位于其绕太阳运行的轨道上的近日点和远日点上，观测天体所得到的它们的角位置变化的一半，正好为 1 角秒时，该天体的距离就是 1 秒差距（pc）=3.2616 光年 =206265 天文单位 =308568 亿千米。恒星并非不动，而是离我们太远；也并非不变，而是寿命太长，因而在短期内我们发现不了它们的运动和变化，故称它们为"恒星"。

3.1.1.1 恒星的形成

一般认为，恒星由低密度的星际物质凝缩而形成并在不断地进行着。银河系星际物质的密度为 $10^{-24} \sim 10^{-23} \mathrm{g/cm^3}$ 量级，星际物质往往凝聚成团块，成为星云，分为电离氢云和中性氢云两类，温度低的中性氢云有利于凝聚成恒星。从观测得知，密度在 $10^{-23} \sim 10^{-10} \mathrm{g/cm^3}$ 之间的各种星云有不同程度的凝聚现象。星云经快收缩和慢收缩过程，形成原恒星阶段。当收缩使内部温度升高到内部热核反应产生的热量足以与向外辐射的热量相当时，星云就不会再收缩，以至达到流体平衡状态，形成一颗正常的恒星，称为"主序星"。

3.1.1.2 恒星的形态

恒星类似太阳，是宇宙中最重要的有形物质存在形式。在宇宙中能自身发光的球形或类球形的巨大物质团，统统都是恒星。它们的质量介于太阳质量的百分之几到近百倍，直径从几十千米到几亿千米。由于巨大的自引力，恒星的中心温度很高，质量越大，中心温度越高，热核反应就越快，产生的能量也越多，自然消耗快，因而寿命短。质量与太阳相近的恒星在主序阶段的寿命约 110 亿年，而质量最大的恒星在主序阶段的寿命仅 100 万年。随着时间的推移，微小的运动量积少成多，从而会改变常见星座的形状。恒星常两两为伴，三五成堆，百十成团，形成双星、聚星和星团。

恒星虽然遥远，但可以从它们的光谱中了解其温度、大气成分和结构，因而将其分成温度由高到低的 O、B、A、F、G、K、M 等光谱型，绝对星等由小到大的 Ⅰ、Ⅱ、Ⅲ、Ⅳ、Ⅴ 5 个光度级，并分别称为"超巨星""巨星""亚巨星""亚矮星"和"主序星"。粗略地讲，恒星的颜色发红，表明其表面温度较低，光谱型较晚；而颜色发蓝的光谱型较早。光度级表征了恒星的真实亮度，取决于恒星的质量、体积、温度三者之间的复杂关系。

3.1.1.3 恒星的结构

在一部分恒星中，有类似太阳的外部大气结构：在大气底层密度最大的部分，称为"光球"；光球之外产生某些发射线的部分，称为"色球层"；最外层是高温低密度星冕，常与星风（从太阳风的启示得来）有关。恒星的径向和非径向多频脉动，称为"星振（asteroseismology）"。通过研究星振，可以研究恒星内部结构及其演化。在恒星内部，能量的传输主要靠辐射和对流两种机制来完成。对流层的厚度接近恒星的半径，内部中心温度可高达数百万摄氏度乃至数亿摄氏度。总之，恒星的结构随着演化而不断地发生变化。

3.1.1.4　恒星的化学组成

与地面实验室进行光谱分析一样，对恒星的光谱也可以进行光谱分析，以确定恒星大气中形成各种谱线的元素的含量。正常恒星大气的化学组成与太阳大气差不多，按质量计算，氢最多，氦次之，其余依次为氧、碳、氖、硅、镁、铁、硫等。还有一些恒星大气与太阳大气的化学组成不同，有含碳丰富与含氮丰富之分。在演化中，恒星大气的化学组成变化较小。

3.1.1.5　恒星的演化

恒星形成后，在主序星阶段生存很长的时间。寿命的长短取决于原始的质量，越是"大胖子"越短命，太阳和它质量相当的恒星在主序星上要活100亿年以上，而质量几倍于太阳的蓝巨星，在主序星上却只有几百万年，这不仅因为其中心温度高而燃烧消耗得快，而且还由于在演化过程中会以各种方式抛失大量的质量。根据赫罗图（Hertzsprung-Russell diagram）的一些序列，可研究恒星的形成和演化，如图3-2所示。

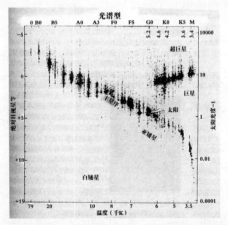

图 3-2　赫罗图（光度为纵坐标，光谱型或表面温度为横坐标）

（引自《中国大百科全书·天文学卷》，第117页）

当氢含量的 10% 转变成中心的等温氦核后，核心因引力收缩变密升温，从而使氢包层内层的核聚变加快，产生更大的辐射压力，迫使恒星大气向外膨胀并降温，变成颜色发红而体积很大的红巨星。若恒星的质量介于 0.4 ～ 8 个太阳质量之间，氦核心收缩升温到 1 亿摄氏度以上，开始氦聚变为碳，碳构成的核心收缩升温，由氦组成的外壳可能迅速膨胀，并推动其外的氢壳层向外形成"行星状星云"。若质量小于 1.4 倍太阳质量，星云中心变成白矮星而晶化死亡。若质量大过上述极限，最终发生相当于亿万吨炸药爆炸的超新星爆发，内核部分坍缩为中子星，其中质量与太阳相近而半径仅几十千米，密度大到 $10^{15}g/cm^3$，被认为是新发现的脉冲星。质量若更大些，使中心质量约 3 倍太阳质量，最终因超新星爆炸而坍缩为黑洞 —— 正在探索中的理论产物。理论上表明，恒星演化末期会出现白矮星、中子星和黑洞，视质量而定。

3.1.1.6 星风

太阳是一颗能被详细研究的典型恒星，其他恒星的许多性质可在与太阳进行比较研究中而得到了解。星风的概念就是从太阳风的启示得来的。太阳风已有直接观测的许多证据，而星风的存在也从恒星光谱中发现了间接的证据。目前，对星风的起源和太阳风的起源尚未完全了解。

3.1.1.7 星际分子

在恒星际太空中，存在着无机分子和有机分子，迄今已经认证出 50 余种星际分子，其中大多数是由碳、氢、氧、氮组成的有机分子，它们分布在星际太空不同物理条件的各个区域，如银心、分子云乃至更小的源区，有些分子分布很广。在已发现的星际分子中，大部分是有机分子。了解这些分子特别是有机分子的形成过程，以及它们同地球上生命起源的关系具有重要的意义。

3.1.1.8 分子云

在星际太空中，某些化学分子集结的区域，称为"分子云"，其成分主要是各种气态分子和尘埃颗粒，大多分布在银河系的旋臂之中。各类分子云的分子数密度相差悬殊，一般在 $10 \sim 10^7/cm^3$ 个之间。著名的猎户座大星云也是分子云的一部分。一般认为，猎户座 A 是一个形成新恒星的区域。

3.1.1.9　星际物质

恒星际间的物质包括星际气体、星际尘埃和各种各样的星际云，以及星际磁场和宇宙线。星际物质的质量约占银河系总质量的 10%，平均数密度为每立方厘米 1 个氢原子，这种密度在地球上实验室中是远达不到的真空度。星际物质的分布不均匀，密度相差很大，当星际气体和尘埃聚集成质点的数密度超过每立方厘米 10～10^3 个时，就成为星际云。星际物质和年轻恒星高度集中在银道面上，特别是在旋臂之中。星际气体主要包括原子、分子、电子和离子，星际尘埃分散在星际气体之中。

3.2　星系际太空科学

在星系与星系之间存在着星系际物质，包括气体和尘埃等物质，有的聚集于两个互相邻近的星系之间，构成了星系之间的物质桥；有的位于星系团之间，形成星系团际物质。星系际物质的气体成分可能是中性气体，也可能是电离气体。在一些星系际物质密集的区域也会形成星系际暗云。在正常星系中有少数活动星系，即有明显的激烈活动的激扰星系，当这些星系抛出物质进入星系际太空时，也形成星系际物质。星系冕是环绕在星系可见部分以外的一个广延的大量包层。银河系冕质量十分巨大，星系的质量和光度越大，其冕的质量也越大。星系冕的发现对于了解星系的起源和演化具有重大的意义。

3.2.1　银河系

银河系是一个普通的星系，即地球和太阳所在的恒星系统，因其投影在天球上的乳白亮带而得名银河。除主序星外，银河系还有超巨星、巨星、亚巨星、亚矮星和白矮星等。用射电方法观测，还发现了 50 种以上的星际分子。银河系是一个 Sb 型旋涡星系，银河系总体结构如图 3-3 所示。

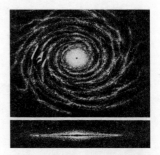

图 3-3　银河系总体结构示意图
（上图俯视图　下图侧视图）

（引自《中国大百科全书·天文学卷》，彩图第40页）

银河系的物质密集部分主要由 1000 亿～2000 亿颗恒星构成，组成一个圆盘，形状似体育运动用的铁饼，称为"银盘"，其中心平面称为"银道面"。银盘中心隆起的球形部分，称为"银河系核球"，长轴长 4 ～ 5 kpc，厚度为 4kpc，其中心有一个很小的致密区，称为"银核"。银核发出强的射电、红外和 X 射线辐射。银盘外面是一个范围广大、近似球状分布的系统，称为"银晕"，其中的物质密度比银盘中低得多。银晕外面还有银冕，也大致呈球形，如图 3-4 所示。

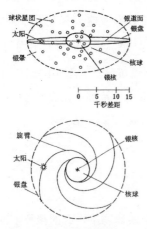

图 3-4　银河系简化模型
（上图侧视图　下图俯视图）

（引自《中国大百科全书·天文学卷》，第504页）

银盘直径约 25kpc，中间厚，外边薄。中间部分的厚度约 2kpc，太阳在主平面上，离中心约半径处。太阳附近的银盘厚度约 1kpc。银盘中有旋臂，是盘内气体尘埃和年轻的恒星集中的地方。银河系也在旋转，太阳在银河系转一周约需 2.25 亿年。银河系的核心部分有一个巨大的核能中心，可能是一个巨大的黑洞。

2017 年 10 月 20 日发布：近日，中国科学院国家天文台研究人员刘超、徐岩等人使用 LAMOST 的红巨星样本绘制了银河系外围结构切面图，发现银河系的盘比以前认识的大 25%。他们发现，银河系的外盘一直延展到 19kpc，其间没有看到银盘的截断，即银盘没有明显的外边界，而是光滑地过渡到了恒星晕。

以往的研究认为，银盘的半径只有 14 ～ 15kpc，之后会有一个明显的截断，很多理论研究据此推演银河系的形成和演化历史。尽管有研究在距离银心 20kpc 的地方陆续发现了少量的年轻恒星，但是直到这项工作，人们才真正系统地看到了银河系外盘的庐山真面目。这样一个更大且平滑的外盘形状需要完全不同的理论进行解释。这一发现对于理解银河系的形成、银盘的演化，特别是外盘如何自内向外形成都具有深远意义。这项研究的"副产品"是，研究人员发现，一度认为是星系并合重要证据的麒麟座环形子结构（Monoceros ring）并没有显著出现在他们绘制的银盘剖面图中。这一结果在同行间引起热议，本来就没有落定尘埃的麒麟座环形子结构的起源问题再一次成为焦点。

此项工作第一作者刘超在德国波茨坦举行的国际天文联合会第 334 号分会（IAU Symposium 334）上，以邀请综述报告形式展示了这一结果，得到了包括星系天文学权威专家澳大利亚国立大学教授 Ken Freeman 在内的国际同行的广泛关注。

这些发现作为一个系列工作的第一部分，已经发表在最新一期《天文学和天体物理研究》（*Research of Astronomy and Astrophysics*，2017，9，96）上。

图 3-5 左侧是银河系银盘外围部分的恒星分布密度切面图，中间是恒星空间分布密度高，外围分布的密度低。太阳在白色圆圈处。右侧是把 Z 方向恒星加起来得到的径向恒星数密度分布图，可以看到银盘（加粗虚线）平滑地延伸到将近 19kpc。

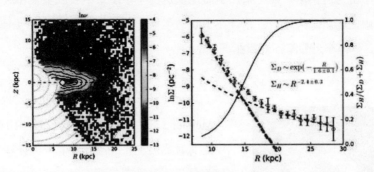

图 3-5　银河系的盘变大

我们置身其内的银河系：在没有灯光干扰的晴朗夜晚，如果天空足够黑，你可以看到在天空中有一条弥漫的光带。这条光带就是我们置身其内而侧视银河系时所看到的布满恒星的圆面——银盘。银河系内有 2000 多亿颗恒星，只是由于距离太远而无法用肉眼辨认出来。由于星光与星际尘埃气体混合在一起，因此看起来就像一条烟雾笼罩着的光带。银河系的中心位于人马座附近。银河系是一个中型恒星系，它的银盘直径约为 12 万光年。它的银盘内含有大量的星际尘埃和气体云，聚集成了颜色偏红的恒星形成区域，从而不断地给星系的旋臂补充炽热的年轻蓝星，组成了许多疏散星团或称银河星团。已知的这类疏散星团有 1200 多个。银盘四周包围着很大的银晕，银晕中散布着恒星和主要由老年恒星组成的球状星团，如图 3-6 所示。

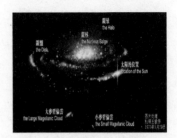

图 3-6　银河系组成：银核、银盘、银晕、太阳、大麦哲伦云、小麦哲伦云

从我们所处的角度很难确切地知道银河系的形状。但随着近代科技的发展，探测手段的进步在某种程度上克服了这些障碍，揭示出银河系具有的某些出人意料的特征。长期以来，人们一直以为银河

系是一个典型的旋涡星系，与仙女座星系类似。但最近的观测却发现，它的中央核球稍带棒形。这意味着银河系很可能是一种棒旋星系。另外，银河系是一个比较活跃的星系，银核有强烈的宇宙射线辐射，在那里恒星以高速围绕着一个不可见的中心旋转。这表明在银河系的核心有一个超大质量的黑洞。

银河系有两个较矮小的邻居——大麦哲伦云和小麦哲伦云，它们都属于不规则星系。由于引力的作用，银河系在不断地从这两个小星系中吸取尘埃和气体，使这两个邻居中的物质越来越少。预计在 100 亿年里，银河系将会吞没这两个星系中的所有物质，这两个近邻将不复存在。

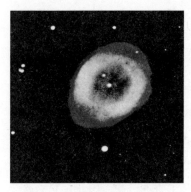

图 3-7　环状星云（M57）

（引自《中国大百科全书·天文学卷》，彩图第37页）

（1）环状星云

环状星云（Planetary nebulae，也被称为"Messier 57"）意为行星状星云，因此类星云中心有颗高温星，外围环绕着一圈云状物质，就好像行星绕着太阳似的而得名，也有因其形状像一个光环，所以又称为"环状星云"（图 3-7）。50 亿年后，在太阳演化的末期，太阳将会失去外层气体物质，中心形成一颗炽热的致密白矮星。白矮星发出的辐射能够激发环绕在其周围的气体物质发出多彩的光线。随着气体物质环状星云的逐渐远离，就会变得越来越暗淡，当太阳熄火后就会形成这样的环状星云。

（2）蟹状星云

蟹状星云（M1，或 NGC 1952）位于金牛座 ζ 星东北面，距地球约 6500 光年。它是个超新星残骸，源于一次超新星（天关客星，SN 1054）爆炸。气体总质量约为太阳的十分之一，直径 6 光年，现正以每秒 1000 千米速度膨胀。星云中心有一颗直径约 10 千米的脉冲星。这一超新星爆发后剩下的中子星是在 1969 年被发现。其自转周期为 33 毫秒（即每秒自转 30 次）。

蟹状星云位于金牛座，距离地球大约 6500 光年，亮度是 8.5 星等，肉眼看不见。对蟹状星云最早的记录出自中国的天文学家。1054 年 7 月，中国的一位名叫杨惟德的官员，向皇帝奏报了天空中出现了一颗"客星"。1771 年法国天文学家梅西耶

在制作著名的"星云星团（M）表"时，把第一号的位置留给了蟹状星云，编号为
M1。（图3-8）

1892年美国天文学家拍下了蟹状星云的第一张照片，30年后天文学家在对比蟹
状星云以往的照片时，发现它在不断扩张，速度高达1100千米/秒，于是人们便对
蟹状星云的起源发生了兴趣。由于蟹状星云扩张的速
度非常快，于是天文学家便根据这一速度反过来推算
它形成的时间，结果得出一个结论：在900多年前，
蟹状星云很可能只有一颗恒星的大小。因此1928年美
国天文学家哈勃首次把它与超新星拉上了关系，认为
蟹状星云是1054年超新星爆发后留下的遗迹。

图3-8　蟹状星云（M1）

（引自《中国大百科全书·天
文学卷》，彩图第37页）

在西方的史料中，没有找到相关的任何记录，但
在中国的史料中，却找到了很多有关1054年曾有过超
新星剧烈爆发的珍贵记录资料。

（3）马头星云

马头星云是一个暗星云，从地球看过去，其黑暗的尘埃和旋转的气体构成了马
的头部，亦称为"马头星云"。它位于猎户座ζ星的左下处，是猎户座分子云团的
一部分，距离地球大约1500光年。1888年哈佛大学天文台拍下的照片首次发现这个
不同寻常形状的星云。

增长的红光主要来自星云后面的氢气，它们是
被邻近的亮星猎户座σ电离产生的。黑暗的马头星
云主要是由浓厚的尘埃造成的，而马头的颈部下方
在左边造成了阴影。离开星云的气体因为强大的磁
场而形成漏斗状，马头星云基部的亮点都是正在形
成过程的年轻恒星。但这颗炙热恒星所散发的辐射
正不断地"侵蚀"着"孕育"的场所。星云顶部也
同时被照片区域外的一颗巨型恒星的辐射所重新"塑
造"。马头星云如图3-9所示。

图3-9　马头星云（NGC 2024）

（引自《中国大百科全书·天
文学卷》，彩图第37页）

3.2.2　河外星系

河外星系，简称"星系"，是位于银河系之外、由几十亿至几千亿颗恒星、星云和星际物质组成的天体系统。之所以称为河外星系，是因为它们全部都存在于银河系之外。而银河系与河外星系即组成了天文学对于天体的最高称呼 —— 总星系。银河系也只是总星系中的一个普通星系。人类估计河外星系包含的天体及天体系统总数在千亿个以上，它们如同辽阔海洋中星罗棋布的岛屿，故也被称为"宇宙岛"。

关于河外星系的发现过程可以追溯到 200 多年前。在当时法国天文学家梅西耶（Messier Charles）为星云编制的星表中，编号为 M31 的星云在天文学史上有着重要的地位。初冬的夜晚，熟悉星空的人可以在仙女座内用肉眼找到它 —— 一个模糊的斑点，俗称"仙女座大星云"。

从 1885 年起，人们就在仙女座大星云里陆陆续续地发现了许多新星，从而推断出仙女座星云不是一团通常的、被动地反射光线的尘埃气体云，而一定是由许许多多恒星构成的系统，而且恒星的数目一定极大，这样才有可能在它们中间出现那么多的新星。如果假设这些新星最亮时候的亮度和在银河系中找到的其他新星的亮度是一样的，那么就可以大致推断出仙女座星云离我们十分遥远，远远超出了我们已知的银河系的范围。但是由于用新星来测定的距离并不很可靠，因此也引起了争议。

直到 1924 年，美国天文学家哈勃用当时世界上最大的 2.4 米口径的望远镜在仙女座大星云的边缘找到了被称为"量天尺"的造父变星，利用造父变星的光变周期和光度的对应关系才定出仙女座星云的准确距离，证明它确实是在银河系之外，也像银河系一样，是一个巨大、独立的恒星集团。因此，仙女星云应改称为"仙女星系"。

从河外星系的发现，可以反观我们的银河系。它仅仅是一个普通的星系，是千亿星系家族中的一员，是宇宙海洋中的一个小岛，是无限宇宙中很小很小的一部分。

3.2.2.1　最古老星系

2011 年 4 月 12 日，ESA 宣布，一个国际天文学研究小组发现了一个距今 135.5 亿年的星系，这是已知最古老的星系。这一发现有助于揭开宇宙"黑暗时代"之谜。根据科学界普遍认可的大爆炸理论，我们的宇宙是 137.5 亿年前由一个非常小的点爆炸形成的。随着宇宙的膨胀，大爆炸约 38 万年后，能量逐渐形成了物质，大量氢气弥散在宇宙中。这时由于没有新的光源产生，宇宙是黑暗的。尽管此后逐渐有恒星、星系诞生，但它们产生的光仍然很暗，并且被弥散在宇宙中的"氢气雾"遮掩，直到 10 亿年后，星系越来越多，"氢气雾"被它们产生的电磁辐射驱散后，宇宙才开始亮起来。这 10 亿年被称为宇宙"黑暗时代"。对"黑暗时代"的研究是当今科学前沿课题之一，而发现和研究在"黑暗时代"诞生的恒星和星系是揭开这一时代奥秘的关键。

2012 年 1 月，由美国科学家牵头的一个国际天文学研究小组也曾在英国 *Nature* 杂志上宣布，利用哈勃太空望远镜发现了最古老星系，它诞生于宇宙大爆炸最初的 4.8 亿年，而新发现的古老星系则诞生于宇宙大爆炸最初的 2 亿年，比前者年长 2.8 亿年。这一星系是由法国里昂大学天文台约翰·理查德领导的研究小组发现的，他们利用美国哈勃太空望远镜和斯皮策望远镜发现了该星系，然后利用美国夏威夷凯克天文台的仪器测定了它距地球的距离为 128 亿光年，这说明该星系至少诞生于 128 亿年前。对该星系光谱的进一步研究显示，该星系中最早的恒星已有 7.5 亿年历史，研究人员因此断定该星系诞生于 135.5 亿年前。这一成果发表在英国《皇家天文学会月刊》上。

2017 年 10 月，中国科学技术大学王俊贤教授领衔的中国、美国、智力研究团队探测到一批宇宙大爆炸后约 8 亿年的早期星系，为研究宇宙早期的星系形成与演化奠定了基础。

3.2.2.2　最大的星系

在宇宙中，最大的星系是距离地球大约 10.7 亿光年的阿贝尔 2029 星系群的中心星系——IC1101，其直径为 560 万光年，此星系相当于银河系直径的 50 多倍。

3.2.2.3　最远的星系

美国加利福尼亚理工学院的几名天体物理学家发现了已知的距离地球最远的星系。这是一个非常小的星系，距离地球的距离为 130 亿光年。这一星系的发现者之一——天体物理学家理查德·埃利斯表示："我们非常确信这是已知的距离地球最远的物体。"

这些天体物理学家使用了两个功率强大的天文望远镜，其中一个在太空，另外一个在夏威夷。科学家利用这两个天文望远镜，再利用 Abell 2218 星系团的重力透镜作用发现了来自这一遥远星系的光线。重力透镜作用最早是由著名科学家爱因斯坦发现的，指的是在重力的作用下会使光线发生扭曲，从而产生透镜的效果。这种效果通常我们完全感觉不到，但是当光线来自于几十亿光年之外时这种作用就非常明显了。另一位天文物理学家保罗·内布表示："如果没有重力透镜作用，利用现有的天文望远镜是不可能发现这么远的星系的。"

哈佛大学天文物理学科学家罗伯特·科什纳表示，这一发现对于天文学研究来说意义重大，他说："这一发现证实了科学家们此前很多的猜测，让人们了解到宇宙中第一颗行星是什么时候才开始发光的。"科学家们发现这一新发现的星系的跨度只有 2000 光年，比我们的银河系要小得多，银河系的直径达到了 10 万光年。

埃利斯指出："宇宙学家们认为早期星系所包含的恒星同构成现在星系的恒星是有很大区别的，而天体物理学家们则认为黑暗时期以后构成星系的恒星大体相同。"

宇宙星系的"死亡"案件被认为是普遍存在的谋杀案，科学家在过去数十年内虽然观测到星系内恒星形成速率降低，但不能确定什么机制扼杀了恒星形成，于是这个谜底就变成 20 年来最具挑战的难题了。科学家提出了两个途径来解释星系中恒星形成速率降低的问题，一种解释是新生恒星被逐渐"扼杀"，恒星形成所需要的气体物质逐渐减少，原因来自星系内部，比如黑洞。另一个解释是其他星系的引力对另一个星系产生作用，导致后者气体被剥离，无法形成新恒星。

为了验证这个猜想，科学家对银河系附近大约 2.6 万个星系进行观测，发现了大多数星系死亡都有类似的共同点，那就是窒息，科学家认为这是第一个确凿的证据显示星系是被勒死的。由于恒星主要由氢和氦构成，于是科学家将注意力放在寻找金属浓度上，因为恒星通过核聚变可产生多种金属元素。结果发现死亡星系内拥有大量的金属元素，这一结论与星系被绞杀的过程相一致。

计算机模型表明，绞杀一个星系需要 40 亿年，几乎可适用于 95% 以上的星系演化。但对于一些质量较大的星系，科学家还没有足够的证据揭示它们的死亡原因。随着 NASA 詹姆斯 - 韦伯太空望远镜在 2018 年升空，我们将通过多目标光学仪与近红外光谱观测宇宙星系，找出它们的死亡原因。本项研究发表在 5 月 14 日出版的 *Nature* 杂志上。

4 太空化学

太空化学主要包括：星际化学、星系际化学、宇宙线化学、恒星化学、太阳系化学、行星化学、彗星化学、陨石化学。

太阳系各天体中的元素与核素（具有特定质量数、原子序数和核能态，而且平均寿命长得足以被观察到的一类原子）的空间分布，随时间的演化与宇宙各层次天体有着密切的联系。太阳系化学主要研究太阳系的物质来源，元素和同位素（同一元素中具有不同质量数的一些原子品种）的丰度、分布及其化学演化过程，以及研究行星际物质的来源。

行星际太空中分布着极少量尘埃、彗星的碎块、小行星的碎块以及电磁波等。行星际太空虽然空空荡荡，但并非真空，而是充满着行星际物质。在地球轨道附近的行星际太空中，平均每立方厘米约含有 5 个正离子（大部分是质子）和 5 个电子。在某种意义上，行星际物质可以看作是日冕的延伸。行星际尘埃的颗粒大小不等，从几厘米到几米。由于太阳辐射压力的作用，小于 1 微米的尘粒被排斥出太阳系太空，但是大于 1 微米的尘粒则在辐射压力的作用下，沿螺旋形轨道逐渐落到太阳上。

4.1 星际和宇宙化学

4.1.1 星际和星系际物质来源

目前，科学家们认为，太阳系物质起源于星际气体尘埃云和太阳系形成前数百万年间注入的超新星气体和尘埃。太阳星云的主要组成物质是氢和氦，约占99%，而其余80多种元素的含量约占1%。化学元素是指具有相同的核电荷数（质子数）的同一类原子的总称。如氧元素就是指所有的核电荷数为8的氧原子的总称。化学元素能够互相化合，形成复杂的物质，称为"化合物"。化合物的数目几乎是无限的，在自然界里，虽然物质的种类非常多，但组成这些物质的化学元素并不多。迄今，被确认的化学元素共达118种。在宇宙中形成所有化学元素主要有质子聚变和中子俘获两个过程：宇宙中所有化学元素都起源于氢，它在非常高的温度下，发生聚变反应，形成较重的原子核，首先是氢，其次是轻元素锂、硼、铍等，这称为"质子聚变过程"；另一过程，即氢原子轰击轻元素的原子，就会产生中子，这些中子被元素的原子核俘获，形成较重的元素，从碳、氮、铁一直到原子序数为83的铋，这被称为"中子俘获过程"。迄今，这两种产生元素的过程仍在恒星内部继续进行着。

4.1.1.1　星际化学

恒星的诞生基于宇宙的两个基本特性。第一，自宇宙诞生起，其各个部分就不完全相同。随着对宇宙间微波背景各向异性的确证，人们发现宇宙间不同部分物质的组成有着微小的差别。在宇宙的一些区域，物质的密度要大于其他一些区域。第二，在万有引力的作用下，宇宙中任意两个粒子相互吸引。

由上可知，存在两种相反的力作用于粒子：大爆炸的初始能量所提供的扩散力和万有引力的吸引力。虽然开始时扩散力远远大于万有引力，但随着时间的推移，大爆炸所投射出的粒子扩散速度开始下降，扩散力与吸引力渐渐平衡。最终，在宇宙的一些区域中，扩散力降到了可以使万有引力起有效作用的程度。此时，粒子开始汇聚、结合，形成更大的粒子。由此开始了恒星的形成历程。

恒星的进化是一个复杂的过程。随着宇宙平均温度的降低，至少在一些区域中，万有引力的吸引作用大于扩散所引起的向外运动的力量。此时，氢分子的存在成为可能，它们之间相互吸引，以逐渐加快的速度彼此靠拢。在此过程中重力势能的释放使得氢气的温度升高。最终，氢云（hydrogen cloud）温度的上升引发聚变。聚变是指两个核子反应生成一个更大的核子的原子能反应。此时，一个新的恒星诞生。

这些聚变导致氢元素转化为氦元素。在此过程中，4个氢原子结合生成1个氦原子：4H-He。"燃烧"氢元素生成氦的过程所产生的巨大能量使一些物质从新星上逃离。在此恒星中万有引力和扩散力会保持长时间的平衡，这一时间可能是数千年或数百万年。有时聚变所释放的能量是如此巨大以至于超越了恒星内粒子间的万有引力作用。在这种情况下，星体倾向于在短时间内释放大量物质，即恒星解体，同时将自身组成物质释放，使其重新回到星际介质中。此时，被释放的物质中不仅包括恒星的初始组成元素——氢，而且包含在恒星中形成的氦及其他元素。在如今的宇宙中，大部分恒星都处于上述生命阶段。在每一个这样的进化过程中，恒星能够将其现有的物质转化成能量及新的元素。

大爆炸理论为少量轻元素（氢、氦、锂，甚至铍）的原始形成方式提供了令人满意的解释。如果宇宙仅包含这些元素，也许我们的故事就可以在这里结束了。但毫无疑问这种想法是荒谬的。地球包含了另外 90 多种元素，如硅、氧、碳、铁、氮、镁、硫、镍、磷、钠和氯，存在于星际的介质中。"宇宙中重元素形成的机制是什么"这一基本问题已困扰了天文化学家数十年。此处的重元素指原子序数大于 4 的元素。

大爆炸理论未能为上述问题的回答开辟前景光明的道路。大爆炸的基本作用是在宇宙中向外散播物质。在这一过程中，质子、中子、氢离子、原子、氦离子以及形成宇宙中早期生命的原子等在强大力量的推动下彼此分离。如今仍有大于 99％的宇宙物质向外漂流，这种扩散似乎是永恒的。在这种情况下，这些基本粒子怎么可能聚集形成更加复杂的重元素呢？

4.1.1.2　宇宙化学

宇宙化学（cosmic chemistry）是研究宇宙物质的化学组成及其演化规律的分支学科，是物质化学和生命化学的基础。主要研究内容有：①确定组成宇宙物质的元素、同位素和分子，测定它们的含量。②探讨宇宙物质的化学演化。这对研究天体起源和生命起源都有重要的意义，也推动了宇宙化学的发展。（图 4-1）

古人只能进行思辨猜测，直至 19 世纪才逐渐成为科学。1833 年瑞典化学家贝采利乌斯第一次从陨星残片成分中分析测定了宇宙物质的化学成分，而 19 世纪中期诞生的光谱分析法使人们获得了恒星的化学组成资料。20 世纪后则有了更加广泛的手段，

图 4-1　宇宙化学

空间观测使得频谱分析扩展到"全波"范围：从射电、红外、可见光到紫外线、X 射线、γ 射线，都能从事宇宙化学的研究，加上太空探测的直接登月、登陆火星等天体采集岩石、土壤样品，使得该学科获得了巨大的进展，例如星际分子的发现被誉为 20 世纪 60 年代四大天文发现之一。

按照研究对象不同，宇宙化学又大致可分为：陨石化学、行星系化学、星际化学、同位素宇宙化学、宇宙线核化学等。

陨石化学研究各种陨石的化学组成。研究表明，碳质球粒陨石在太阳系漫长的演化过程中，发生的物理、化学变化最小，可视为原始太阳系物质的"化石"。

行星系化学研究行星（包括地球）、卫星、小行星、流星体、彗星以及行星际物质的化学组成和化学演化。

星际化学主要观测和证认星际分子，研究它们的形成和瓦解。

同位素宇宙化学测定不同宇宙物质的同位素组成，研究化学元素的起源和演化，认识天体物质的来源和形成环境，探讨各种高能、低能过程。测定放射性同位素组成以确定天体（或宇宙物质）的年龄，是同位素年代学的任务。

宇宙线核化学测定宇宙线中化学元素核组成，推测宇宙线传播过程中的介质和宇宙线源的化学组成。

宇宙化学的研究对化学的发展有着重要的意义，即是说，研究化学元素的起源既同恒星的形成和演化密切相关，也同大爆炸宇宙学有关。观测银河系中不同物质（如氢原子、一氧化碳等）的分布，可以揭示银河系的结构。太阳系起源和演化的学说必须考虑太阳系化学研究的结果，一方面要利用已获得的有关太阳系化学组成的知识，另一方面又必须能解释太阳系的化学组成。宇宙化学的研究对化学的发展也有重要意义，如氦元素就是首先从太阳上发现的，后来才在地球上找到的。宇宙物质处于地球上难以模拟的状态，这就为化学研究提供了特殊的"实验室"。对星际物质和彗星中有机分子的观测，以及对陨石中有机分子的研究，既推动了生命起源的探索，又推动了宇宙化学的发展。

宇宙物质的化学组成是指构成宇宙物质的元素、同位素、分子和矿物。宇宙化学的研究任务之一就是确定这些组成，并测定它们的相对含量和绝对含量。测定方法有两种：一种是直接取样，如测定陨石、月球岩石样品、宇宙尘、宇宙射线核成分等；另一种是测定来自天体的电磁辐射中的特征谱线，例如对恒星做光谱分析，对星际物质进行射电、红外、可见光波段的频谱分析。研究表明，宇宙物质是由《化学元素周期表》中近百种化学元素和 280 多种同位素组成的。在宇宙物质中发现了地球上尚未发现的若干种矿物和分子。宇宙化学另一个任务是研究宇宙物质的化学演化。这大致有几个过程：首先，由某种过程（例如"宇宙大爆炸"）生成元素氢，再通过核合成过程（如恒星内部核合成、超新星爆发核合成等）生成其他元素。元素的原子在恒星表面或星际空间结合形成分子，这些分子在行星系中将循两条路线继续演化：分子凝聚为尘埃，尘埃聚集而成星子，进而形成行星等天体；一些含碳、氮、氧、氢等元素的分子在星际云中生成后，通过生命前的化学演化生成复杂分子，在地球上（还可能在其他行星系的行星上）生成氨基酸、蛋白质，最后导致生命的出现。恒星的一生不断地向星际空间抛射物质，最后瓦解为星际云；反过来，星际云又通过漫长过程凝聚而形成各种恒星。

自 20 世纪 50 年代以来，随着在大气层外观测的发展，频谱分析波段由可见光扩展到射电波、红外线、紫外线、X 射线、γ 射线。60 年代，人们在星际空间发现星际分子，直接登月采集岩石标本。70 年代，又把分析仪器送上火星。宇宙化学的研究手段日益增多，研究内容也不断丰富了。

4.1.2　元素宇宙丰度

宇宙中各种元素的相对含量，称为"元素宇宙丰度"。元素宇宙丰度通常取硅的丰度为 10^6，其他元素的丰度与硅丰度相比较求得。太阳系元素丰度分布与许多恒星、银河系和星际物质的元素丰度分布大体上一致，因此一般把太阳系元素丰度称为"宇宙丰度"。太阳系元素丰度最显著的特点是氢和氦的丰度特别大，而太阳系其他类木行星——木星、土星、天王星和海王星 4 颗较大行星——的组成与太阳系元素丰度十分相似，这显示了太阳系中太阳和类木行星在物质组成上的共性。太阳系小天体如彗星、小行星、陨石和宇宙尘等，由于个体小，母体的热变质效应低，因而保留有太阳星云初始的化学组成的特征，它们是太阳系星云初始成分的代表性样品，也称为太阳系的"考古标本"。

4.2　宇宙线化学

宇宙线化学研究宇宙线的化学组成、通量、能谱及其时空分布，以及宇宙线与陨石等靶核物质相互作用引起的核反应机制和核反应产物（宇宙成因核素）的特性。

宇宙线是来自宇宙太空的各种高能粒子流。通常称地球大气层外的宇宙线为"初级宇宙线"。宇宙线的主要成分是质子（氢原子核），其次是氦原子核，还有少量其他较重元素的原子核，以及电子、中微子和高能光子（X射线和γ射线）。

初级宇宙线与大气的原子核相互作用产生次级粒子流，称为"次级宇宙线"。大气中宇宙线的级联簇射使得宇宙线的成分随离地面的高度而变化。宇宙线的主要成分，在17千米以上的大气表层中是核子，在高度为5～17千米的大气层中是正、负电子和光子，在5千米以下直至地下，是次级粒子衰变过程产生的高能介子。

宇宙线源的化学组成，是太阳系中的观测值经过一定的传播（主要是恒星际传播）改正后的数值。根据宇宙成因核素的研究，认为宇宙线的通量、能谱、组成在近百万年来是基本恒定的。

宇宙物质（如陨石、宇宙尘以及无大气的天体表面物质）在宇宙太空漫长的运行过程中，直接受到宇宙线的照射，于是在这些物质内产生各种类型的高能核反应，主要是散裂反应和低能核反应（主要是中子俘获反应），形成各种稳定的和放射性的同位素。这些同位素称为"宇宙线生成核素"，或简称"宇宙成因核素"。

一种宇宙成因核素可由多种核反应生成。如：^{26}Al，主要由初级质子（p）和次级中子（n）与靶核元素 Al、S、Si、Mg、Ca 和 Fe 等相互作用生成。宇宙成因核素有100多种。在阿鲁斯铁陨石和布鲁德海姆石陨石中都测出了约40种宇宙成因核素。

宇宙中宇宙成因核素的产额及其分布，与宇宙线的组成、能量、能谱及其时空变化有关，也与宇宙体的化学成分、宇宙体的大小、暴露年龄、运动轨道和样品的深度位置，以及形成该核素的核反应类型、核反应截面等特性相关。深度效应——宇宙成因核素的产率随样品深度发生变化的现象，在陨石和月球样品中，也称为"屏蔽效应"。由于宇宙线通过宇宙物质时，发生相互作用，引起宇宙线的通量和能谱随深度发生变化，同时产生次级粒子（质子和中子），结果导致宇宙成因核素的产率随深度发生变化。宇宙线在天然物质中的平均穿透深度约为 1 米。深度效应与宇宙体的大小有关，也与宇宙成因核素的种类相关。宇宙尘没有深度效应，小陨石的深度效应小于同类型的大陨石，吉林陨石的深度效应略小于月球。由初级高能粒子（主要是质子）生成的宇宙成因核素，其含量（产率）在吉林陨石的表面区域较低，在距表面 20～30 厘米处出现峰值，然后直到中心部位随深度增加而逐渐减少。由次生中子与 ^{59}Co 通过（n, r）反应生成的宇宙成因核素 ^{60}Co，呈现出很不相同的深度效应：^{60}Co 含量从吉林陨石表面到中心部位随深度递增，对于半径为 50～100 厘米的其他球粒陨石，^{60}Co 含量显示同样的深度效应。通过对陨石不同深度位置样品宇宙成因核素的测定及对其深度分布规律的研究，可以了解陨石体对宇宙线的屏蔽作用，识别初级高能粒子与次生低能粒子所产生的核反应特征，恢复不同部位样品在进入大气层之前的陨石中的相对位置，推知该陨星的初始轮廓和在大气层中爆裂的过程。月球样品中宇宙成因核素 ^{10}Be、^{22}Na、^{21}Ne、^{53}Mn 和 ^{60}Co 等也具有明显的深度效应。在月岩表面（1 厘米深）和月壤中，太阳质子产生的宇宙成因核素要比银河质子产率高 10～20 倍，因此月表样品是研究太阳宇宙线历史最灵敏的指示器。在具有一定屏蔽深度（≥8 厘米）的月岩样品中，宇宙成因核素一般都为银核宇宙线产物，其含量取决于岩石化学组成和深度等因素。

在整个太阳系空间，宇宙线辐射场是不均匀的。银河宇宙线的通量随离太阳的距离而变化，即要受到太阳磁场的调制，使得陨石因运行轨道不同，宇宙成因核素含量有差异，即所谓"轨道效应"。

4.3 恒星化学

恒星化学研究恒星的化学组成及其化学演化。太阳是离人们最近的一颗恒星，又占太阳系总质量的 99.86%，所以太阳化学对于研究恒星和太阳系具有重要意义。

大部分恒星的成分都差不多，氢，氦，有同位素存在，二次恒星、类日恒星会有少量的碳和氮。哈勃观测到两颗燃烧剧烈的超级恒星，恒星的成分大部分是氢和氦，当温度达到 104K 以上，即粒子的平均热动能达 1eV 以上，氢原子通过热碰撞就充分地电离了（氢的电离能是 13.6eV），在温度进一步升高后，等离子气体中氢核与氢核的碰撞就可能引起核反应。

4.4 太阳系化学

太阳系太空探测，对研究太阳系诸天体（太阳、行星、小行星、陨星和彗星等）的化学组成、化学演化起着重大的作用。太阳系化学的研究与了解太阳系起源有着密切的关系。太阳系各天体中的元素与核素的空间分布、随时间的演化与宇宙各层次天体有着密切的联系。太阳系化学主要研究太阳系的物质来源、元素和同位素的丰度、分布及其化学演化过程。（图4-2）

图4-2　太阳系化学

19世纪中叶以后发展起来的光谱分析广泛应用于测定太阳和行星大气的化学组成。1931—1933年，维尔特测得木星大气含有氢和甲烷，提出"类木行星"（木星、土星、天王星、海王星）由大量氢组成。20世纪50年代初，H. 布朗按密度和化学组成把太阳系天体分为三类：岩石物质的（类地行星及其卫星、小行星和流星体）、岩石—冰物质的（彗星和类木行星的卫星）、气物质的（太阳和类木行星）。美国天文学家阿伊伯和尤里注重研究太阳系起源的化学问题，特别注重陨石的化学分析结果。行星际航行开始后得到许多新资料，太阳系化学的研究进入活跃时期。

从太阳光谱和太阳风的研究得知太阳外部的化学组成。从陨石的研究得知，C型碳质球粒陨石中难挥发元素的丰度与太阳一致。木星和太阳的平均密度很接近，而且木星上也有十分丰富的氢和氦。根据这些事实，一般认为，当初形成太阳系的原始星云的化学组成与今天太阳外部的化学组成是相同的。

地球和其他行星已经历过显著变质过程，难于得到它们形成和演化早期的化学资料；月球和卫星的变质程度较小，它们保留了一些早期的特征；小天体（小行星、陨星、彗星）没有多大的变质，它们保留了太阳系早期的信息。同位素年代测定得知，地球上最古老物质的年龄为45.6亿年，月球的古老岩石的年龄为46.5±0.5亿年，而陨星年龄达47亿年。一般认为，太阳系年龄大于46亿年，由同位素含量测出太阳系年龄上限为54±4亿年。

4.5 中国月球科学综合研究

2004年，结合中国月球探测工程，中国学者在月球科学方面的研究主要体现如下。

4.5.1 建立了月表有效太阳辐照度实时模型

在 VSOP87 和 ELP2000-82 理论基础上，中国学者在分析月表总太阳辐照度和太阳辐射入射角随时间变化规律的基础上，建立了月表有效太阳辐照度的实时模型，由该模型的计算得到结果为月表总太阳辐照度的年变化范围在 1321.5 ～ 1416.6 W•m-2 之间，平均为 1368.0 W•m-2，2000 年前后 300 年的误差小于 0.27%；研究了月表温度与月表太阳有效辐照度之间的关系，并将月表有效太阳辐照度实时模型应用于全球月表温度分布的计算，并利用 Apollo 15 和 17 登月点的计算结果与 Apollo 宇航员的实际测量结果，进行比较发现基本吻合，证明了该模型能够较好地估算任意时刻、任意地点的月表温度分布。

4.5.2 对月面每一个经纬度区域平均反射率估算

利用国际已有的探测数据，在分析月球岩石、矿物的光学特性及物质类型分布特征的基础上，系统研究、模式计算了不同类型及其亚类的月海玄武岩、高地斜长岩在 300nm、450nm、500nm、600nm、700nm、750nm、800nm、900nm、950nm 和 1000nm 的平均反射率，进而对全月面每一个经纬度区域的平均反射率进行了估算，为嫦娥 1 号卫星上的部分科学仪器的研制及一些技术指标的确定提供了参考价值，该研究成果也已发表在 CJAA 的刊物上。

4.5.3 月壤的形成与演化机制

在分析月壤的物质和矿物组成、化学成分、颗粒大小，以及颗粒与稀有气体成分之间的相关性等的基础上，就月壤的形成与演化机制进行了探讨，研究成果已发表在 *Chinese Journal of Geochemistry* 的刊物上；提出系列化模拟月壤样品研制的初步设想和基本方案，并根据该方案成功研制了编号为 CAS-1 的月壤模拟样品。

4.5.4　建立了月球地体构造及其起源的星子堆积模式

在综合和总结最新月球探测和研究成果的基础上，将月球地体构造划分为三个主要的化学地体，综合对比天体化学和固体地球科学研究的前缘和热点，建立了月球地体构造及其起源的星子堆积模式，对月球化学分布的不均匀性给出了较为简单和合理的初步解释。在此基础上，对月球上三类环形构造——侵入岩成因的环形构造、火山成因的环形构造以及小天体撞击形成的撞击坑的成因与结构特征进行了研究。中国科学家认为：侵入岩成因的环形构造主要由岩浆冷凝收缩形成，在遥感影像上主要表现为影像色调的不同；火山成因的环形构造为火山口，在遥感影像上具有环形结构；而小天体撞击形成的撞击坑形态复杂，如碗形坑、中心锥环形坑与多环撞击坑，撞击坑的坑沿在地球环形构造调研的基础上为月球环形构造的解译提供了参考。在对月球表面线性构造的研究上，发现月球正面、背面的线型构造的优选方位大致与潮汐理论所预测的构造样式一致，而两极地区表现出了与月球正面和背面差异较大的构造样式的特征则不支持月球上曾有大规模的潮汐膨胀的观点，有关这些现象目前正在进行深入的研究。

4.5.5　月表微弱磁场的存在和分布特征

开展了月球表面微弱磁场的存在和分布特征、岩石的剩磁特征的研究工作，根据一些大的撞击盆地的对峙区有明显的磁异常区等现象进行了成因解释，认为月球磁场的变化特征用大碰撞理论来解释比较合理。

结合绕月探测工程的需求，2004年中国学者系统开展了月球遥感探测数据的科学处理与反演的技术和理论方法的研究工作，重点就CCD相机、干涉成像光谱仪、激光高度计、微波辐射计、γ/X射线谱仪等的月球遥感探测数据的科学处理技术和反演方法上开展了全面的研究和攻关。其中，利用月壤微波辐射特性来反演月壤厚度的理论方法的可行性研究目前在国际上还属于空白或正在探讨之中，目前此项工作还在进一步的深化研究之中。

在863-703项目的支持下，中国学者开展了国际火星、金星、水星、彗星探测与研究的跟踪与调研工作，重点对一些关键科学问题进行了系统的分析与研究，并就今后开展这些天体的探测规划中的科学目标的确定提出了一些初步的想法。

5 太空地质学

5.1 太阳系天体地质学

太空地质学（Space Geology）是研究宇宙太空物质（天体）的地形地貌与地质构造、物质组成与化学成分、天体起源与演化规律的一门科学。太空地质学与太空物理学、太空天文学、太空间生命科学等均属空间科学的组成部分。太空地质学作为太空科学的重要组成部分，是探索太阳系起源和演化、地外生命及其相关物质、太空资源开发和利用研究的主要对象，在太空科学和太空技术发展中占有重要的地位。

太空地质学的研究方式主要有两种：一是通过对陨石的研究来获取有关太阳系起源和演化方面的知识；另一种方式就是通过空间探测、人造地球卫星和各种行星探测器的相继发射，获得有关地球和太阳系其他天体的地质构造、化学特征与物理特征等的知识，成为太空地质学发展的重要研究手段。

太空地质学的发展一方面依赖于陨石学研究的成果，另一方面依赖于太空探测的发展。中国太空地质学领域经过近 50 年的发展已经取得了长足的进步，随着 19 次和 22 次南极科学考察的顺利进行，中国共回收了陨石样品近 1 万块，使得中国一跃成为世界上拥有陨石最多的国家之一（仅少于日本和美国），为中国太空地质学的发展奠定了物质基础。另一方面，随着中国人造卫星和载人航天事业的发展壮大，在地球以及近地太空的探测也取得了丰硕的成果，特别是随着中国月球探测工程的启动实施，在深空探测方面也迈出了实质性的一步，获得有关月球形貌、地质构造、月球成分、月壤厚度以及资源等方面的大量的实际探测数据，同样对月球科学的研究起到关键的作用，对中国太空地质学的发展起到积极的推动作用。

太阳系各类天体的物质组成、地质构造、内部构造和地质演化十分复杂，但有了长期的对地球行星的地质研究所获得的知识，就可以应用于其他各类天体地质学的研究，特别是利用太空飞行器可以直接和间接地了解各类天体的地质状况。20 世纪 60 年代后，一系列太空飞行器先后对月球、水星、金星、火星、木星、土星、天王星等进行了探测，拍摄了大量分辨率较高的行星表面精细照片，绘制了类地行星的地质图、地质构造略图，初步了解了地质演化历史。对类木行星的行星环进行了较系统的观测，其中行星环包括土星环、天王星环和木星环，后二者是新的发现。在火星、金星表面着陆，直接分析了土壤的化学成分，并利用对行星体遥感观测等，推测行星表面的地形特征、地质构造、地质演化史、行星表面陨石撞击坑的分布和密度、行星的火山作用和火山岩的分布、行星表面物质的化学组成等。

5.2 行星地质学

5.2.1 水星地质

水星的外貌似月，表面景象荒凉，布满了坑坑洼洼的大小环形山，水星平均密度很大，这表明它的内核可能是一个密度极大的铁核。因为水星与太阳的距离过于接近，地球上的观测设备和太空中的哈勃望远镜等面对强烈的阳光照射，都难以对水星进行直接观测，迄今为止仅有 2 个探测器探索过水星。

1974—1975 年，NASA 发射的"水手 10 号"飞行器曾 3 次飞掠水星，但由于飞行速度太快，该飞行器未能进入环水星轨道，仅拍摄了水星 45% 的表面区域的照片。而这个星球另一半究竟是什么样子，对人们来说，依然是个谜。（图 5-1 和图 5-2）

图 5-1　美国"水手 10 号"探测器　　　图 5-2　美国"水手 10 号"飞船传回的水星图片

　　近 30 年来，人类首次亲密接触距离太阳最近的行星，这将是人类飞行器首次进行环水星飞行。水星表面白天温度大概相当于在地面上 11 个太阳照射的温度，所以表面的平均温度是 450℃，晚上由于没有空气，没有传热介质，气温只有 −150℃ 左右，所以水星的日夜温差达到 600℃，这是非常严酷的环境。

　　科学家们指出，水星是最接近太阳的行星，了解它的形成过程和具体构造，对于分析我们所居住的星球 —— 地球的形成和演变过程，以及与太阳的相互作用等方面有着非常重要的意义，同时也存在着一系列需要研究的疑难问题：①水星密度为何如此大？水星的体积与月球相似，而其密度则比月球大得多，仅比地球略低，在太阳系内部的类地行星中位居第二。科学家们曾根据其密度推测，水星中有 65% 是富含铁等金属的内核，这一比例约相当于地球的 2 倍。②水星的地质史是怎样的？科学家们希望能在此基础上确定塑造水星表面的各种地质过程发生的顺序。③水星内核结构如何？"水手 10 号"曾意外地发现，水星拥有分布于整个星球的磁场。在其他类地行星中，只有地球具备相同特征。地球磁场据认为是由外层地核中液态岩浆的运动所形成，而体积比地球小得多的水星，照理说其内核早就应该冷却并完全固化。"信使"号对水星内核结构的研究，将有助于更好地解释地球这样的类地行星如何产生磁场。④水星磁场有何特性？地球磁场会对太阳风和太阳耀斑等太阳活动做出反应，经常产生高度动态的变化。"水手 10 号"曾发现水星磁场也会有类似的动态变化，但未能很好揭示出水星磁场的特性。"信使"号将利用磁强计等对水星磁场展开长时间的详细观测，进而确定水星磁场强度及其变化规律。⑤水星两极存在什么？水星表面温度最高可达 450℃，但其两极巨大的环形山内侧却永远照不到阳光，那里的恒定温度低于 −212℃。1991 年，科学家们发现，水星两极环形山内侧具有很强的反射能力，最为普遍的一种看法认为，这些区域存在着冰。"信使"号有一个任务就是检验水星上到底有没有冰。⑥水星大气层的构成如何？水星拥有极为稀薄的大气层，水星大气层中已知存在氢、氦、氧和钙等 6 种元素。"信使"号将借助多种分光计研究水星大气层的构成，并确定其中的各种分子究竟通过什么方式而产生。

5.2.2　金星地质

　　金星地质主要研究金星表面特征、化学组成、地质构造、内部结构和演化历史等问题。

按离太阳由近及远的顺序，金星为第二颗行星，与太阳的平均距离为 0.723 天文单位，除太阳、月球外，金星是天空中最亮的一颗星，反照率高达 0.7～0.8。金星平均直径为 12112 千米，密度 5.1g/cm³，质量 4.87×10^{27}g，为地球质量的 81.6%。1961 年以来，苏联和美国相继发射了 20 多个行星际探测器，如"金星" 1～14 号，"水手" 2、5、10 号，"先驱者金星探测器" 1、2 号等，获得了大量有价值的资料，为金星地质学研究提供了科学依据。

"金星 9 号"软着陆时发现，金星表面岩石有尖锐的棱角。"金星 10 号"着陆区密布冷却并风化成薄饼状的熔岩。据探测资料显示，金星表面物质的性质类似硅酸盐土壤；"金星 8 号"着陆点的成分类似花岗岩，"金星 10 号"着陆点表面物质密度为 2.8g/cm³，与硅酸盐十分相似。金星磁场极为微弱。

内部结构显示，依据金星热历史的计算结果，金星形成后约 10 亿年，分异形成约 100 千米厚的壳（主要成分是硅酸盐和碳酸盐），3000 千米厚的幔（上幔约厚 800 千米，为熔融硅酸盐；下幔约厚为 2200 千米的固化物）和半径约为 3000 千米的熔融状铁镍核，并伴随广泛的除气作用。

金星地质演化大致可分为以下几个阶段：①早期分异形成花岗岩质壳，随后受到密集陨石的轰击；②由于金星幔的对流作用，金星壳在低处地区形成薄的金星壳，高处地区形成厚的金星壳；③由于金星幔中的热柱或对流中心的挤压上升，形成金星高地；④玄武岩质成分的熔岩和细粒物质充填低处地区及起伏平原的冲击坑；⑤形成火山盾；⑥间歇的构造活动及火山喷发。至今金星内部的能量仍足以产生明显的构造岩浆活动。

由于金星的大小和质量与地球接近，因而对金星的研究有助于进一步了解地球的演化。

5.2.3　火星地质

火星直径为 6790 千米，约为地球直径的一半，质量是地球质量的 10.8%，密度为 3.94g/cm³，比地球密度小。火星自转周期为 24 小时 37 分钟，火星上的一昼夜长度与地球上差不多。火星的自转轴与它的轨道面交角约为 66°，而地球自转轴与轨道面的交角为 66°33′，这表明火星上也有类似地球上的四季变化。火星绕太阳的运动周期为 687 个地球日，差不多是地球上的 2 年。因此，火星上的每个季节也比地球上的季节长一倍。

火星表面土壤大部分是褐铁矿，外貌呈红色。火星上有巨大的火山、峡谷，宽阔的河床、环形山，极冠中既有水又有干冰。"火卫一"上有沟纹和小环形山链。

中国首次火星探测任务总设计，计划于 2020 年前后实施的中国火星探测工程，目前正按计划稳步推进，首次火星探测任务将收集火星的空间环境、形貌特征、表层结构、大气环境等重要数据。（图 5-3 和图 5-4）中国首次火星探测工程探测器总共有 13 种有效载荷，其中环绕器 7 种、火星车 6 种。

图 5-3　行星际太空拍摄的火星
（引自《中国大百科全书·天文学卷》，彩图第 27 页）

图 5-4　火星探测总体设计

火星的地质构造表明，火星的地质历史像地球，并且有不同的地质历史。火星表面受火山作用和风、水和冰的行动影响。岩石单位形成了在这个早期的期间展示伤痕由跟随太阳系的形成的仍然众多的冲击被打击。低北平原的历史不被保存在这个期间，或许，因为它们由极大的冲击雕刻了。

5.2.4　木星地质

木星及其卫星很像一个小太阳系。木星表面和云层之下相当深处都不是固态物质，故称为"一颗流体行星"，其内部主要是铁和硅构成的固体核，外面是氢组成的幔。"木卫"的火山活动是太阳系天体中最强烈的，其喷射高度可达 450 千米。木星地表是什么地质情况？这种由原始物质氢原子构成的星体，除了有一个类似水星物质排列的内核外，其外壳能有山峰吗？只要极低的温度，气体及液体都会固化。因为木星这类原始星体的外壳处于恒低温状态（并且其外壳的压力远远比其内核的压力低，外壳压力不足以形成固体故而为液体氢），据此推测木星的表层应该跟海洋差不多，属于流体表层(但是木星表面的气压可比地球大太多)。（图 5-5）

木星中心温度估计高达 30500℃。气态行星没有实

图 5-5　木星表层

体表面，它们的气态物质密度只是由深度的变大而不断加大（我们从它们表面相当于 1 个大气压处开始算它们的半径和直径）。我们所看到的通常是大气中云层的顶端，压强比 1 个大气压略高。木星由约 90% 的氢和 10% 的氦及微量的甲烷、水、氨水和"石头"组成。木星可能有一个石质的内核，相当于 10 ～ 15 个地球的质量，内核上则是大部分的行星物质集结地，以液态氢的形式存在。这些木星上最普通的形式基础可能只在 40 亿帕压强下才存在，木星内部就是这种环境（土星也是）。液态金属氢由离子化的质子与电子组成（类似于太阳的内部，不过温度低多了）。在木星内部的温度压强下，氢气是液态的，而非气态，这使它成为了木星磁场的电子指挥者与根源。同样在这一层也可能含有一些氦和微量的冰，最外层主要由普通的氢气与氦气分子组成，它们在内部是液体，而在较外部则气体化了，我们所能看到的就是这深邃的一层的较高处，水、二氧化碳、甲烷及其他一些简单气体分子在此处也有一点儿。木星的成分绝大部分是氢和氦，木星离太阳比较远，表面温度低达 － 150℃，木星内部散放出来的热，是它从太阳接受的热的 2 倍以上，所以如果木星只靠太阳的热来加温，表面温度还会再低 20℃。氢和氦的凝固点都在 － 260℃以下，比木星表面温度低多了，有陨坑的不一定是固体表面，只要把星体的边界撞得凹下去就是坑。

5.2.5　土星地质

土星大气的主要成分是氢，另外还有少量的氦和甲烷。土星是最疏松的一颗行星，它的密度竟比水的还要小。

土星上的一昼夜只有地球上的 10 小时 14 分钟，白天只有 5 个小时左右。由于快速自转，形状变得很扁。土星的赤道半径和极半径相差 6000 多千米。土星大部分物质也和木星一样，处于流体状态。与木星不同，土星赤道的气流是向东吹动的，与自转方向相同。气流的速度是每秒 500 米左右，它的风力比木星上的风力要大 4 倍。土星上也有四季之分，不过每季时间很长，相当于地球上的 7 年多，即使夏季也极其寒冷。

土星最里面是岩石核心，其直径有 20000 千米，在岩石核心外面包围着 5000 千米厚的冰壳，再外面是 8000 千米厚的金属氢，最外面是大气。土星表面温度约为 － 140℃。在土星表面有时会出现白斑，最著名的白斑是 1938 年 8 月英国一位演员用小望远镜发现的。这块蛋形白斑出现在赤道区，长度达到土星直径的 1/5，以后不断扩大，几乎蔓延到整个赤道带。

土星质量大，引力也大。物体要想飞出土星需要速度约为 35.6 千米／秒。土星上温度很低，任何气体的运动速度都达不到这么大，因此，土星上几乎保留着几十亿年前在它刚形成时期所拥有的全部氢和氦。研究土星目前的成分，就等于研究太阳系形成初期原始成分，这对了解太阳内部活动及其演化有很大价值。

科学家们认为土卫六的海洋是由 70％乙烷、25％甲烷和 5％溶解氮组成的，它的深度达 1000 米。土卫六是太阳系中唯一有大气的卫星，在土卫六大气中还发现有汽油云。"先驱者"号探测器测得土卫六上层大气温度为－200℃，表面温度为－148℃。土卫六白天的天空呈微红色，太阳在空中显得很小，如同在地球上看到的金星。土卫六每 16 天绕土星运行一周。

5.3　卫星地质学

在太阳系中，除了水星、金星没有卫星外，其他六大行星都有卫星，还有几个小行星也有卫星。其中科学家对地球的卫星月球地质有较详细的研究。

月球是离地球最近的天体。1959 年，第一枚月球火箭揭示了月球的秘密。1969 年，人类登上了月球进行实地考察，共采集了数百千克各种月球样品，对月球的土壤和岩石的类型、矿物的化学成分和同位素组成、月球的形成和各阶段的演化过程进行了综合研究。

1998 年发现，月球两极有干冰形态的水，没有大气。由于经常受到流星体的撞击而形成环形山。月震仪记录到，月震很弱，无近代火山活动。由绕月太空飞行器的轨道稍有不规则而判断，月球正面有称为"重力瘤"或"质量瘤"的多处重力异常区。月表的构造单元可划为月陆带和月海带。月陆是月面上隆起的古老基底，而月海则是下沉的叠加在基底构造上的洼陷。月表的各种"地形"并不是同时生成的，月面主要有三类岩石：富铝斜长岩，富铁（钛）月海玄武岩和由丰富的放射性元素、难熔的微量元素组成的苏长岩。月壤由月岩碎裂而成，其原因是月表温差的变化和陨石的撞击。月壤中还有太阳风和陨石成分。月岩中已发现 60 种矿物，其中有 6 种是地球上尚未发现的矿物。

5.4　中国实施探月工程

月球是距离地球最近的天体，是人类开展深空探测的首选目标。月球是研究地球、地—月系和太阳系的起源与演化的重要对象，具有可供人类开发和利用的各种独特资源，也是人类向外层空间发展的理想基地和前哨站。月球同时是研究太空天文学、太空物理学、月球科学、地球与行星科学和材料科学的理想场所。

中国自 2004 年实施探月工程以来，圆满完成了嫦娥一号至嫦娥三号的科学探测任务，获得了大量科学探测数据，取得了一系列重大科学成果。特别是利用嫦娥三号科学探测数据，中国的科学家们首次解译了着陆区月壤和月壳浅层结构特性，发现了一种新型玄武岩；这些成果都得到了国际同行的高度认可和评价，很多成果都属于国际首次。

月球探测工程是当今世界高新科技中极具挑战性的领域之一。实施月球探测工程，对于提高中国的科技自主创新能力，促进中国航天技术的跨越式发展，带动相关高新技术的进步，进而推动中国的社会经济发展，具有十分重要的意义。

2000 年 11 月 22 日，中国发表了《中国的航天》白皮书，明确提出了开展深空探测的发展目标。在应用卫星和载人航天技术领域已经取得重大突破，深空探测刚刚起步。从科学和技术两方面来看，月球探测是深空探测活动的第一步，作为一个世界大国和主要航天国家，理应在这一领域占有一席之地，有所作为。

综合分析国际月球探测的发展历程以及近年来主要航天国家和组织提出的 21 世纪初月球探测战略目标和实施计划，结合中国的科学技术水平、综合国力和国家整体发展战略，经过多年论证，在 2003 年 9 月在《中国月球探测工程具体思路》中，正式提出了月球探测工程发展思路，根据循序渐进、分步实施、不断跨越，保持一定的连续性、继承性和前瞻性的原则，将其分为一期、二期、三期三个发展阶段，简称"绕、落、回"。一期工程的主要目标是实现绕月探测；二期工程是实现月球软着陆探测和自动巡视勘察；三期工程是实现自动采样返回。其中，绕月探测是对月球进行全球性、综合性和整体性的认识；月球软着陆探测、巡视勘察与采样返回，则是对重点区域进行精细深入的研究。

5.4.1　绕月探测工程的工程研制

月球探测一期工程已进入工程研制阶段，"嫦娥一号"探月卫星计划于 2007 年发射。经过 2004 年立项，2005—2006 年三个阶段的研制和生产，卫星平台和运载火箭已经进入正样生产，测控、发射场和地面应用系统进入系统的联调和联试阶段。目前，各个系统的研制和建设均按照工程总体的要求在紧张地进行中。

5.4.2　月球探测二期工程论证

在国防科工委的组织下，经过两年多的论证，月球探测二期工程的任务目标和技术途径形成了比较清晰的思路，并已于 2006 年正式被国家列入中长期科技发展规划的 16 个重大专项中。

5.4.3　月球科学研究

有关月球科学的研究工作主要是配合工程科学目标的实现来开展的，主要包括以下几个方面的内容：月球表面摄影测量；月球表面 γ 射线、X 射线谱仪数据处理的研究；干涉成像光谱仪数据的处理研究；微波探测仪数据处理的研究；空间环境探测数据的处理与研究；月球构造、地质的演化研究；月球软着陆点候选区的优选研究。

5.4.4　深空探测科学目标和发展战略

月球探测是深空探测的起点，绝对不是深空探测的终点，开展远于月球的深空探测活动必然是中国未来太空探测的趋势。有关深空探测科学目标以及发展战略的研究也在紧锣密鼓地展开。根据初步的研究结果，在月球探测之后，中国深空探测的主要目标将转移至火星。

5.5　陨石学

5.5.1　中国陨石学研究

中国第 19 次南极科学考察队"陨石猎人队"，于 2002—2003 年南半球夏季考察中，在格罗夫山地区突破性地搜集到 4448 块陨石样品，使中国的南极陨石拥有量跃居世界前 3 名，仅次于日本和美国。中国专家通过对 4448 块陨石样品中所选取的 51 块陨石样品进行了系统的分析测试，确定了它们的化学分类，并在国际 SCI 刊物（*Meteoritics & Planetary Sciences*）上正式公布。在此项研究工作中，除了 39 块普通球粒陨石外，特别发现有：1 块新的非常稀少的二辉橄榄岩质火星陨石（GRV020090），1 块橄榄陨铁，7 块不同化学群的碳质球粒陨石，3 块含金刚石的橄辉无球粒陨石，为我国增添了新的南极陨石类型。目前，中国学者正对这些新发现的陨石类型开展深入的研究。

在开展宁强碳质球粒陨石富 Ca、Al 包体的研究中，中国学者发现由已灭绝的核素氯 $^{-36}$ 放射性衰变产生的硫 $^{-36}$ 的过剩，并给出太阳系初始的 36Cl/35Cl 比值。此一发现有力地支持"陨石中灭绝核素源于超新星、并随超新星的爆发而抛射加入到原始的太阳星云之中，同时，由于超新星爆发的冲击波触发太阳星云塌缩，最终形成太阳和行星"的观点。该项研究成果已在美国《国家科学院学报》（PNAS）上正式发表。

在对中国发现的第一块火星陨石（GRV 99027）开展深入的岩石、矿物、微量元素以及氢同位素原位分析的研究中，发现：氢同位素组成具有火星陨石典型的富重同位素特点。中国专家认为，这一特点反映了火星大气水进入岩浆的再循环过程，该火星陨石与其他同类二辉橄榄岩质火星陨石具有非常相似的岩石矿物和微量元素特征，但前者经历了冲击变质后较强烈的热变质作用。此项研究还揭示了该火星陨石的岩浆结晶过程、温度、氧逸度条件以及母岩浆化学组成等特征。

中国学者还系统分析了各化学群碳质球粒陨石、普通球粒陨石、顽辉石球粒陨石中难熔包体的岩石结构类型、大小、矿物化学组成等特征，揭示了它们之间的相似性，并提出"难熔包体具有相同源区，它们通过迁移而分布在化学星云中不同区域"的观点。

除开展在南极寻找陨石工作之外，2004 年，在中国某些地区也开展了一些工作：对中国西北兰州地区的陨石降落事件进行深入调查，发现高速公路收费站录像上记录的闪光影像资料。对全部 6 个收费站影像资料的图像分析，重建陨石的降落轨迹，从而确定陨石的陨落区域；同时，当地地震台站也记录了陨石降落过程冲击波的信号，也给出陨石的降落轨迹，并与光学影像资料的分析结果相吻合。由于陨落区域搜寻陨石极为困难，尽管该陨石到目前为止尚未被发现，但通过此次的搜寻工作表明：

利用高速公路收费站构建中国陨石降落监测网，将为搜集降落在中国国土上的陨石提供一个有效的技术路线。2004 年 5 月，在中国西北部腾格里沙漠、巴丹吉林沙漠和古尔班通古特沙漠的边缘戈壁地区开展了陨石搜寻活动，并于 11 月在古尔班通古特沙漠的东缘北塔山地区发现了一块 440 千克的铁陨石。目前该铁陨石的研究工作正在进行之中。

5.5.2　国内外研究对比

近年来，中国太空地质学的发展有了长足的进步，特别是自 1999/2000 年、2002/2003 年、2005/2006 年三次南极科学考察进行陨石回收以来，陨石学研究取得了长足的发展，其研究水平也基本和世界同步。随着月球探测工程的立项启动，在深空探测方面也已迈出了第一步，但毋庸置疑，在太空探测方面与国外相比，中国存在的差距还是明显的。随着新地平线矮行星冥王星探测器在 2006 年 1 月 21 日的成功发射，人类已经向太阳系内所有大行星和矮行星都发射了探测器。而人类登陆月球、软着陆近距离探测火星等一系列探测活动都为太空地质学的发展注入了强大的动力。因此，尽快开展太空探测来弥补中国在太空地质学发展方面的差距是中国太空地质学发展的一项重要内容。

根据中国空间探测发展战略、南极陨石回收的实际情况以及国际陨石研究的热点，今后的陨石研究方向为：星陨石和月球陨石及类地行星的演化，球粒陨石及其早期太阳星云的演化，陨石中的研究，继续开展南极陨石的分类命名工作。

根据中国深空探测发展的现状和国际深空探测发展的趋势，近年来，太空地质学的研究应以月球科学的研究为主，在开展月球探测与月球科学研究的同时需进一步开展火星探测与比较行星学的研究，主要应包括以下内容：继续开展绕月探测工程科学目标规定的各项任务，研究国际深空探测的科学问题和发展趋势，制定深空探测发展战略和科学目标，开展比较行星学的研究。

6 太空天文学

太空天文学是借助宇宙飞船、人造卫星、火箭和气球等太空飞行器，在高层大气和大气外层太空区域进行天文观测和研究的一门学科。由于没有地球大气的影响，同时可以拥有长的干涉基线，太空天文学不仅可以覆盖从射电到 γ 射线的整个电磁波段，即使是在地面可以进行观测的光学和射电波段，在太空天文观测中也可以获得更高的空间分辨率。除了对天体的电磁波辐射进行观测研究外，近年来，太空天文学的探测手段已扩展到了粒子探测领域，成为解决一些基本物理问题的重要手段。各类天体发射波长为 $10^8 \sim 10^{-15}$ 厘米的各种电磁辐射，探测和研究这些辐射，就得到了关于天体的许多信息。

在地面上由于城市照明、工业系统以及其他干扰，不断人为地污染着地面天文观测的环境，使天文观测受到了很大的威胁。特别是，地球大气层、磁场给地面天文观测带来了一个天然的屏障，使天体的电磁辐射的很宽频段在很大程度上被吸收或受到干扰，使许多信息不能到达地面。虽然如此，地球大气层还是给地面天文观测留下了两扇很窄的"窗口"，从图 6-1 中可以看出，仅仅让可见光和射电波段顺利地通过而到达地面。但是，仅靠这两扇"窗口"来认识宇宙天体，远远不能揭露宇宙深处令人费解的问题。因此，必须撩开地球的"面纱"，飞出大气层外去太空进行天文观测，才能看见崭新的宇宙。

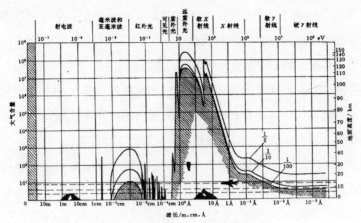

图 6-1 观测各种电磁波的地面高度

（引自《空间天文学》，第5页）

在地球大气层外的极大空域，又称"太空"。1991年，在罗马召开的国际宇航联合会第22届大会上，把外层空间称为"第4环境"，与陆地称为"第1环境"、海洋称为"第2环境"、大气层称为"第3环境"相提并论。太空天文学按观测波段，可分为红外天文学、紫外天文学、X射线天文学、γ射线天文学等。太空天文学的兴起开创了全波段天文观测。

自1960年人造卫星上天以来，全世界共发射了200多颗太空天文卫星，极大地推动了天文学的发展，取得了宇宙加速膨胀和暗能量等重大科学发现。因为天文观测有高精度定位、高速时变和精确能谱测量，观测流量低因而载荷重量大等要求，太空天文成为既受益于又有力地推动着太空科学技术发展的带头学科之一。

地球大气层对电磁波的吸收随波长而变化。除了光学和无线电波段以外，其他波段的电磁波几乎不能穿透地球大气层到达地面。为了实现对天体的多波段观测，全方位了解天体的物理性质，超越地球大气层，在太空进行天文观测成为天文学发展的必然趋势。

1957年，苏联成功发射第一颗人造地球卫星 Sputnik 号；1958年，美国国家航空航天局（NASA）成立。从此，太空天文进入卫星观测时代和快速发展时代。

中国太空天文探测技术的发展主要是在高能天文探测领域。中国高能天文观测起步于20世纪70年代，和大的科学装置的发展紧密相连。中国科学院紫金山天文台和高能物理研究所都曾用高空气球载X射线望远镜对天体的高能辐射进行过观测研究。2001 年，上述两个单位在神舟二号上搭载了超软 X 射线、X 射线和 γ 射线探测器，成功地观测到近 30 个宇宙 γ 射线暴和近百例太阳耀斑的 X 射线和 γ 射线爆发。这是中国太空天文观测跨出的重要一步。2007 年 10 月，探月"嫦娥一号"卫星发射升空，该卫星搭载了高能物理所研制的基于 Si-PIN 探测器的 X 射线谱仪和紫金山天文台研制的 γ 射线谱仪，这两台仪器在环月轨道上运转正常，取得了大量有关月表元素丰度的数据，并为太空天文的发展积累了宝贵的工程经验。

目前，中国在研的太空天文项目有 4 个：硬 X 射线调制望远镜 HXMT、空间变源监视器卫星 SVOM、γ 射线暴偏振探测器 POLAR 以及暗物质粒子探测卫星。

2005 年 8 月，经过长期预研的太空硬 X 射线调制望远镜 HXMT 项目被遴选为国家 2006—2010 年太空科学卫星项目。HXMT 包括软 X 射线望远镜、中能 X 射线望远镜和高能 X 射线望远镜，覆盖 1 ～ 250keV 的能区。HXMT 的核心科学目标是：①实现（1 ～ 250 keV）宽波段 X 射线扫描巡天，探测到大批超大质量黑洞和未知类型天体，研究宇宙 X 射线背景和 AGN 的统计性质；②定点观测，研究致密天体和黑洞强引力场中动力学和高能辐射过程。经过多方面的努力，2011 年 3 月，HXMT 卫星正式获得工程立项，计划于 2014 年左右发射，运行在高度 550 千米、倾角 43°的近地轨道上，预期寿命 4 年。

SVOM 是一台将用于太空高能天文观测的大型装置，为中法合作太空变源监视器卫星。SVOM 项目是由原入选中国太空实验室太空天文分系统的太空天文实验和法国的微小卫星实验的两个项目概念合并而成，放置 4 个科学仪器：法国提供两个科学仪器，由法国研制 γ 射线暴成像和触发的仪器硬 X 射线相机以及通过国际合作或者采购提供用于 γ 暴余晖快速观测的软 X 射线望远镜；中国提供两个科学仪器，分别由中国科学院高能物理所研制用于 γ 射线暴能谱测量和触发的 γ 射线监视器，以及由中国科学院西安光机所研制用于 γ 暴余晖快速观测的 45 厘米光学望远镜。SVOM 卫星也计划在 2014 年左右发射。和正在运行的美国的多波段 γ 暴高能天文卫星雨燕（SWIFT）相比，SVOM 的触发能量阈值更低，因此具有捕捉到更高红移（产生时间更早和距离我们更远）的 γ 暴的能力。目前，雨燕已经创下了探测到最高红移的世界纪录（红移为 8.2，产生于宇宙年龄不足现在年龄 5% 的时候），而 SVOM 有可能打破这个纪录。SVOM 的 γ 射线监视器对 γ 暴具有更好的能谱测量能力，因此能够更好地利用 γ 暴作为最遥远宇宙的探针研究宇宙的演化以及暗能量问题。更加强大的光学望远镜对于γ暴余晖的测量将对于研究各种类型γ暴的本质并发现新类型的γ暴具有重要意义。因此，SVOM作为"黑洞探针"计划的重要项目之一将能够对于研究极端天体物理过程和宇宙的演化做出重要贡献。

γ射线暴偏振仪POLAR是在原SVOM项目和法国的项目合并形成上述中法合作的太空天文卫星SVOM之后提出并经过论证入选中国太空实验室的后续项目之一，计划将搭载天宫二号于2014年发射。POLAR是由多个塑料闪烁体棒簇组成的一个科学仪器，利用康普顿散射原理测量入射γ射线的偏振。目前，国际上还没有专用的太空γ偏振测量仪器，而γ射线暴的偏振被认为是γ暴的最后一个观测量，因此POLAR实验将开辟一个太空天文的新窗口，预期将对于理解γ暴的中心发动机机制和极端相对论喷流的性质做出重要贡献。POLAR项目现在已经进入初样研制阶段。

暗物质粒子探测卫星通过高分辨观测高能电子和γ射线能谱及其空间分布，寻找和研究暗物质粒子；通过测量TeV以上的高能电子能谱，研究宇宙线起源；通过测量宇宙线重离子能谱，研究宇宙线传播和加速机制。卫星观测能段范围覆盖5GeV～10TeV，能量分辨优于1.5%，超过国际上所有同类探测器。可望在暗物质探测和宇宙线物理这两大科学难题上取得突破，从而更好地研究宇宙射线起源以及γ射线天文学。2011年3月，暗物质粒子探测卫星获得中国科学院批准，计划于2015年左右发射，运行在高度500千米、倾角60°的近地轨道上，预期寿命超过3年。

（1）X射线和γ射线天体物理

由于空间X射线和γ射线不能使用地基天文仪器进行观测，造成中国在X射线和γ射线天体物理领域相对比较薄弱。因此，为了优化"硬X射线调制望远镜"的科学目标和观测方案，从而保证其科学数据的最有效使用和最丰富的科学产出，有必要在"硬X射线调制望远镜"立项和建造的同时，开展X射线和γ射线天体物理的研究。主要研究方向包括：活动星系核、X射线双星、中子星、超新星遗迹、星系团等不同尺度的天体及结构的X射线和γ射线辐射物理机制、相对论喷流、激波和高能粒子加速、黑洞的形成和演化等重要天体物理前沿。

（2）磁场、磁重联过程及其在各种尺度天体物理过程的作用

太阳是唯一一个能够被直接观测到磁场结构和磁重联过程的天体，但是各种研究表明磁重联过程可能发生在恒星、X射线双星的吸积盘、活动星系核的吸积盘等

各种不同尺度的天体物理过程中，并且可能主导这些系统的 X 甚至 γ 射线辐射、高能粒子加速、外流等一系列剧烈和极端的天体物理过程，和众多的未来太空天文项目的科学目标有密切的联系。因此，有必要集中太阳物理和天体物理不同领域的科学家一起深入研究磁重联过程及其在各种尺度天体物理过程的作用。

（3）中国"天眼"（FAST）建成

历经 20 多年的心血，中国科学院国家天文台终于建成了世界上最大单口径射电望远镜——500 米口径球面射电望远镜（FAST），其中这一巨大的科学工程的发起人、奠基人、国家天文台研究员、原副台长南仁东起到了关键的作用，国家追授他"时代楷模"称号。（图 6-2）

FAST 作为"国之重器"，是中国"十一五"重大科技基础设施之一，于 2016 年 9 月 25 日竣工进入试运行、试调试阶段。国家天文台牵头国内多家单位，在 FAST 科学和工程团队密切协作下，经过一年的紧张调试，现已实现指向、跟踪、漂移扫描等多种观测模式的顺利运行，调试进展超过预期及大型同类设备的国际惯例，并且已经开始进行系统的科学研究。

图 6-2 南仁东在工地上指导工作

FAST 团组利用位于贵州师范大学的 FAST 早期科学中心进行数据处理，探测到数十个优质脉冲星候选体，经国际合作，如利用澳大利亚 64 米 Parkes 望远镜，进行后随观测认证，目前两颗脉冲星已通过系统认证，一颗编号 J1859-0131（又名 FP1-FAST pulsar #1），自转周期为 1.83 秒，据估算距离地球 1.6 万光年；另一颗编号 J1931-01（又名 FP2），自转周期 0.59 秒，据估算距离地球约 4100 光年。两颗脉冲星分别由 FAST 于 2017 年 8 月 22 日和 25 日在南天银道面通过漂移扫描发现。这是中国射电望远镜首次新发现脉冲星。

搜寻和发现射电脉冲星是 FAST 的核心科学目标。银河系中有大量脉冲星，但由于其信号暗弱，易被人造电磁干扰淹没，目前只观测到一小部分。具有极高灵敏度的 FAST 是发现脉冲星的理想设备，FAST 在调试初期发现脉冲星，得益于卓有成效的早期科学规划和人才、技术储备，初步展示了 FAST 自主创新的科学能力，开启了中国射电波段大科学装置系统产生原创发现的激越时代。

未来两年，FAST 将继续调试，以期达到设计指标，通过国家验收，实现面向国内外学者开放。科研人员将进一步验证、优化科学观测模式，继续催生天文发现，力争早日将 FAST 打造成为世界一流水平望远镜设备。

新发现脉冲星的归一化平均脉冲轮廓和单脉冲。图 6-3 中 A（上）为 FP1 平均脉冲轮廓，FAST 通过约 52.4 秒漂移扫描（红色）产生信噪比为 Parkes 望远镜 L 波段积分 2100 秒结果（灰色）信噪比的 3 倍，表现出 FAST 高灵敏度优势。A（下）为 FP1 单脉冲轮廓。B 为 FAST 采用跟踪观测 5 分钟，获得的另一颗新脉冲星 FP2 的单脉冲轮廓。

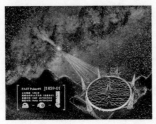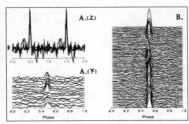

图 6-3　FAST 观测脉冲星示意图

6.1　红外天文学

6.1.1　NASA 的 4 个巨型天文台

红外天文观测得到其他波段难于得到的结果，形成红外天文学。红外天文观测通过电磁波红外波段（波长 0.7 ～ 1.000 Å）观测天体现象。红外探测是研究被宇宙尘埃掩蔽的天体的得力手段。至今探测到的红外源有太阳系天体、恒星、行星状星云、电离氢区、分子云、银核、星系和类星体（一种新型天体，在照相底片上呈类似恒星的像，是辐射功率最大的天体，目前尚认识不清）等。强的红外源，如在河外星系有的辐射量为太阳的 10^{13} 倍。自 1971 年以来，已探测到 3000 多个红外源。

6.1.1.1　Spitzer 红外太空望远镜

Spitzer Space Telescope，简称 Spitzer，是 NASA 在 2003 年 8 月 25 日发射的一台红外望远镜，与哈勃太空望远镜、康普顿 γ 射线天文台、钱德拉 X 射线天文台一起并称为 NASA 的 4 个巨型天文台（Great Observatories）。

Spitzer 直径 85cm 的望远镜系统用液氦冷却到 − 267.8℃，以降低望远镜本身的红外辐射，提高观测灵敏度。在 2009 年 4 月液氦用完之后，Spitzer 开始在温热工况下工作。作为一台通用的红外成像和光学望远镜，Spitzer 的研究对象包括恒星、形成行星的星盘、地外行星，以及星系和宇宙的起源等。

6.1.1.2 Spitzer 望远镜观测的成就

恒星如雨滴一样形成，即恒星由气体和尘埃云坍缩形成。因此，在恒星处于原初和婴儿期的时候，往往是被厚厚的宇宙尘埃所遮蔽，大部分望远镜都看不见它们。但是这些形成早期的恒星发出的红外辐射却可以穿透尘埃和星际气体，Spitzer 望远镜却可以对它们进行高灵敏度的观测。

（1）恒星盘与行星

当一个恒星在星云中形成之初，会高速旋转。环绕着这个新诞生恒星的尘埃和气体物质也随之旋转，形成一个扁平的盘，这个盘中的物质最终会形成行星、小行星和彗星。天文学家认为，就如滚雪球一般，在漫长的时间里，小的尘埃颗粒会形成大的团块，其中一些团块会相互碰撞形成更大的团块，再进一步碰撞合并形成类似于地球这样的岩石行星或类似于木星的气态行星，未形成行星的部分大团块形成小行星或彗星。相对于行星、小行星和彗星，恒星盘的面积大得多，它们吸收恒星本体发出的辐射，再在红外波段发射出来，随着盘物质离恒星本体的距离增加，温度会逐渐降低，红外发射的平均能量也降低。Spitzer 望远镜通过观测星盘的亮度和能谱，就可以得到盘的结构和年龄的信息，也可以得到行星形成过程的信息。利用 Spitzer 望远镜，天文学家研究了绝大部分临近恒星的类地行星，并发现生命存在的可能性要远高于以前所认为的那样。Spitzer 望远镜也发现，在已死亡恒星和年龄只有上百万年的年轻恒星的周围，也可能正在形成行星，说明行星的形成过程远比以往认为的要复杂。

（2）地外行星

Spitzer 是第一台能够探测地外行星辐射的望远镜，从而可以使地外行星能够被直接研究和比较，开辟了行星研究的新时代。在 Spizter 之前，对地外行星的研究只能是根据行星围绕恒星旋转而致恒星晃动，或者是掩食恒星导致恒星亮度变化来测量行星的大小和质量。而 Spitzer 则通过测量一颗行星被恒星遮挡前后的光谱差异，得出了行星的红外光谱，使得对这些遥远行星的温度、星风和大气成分的分析成为可能。

（3）星系和宇宙的起源

绝大部分星系的红外辐射主要来自于三种途径：恒星、星际气体、尘埃。Spitzer可以让天文学家知道哪些星系在疯狂地形成恒星，找到孕育恒星的场所，并确定恒星大量形成的原因。通过观测银河系，Spitzer找到了新的恒星形成的场所，为天文学家理解银河系的结构提供了重要的线索。极亮红外星系超过90%的辐射集中在红外波段，而且主要是位于宇宙深处，Spitzer可以确定红外辐射主要是起源于星系中的剧烈的形成活动，还是起源于中心的超大质量黑洞，为了解这些星系的物理性质发挥了重要作用。

6.1.1.3 红外线太空望远镜

红外线太空望远镜又称"詹姆斯·韦伯太空望远镜"。詹姆斯·韦伯太空望远镜（James Webb Space Telescope，JWST）是计划中用于接替哈勃太空望远镜的红外线太空望远镜，由NASA和ESA共同出资建造。此项目曾经被称为"新一代太空望远镜"（Next Generation Space Telescope）。2002年，以NASA第二任局长的名字命名，以纪念在1961—1968年领导阿波罗等一系列美国重要的太空探测项目。JWST主镜的直径达到6.5米，采用发射时处于折叠状态、入轨后展开的技术方案，聚光面积25平方米。JWST的主要科学任务是研究早期宇宙，由于早期宇宙的红移较大，因此JWST的主要探测器工作在红外波段。与哈勃太空望远镜位于近地轨道不同，JWST位于距离地球150万千米的L_2上，重力相对稳定，故相对于邻近天体来说可以保持不变的位置，不用频繁地进行位置修正，可以更稳定地进行观测。JWST计划于2014年发射。2011年7月，虽然部件已经完成，正在开始组装，但因经费削减，后续的技术挑战和经费需求仍然难以预料。

6.2 紫外天文学

6.2.1 太阳系天体紫外探测

在可见光与 X 射线之间的紫外光谱区是观测 $10^4 \sim 10^6$K 温度天体的最佳光谱区。1801 年，德国物理学家里特把硝酸银放在蓝光和紫光下照射，硝酸银分解出了黑色的金属银，他又把硝酸银放在紫光已经消失的紫外光谱区照射，这时硝酸银分解得很快。这是人类第一次发现了紫外光线的存在，也是人类第一次测量到天体太阳的紫外光谱辐射。在地面上，可在位于波长 3000 ～ 4000 Å 之间测量到，而在太空探测部分则位于波长 100 ～ 4000 Å 之间。这样，人类就从紫外天文观测得到了其他波段难以得到的结果，从而形成紫外天文学。

紫外天文观测通过电磁波紫外波段观测天体现象。对天体进行紫外辐射研究的第一个天体是太阳。在太阳紫外辐射中，最引人注目的氢莱曼 α 线很强，对地球电离层的形成和变化产生重要作用。不同波长的紫外辐射来自太阳大气的不同高度。近紫外、中紫外辐射来自光球层，远紫外辐射来自色球层、色球—日冕过渡层和内日冕。太阳局部区域还有远紫外线爆发现象。在非太阳天体探测中，发现早型星、白矮星（恒星在核能耗尽后，如它的质量小于 1.44 倍太阳质量，将变成这种星）和行星状星云（一种外形呈现为类似天王星和海王星的小圆面状星云，是恒星演化晚期向白矮星过渡时的壳层抛射现象，表明恒星已到晚年）在紫外辐射区有最强的辐射。晚型星的紫外辐射虽不强，但与太阳类似，来自色球层和日冕。色球层和日冕可能普遍地存在于恒星之中。还发现有的双星系统——视位置靠近的两颗星，有意外巨大的紫外辐射。紫外探测对星际介质的研究也有着特殊的意义。此外，星系也有强烈的紫外辐射存在。

6.2.1.1 行星大气紫外探测

在地球上空 1000 千米高度上发现了由氢和氦组成的地冕，在金星大气中有 SO_2，由 CO 起源的日辉，由 NO 发射的夜天光。约翰·霍普金斯大学天文学家小组用紫外线拍摄到环绕木星的等离子体环的图像，"旅行者"揭示，此环是由木星的一个有火山的卫星——"木卫一"释放的氧和硫离子组成的。EUV 像显示，木卫环两侧不一样亮，从而揭示木卫环上温度不相同。

通过探测行星紫外辐射谱，就能够探测到每种大气成分所处的状态，即是分子状态、原子状态还是电离状态。

行星大气的紫外辐射大多数出现在波长 1300～1800 Å 之间，但 1216 Å 是个例外，此线很强，比其他行星大气的紫外辐射强得多。

6.2.1.2 小行星的紫外探测

太阳系的小行星大小、结构以及在太空的分布各异，可能含有各种原始物质。因此，通过紫外辐射研究它们，为了解太阳系的起源、演化提供重要的信息。"国际紫外探险者"对 20 颗小行星进行过紫外测量，但没有辨认出明显的紫外吸收特征。这表明它们是微弱的紫外发射体，它们的光谱资料是噪声信号。即使较亮的小行星，反照率的测量结果前后也相差 4 倍。

6.2.1.3 彗星的紫外探测

每年"国际紫外探测者"都用一些时间观测周期彗星和搜索新彗星。目前，已对 32 颗彗星进行过紫外探测，并得到了有价值的资料。其中，在彗星成分上有着相似性表明，它们有着相同的起源。这为探索彗星的物理结构和化学成分提供了可能性。

但是，并非所有彗星的成分都是相同的。如恩克彗星和贾可比—金纳彗星的成分就出现了异常。

彗星的变化不仅表现在相对丰度上，且变化的形式也有两种：随着彗星的日心距的变化，彗星本身的整体变化；在短时间内彗星本身的整体变化。

6.2.2 太阳紫外辐射探测

通过探空火箭、人造地球卫星对太阳紫外辐射进行了大量的探测，已经发现紫外辐射分为不同子区和成分。

6.2.2.1 紫外辐射分为 5 个子区

（1）近紫外区，波长在 3000～4000 Å 之间，可以穿过地球大气层到达地面，可在地面上测量。

（2）中紫外区，波长在 2100～3000 Å 之间，以吸收为主，典型辐射有 Mg II

二重线 2795 Å 和 2802 Å。

（3）远紫外区，波长在 1400～2100 Å 之间，吸收线渐渐隐匿，发射线开始出现，但主要是连续辐射。

（4）极紫外（EUV）区，波长在 300～1400 Å 之间，辐射主要是发射线，在 912 Å 以下有一较强的莱曼区连续辐射。

（5）XUV 区，波长在 100～300 Å 之间，主要是高温日冕发射线。

6.2.2.2 紫外辐射含 3 种成分

与太阳射电和 X 射线辐射一样，太阳紫外辐射也有宁静、缓变和爆发 3 种成分。

（1）宁静成分，是一种稳定的紫外辐射，来自太阳大气层上层色球、过渡区和日冕。这些区域是光学难以有效观测的地方，但却有大量紫外辐射，如氢的强复合连续辐射，N、C、Si 等元素的弱连续辐射等。不管是线辐射，还是连续辐射，每一种频谱特征都对应着一定的辐射条件、元素种类和电离状态。

（2）缓变成分，是一种缓慢变化的太阳紫外辐射，流量上升和衰减都比较缓慢，并与太阳活动区有关，还显示出由太阳自转造成的活动区出现和消失的现象。一种太阳活动区可存在几个太阳自转周期，大多数紫外活动成分出现在太阳活动区初期。紫外活动集中在 EUV 波段，有连续和谱线两种辐射。

（3）爆发成分，是一种持续时间很短的事件，寿命只有几分钟。一般出现在 300～1500 Å 波长上，又称"紫外爆发"或"EUV 爆发"。1966 年 6 月 28 日，第一次测到太阳紫外爆发，这个事件与质子耀斑有关，是在 1225～1350 Å 波长范围内观测到的。此后，发现了大批紫外爆发。其中有的通过人造卫星和气球直接探测到，有的是通过地球大气层的电离层效应获悉的。这种效应仅仅是诸多影响的一种，它与地球和人类的关系十分密切。

6.2.3 非太阳紫外辐射探测

非太阳系紫外辐射观测对于早型星，包括 O、B、A 型星，白矮星和行星状星云的中心星都是非常重要的，因为它们在紫外区有最强的辐射；对于晚型星，包括 F、G、K、M 等型，其重要性和太阳类似，是研究恒星色球和星冕，尤其是二者之间的过渡层必不可少的手段。

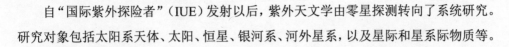

自"国际紫外探险者"（IUE）发射以后，紫外天文学由零星探测转向了系统研究。研究对象包括太阳系天体、太阳、恒星、银河系、河外星系，以及星际和星系际物质等。

6.2.3.1 恒星紫外测量

（1）热星，早型星在紫外区有很强的连续辐射，并叠加着许多共振吸收线。光谱型为 O 和 B 的星，紫外像比可见光像亮，比 B 型星晚的星辐射弱，但可以通过它们来研究恒星黑子、星冕以及其他活动成分，从而探索热化等离子体的物理问题。光谱型 O、B 和 A 的热星比太阳热得多，它们以极大速率在燃烧核燃料，演化比较快，研究这样的星特别有意义。

（2）冷星，也有紫外辐射，太阳就是一例。不过，冷星和太阳的紫外光谱明显不同。冷星大气层里的热气投射到较冷的连续辐射上，因此是吸收谱。在太阳大气层里，色球到日冕的温度为 $10^4 \sim 4 \times 10^6$K，而光球的温度只有 6000K，因此，太阳的紫外谱线是发射线。

（3）双星，太空的星 2/3 以上处在双星系统中。大多数天体物理学上感兴趣天体，如新星和 X 射线双星都在双星系统中。密近双星的研究还涉及吸积等重要理论问题，因此，研究双星及其演化在恒星物理和高能天体物理中占非常重要的地位。

6.2.3.2 星系介质紫外测量

星际介质在银河系内恒星之间的少量气体和尘埃是紫外天文学研究的重要对象。它们的质量虽然只有看到的恒星的百分之几，但发现它们的特征和范围却是紫外光谱学的一个里程碑。

6.2.3.3 超新星及其遗迹紫外测量

1987 Å 爆发的当天，"国际紫外探险者"就探测到它的紫外辐射，用 1.5s 曝光时间取得了很好的低色散谱。开始时紫外谱非常明亮，后来迅速变弱，3 天后爆发气体的远紫外流量降低了 3 个数量级。爆发前星象指出，在 1987 Å 的方向上存在 3 颗星，1 颗是超新星，2 颗是普通恒星。超新星是一颗蓝巨星，这是一颗 I 型超新星，含有 1 颗白矮星和 1 颗伴星。

6.3　X射线天文学

6.3.1　X射线天文观测揭示许多天体物理现象

通过电磁波X射线波段（波长 0.01 ～ 100 Å）观测天体现象得到新的结果，形成X射线天文学。在太阳X射线探测中，主要弄清了三个成分：日冕高温等离子体的连续辐射的X射线宁静分量、日冕凝聚区的超热等离子体产生的缓变分量和太阳活动区产生的突变分量。特别是，在软X射线波段（波长 2 ～ 60 Å）上对太阳进行观测，发现日冕上有低X射线强度区，即短缺X射线的暗黑区，称为"冕洞"。这是重大的发现，对于研究日地关系有着重大的意义。在非太阳X射线观测中，发现星系、星系团中强射电星系、活动的塞佛特星系、超新星遗迹等均为著名的X射线源。有些X射线源是双星的成员之一，它可能是中子星（恒星在核能耗尽之后，如果它的质量在 1.44 ～ 2 倍太阳质量之间，就变成这种星）或黑洞（恒星在核能耗尽之后，如质量超过 2 倍太阳质量，则平衡态再不存在，星体将无限地收缩，引力大到足以使一切粒子都不能外逸，就变成"黑洞"）。探测到宇宙X射线背景、宇宙X射线爆发、暂现X射线源和X射线脉冲星（被认为是有很强磁场的快速自转着的中子星，对应于它的自转周期而产生出脉冲辐射）等，是 20 世纪 70 年代太空探测的重大发现。

将宇宙的年龄确定为 137.3 亿年，误差小于 1%；将空间的曲率确定为小于 1%，和以往最好的结果相比提高了一个数量级以上；测量出宇宙中普通重子物质的含量只有 4.6±0.1%，暗物质占 23.3±1.3%，而暗能量占 72.1±1.5%；得出了全天的微波偏振图像，并发现宇宙的再电离时间比以往认为的要更早；发现宇宙最初一万亿分之一秒内确实存在暴涨过程，但是排除了以往有关这一过程的几个广为接受的模型；发现宇宙微波背景辐射随机性地涨落以外，还存在偏离简单随机的迹象，如果这些偏离最终被证实，将是宇宙早期新物理的重要信号。

6.3.2　哈勃望远镜的观测成就

哈勃望远镜于 1990 年上天。由于没有大气闪烁的影响，哈勃望远镜的空间分辨

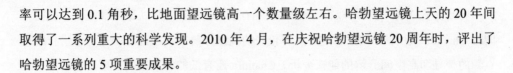

率可以达到 0.1 角秒，比地面望远镜高一个数量级左右。哈勃望远镜上天的 20 年间取得了一系列重大的科学发现。2010 年 4 月，在庆祝哈勃望远镜 20 周年时，评出了哈勃望远镜的 5 项重要成果。

6.3.2.1　精确测量宇宙年龄

直至 1999 年前，天文学家估计的宇宙的年龄介于 70 亿～ 200 亿年之间。哈勃望远镜的观测将宇宙的年龄确定为 90 亿～ 140 亿年之间，而利用威尔金森微波各向异性探测器（WMAP）的数据，人们进一步推测宇宙的年龄为 137±2 亿年。

6.3.2.2　发现星系的中心普遍存在超大质量黑洞

哈勃望远镜的高分辨率成像观测和光谱分析，发现几乎每个大的星系中心都有一个超大质量黑洞，黑洞的质量和星系的质量成正比，说明黑洞的形成和其寄主星系的形成紧密相连。

6.3.2.3　完善了行星形成的整个链条

形成行星的第一步就是将轻的和蓬松的星尘凝固形成石头，这是科学家急切希望但一直未能看到的。哈勃望远镜对新诞生的恒星的观测发现星周气体和尘埃的分布逐渐变得扁平，密度逐渐增大，从而允许物质逐渐凝集成块，解决了行星形成的关键问题。

6.3.2.4　在系外行星中发现了有机分子

在距离太阳系 67 光年的狐狸座中，哈勃望远镜发现一个木星大小的系外行星的大气中存在甲烷分子。这一发现对于探索地外生命的存在具有突破性的意义。

6.3.2.5　发现暗能量存在的证据

Ia 型超新星具有一致的峰值光度，在天文学中被作为标准烛光来测量天体的距离。哈勃望远镜通过观测位于遥远星系中的 Ia 型超新星遗迹，发现随着红移（距离）的增加，星系远离的速度在加速增长，即宇宙的膨胀越来越快，说明宇宙中存在神秘的暗能量。

6.3.3　Chandra 天文台的观测成就

Chandra 是 NASA 继 Hubble 和 CGRO 后发射的第 3 个巨型太空天文台之一。其突出特点是在 X 射线波段取得了 0.5 角秒的成像分辨率，可以和光学观测相媲美，同时 Chandra 采用的 X 射线 CCD 又有较高的能量分辨率，因此非常适合于进行暗弱点源的搜寻和高空间分辨的能谱分析。Chandra 还有低能和高能的透射光栅，用于对亮源的高光谱分辨观测。主要科学成果如下。

6.3.3.1 发现脉冲星的高能粒子环和喷流

Chandra 对蟹状星云脉冲星和其他年轻脉冲星系统的成像观测表明，脉冲星的星云多呈现出漂亮的亮环和喷流结构，说明高速旋转的脉冲星会在赤道和两极方向加速产生强大的高能粒子流，这为脉冲星磁球结构和自转能损机制的研究提供了重要的观测依据。

6.3.3.2 年轻的类太阳恒星的活动

Chandra 对猎户座星云中的年轻星团的深度观测表明，年龄在百万年到千万年之间的年轻类太阳恒星会产生剧烈的 X 射线爆发，其频率远高于年龄为 4.6 亿年的太阳。

6.3.3.3 超新星和超新星遗迹

Chandra 的高空间分辨率图像和较好的能量分辨率使得科学家能够深入地研究超新星遗迹中的激波与周围物质的相互作用，了解激波加速宇宙线的过程，追踪爆发抛射的重元素的分布及其运动，从而探索爆发机制、前身星的物理性质。

6.3.3.4 发现了质量最大的恒星级黑洞

利用 Chandra X 射线天文台，天文学家在 M33 星系中发现了一个围绕着 70 倍太阳质量的恒星旋转的黑洞，黑洞质量达到了 16 倍太阳质量，是目前发现的质量最大的恒星级黑洞。这样一个大质量的双星系统对传统的黑洞形成理论提出了严峻的挑战：由于黑洞前身星的寿命比 70 倍太阳质量的伴星寿命更短，因此具有更大的质量；而这样一个大质量恒星的半径会大于现在双星之间的距离，因此在分享公共的外层大气的同时，两个伴星之间的距离会被拉得更近；这一过程会导致双星系统大量的物质损失，以至于无法形成一个 16 倍太阳质量的黑洞。

6.3.3.5 发现银河系中心黑洞的 X 射线耀发

Chandra 发现了银河系中心黑洞 Sgr A* 的 X 射线耀发，在耀发过程中，X 射线的流强在 10 分钟之内下降了 5 倍，然后几乎以同样的速度恢复，如此快的光变时标说明 Sgr A* 周围的热气体集中在小于一个天文单位的区域，而同样质量黑洞的视界只是比这一尺度小 20 倍，因此证明 Sgr A* 只能是一个黑洞。

6.3.3.6　发现双黑洞

Chandra 对星暴星系 NGC6240 的观测发现，在星系的中心存在两个明亮的 X 射线点源。此前，在射电、红外和光学的观测中，已经发现了这两个点源，但是它们的性质并不清楚，Chandra 的发现证明，它们只能是两个超大质量的黑洞，彼此相距 3000 光年。双黑洞的发现强烈地表明，超大质量的黑洞的增长是由与其他黑洞的并合形成的，黑洞寄主星系的并合也因此引发了剧烈的恒星形成活动。

6.3.3.7　探测到黑洞活动对星系团的影响

在著名的英仙座星系团中，Chandra 卫星发现了从内向外传播的类似声波的结构，这些声波结构是中心超大质量黑洞的爆发形成的，频率非常低，比人能听到的声波频率低 10^{15} 倍。长久以来人们一直困惑，在过去的 100 亿年里，英仙座星系团中心的气体为什么没有冷却形成恒星。星际声波的发现可能解决了这一问题。当声波穿越气体时，会将能量转换成热能，从而维持星系团气体的高温。

6.3.3.8　发现了大批被尘埃遮挡的黑洞

Chandra 在南天的一个区域进行了极深度的观测，发现了大量低能光子被吸收的暗弱黑洞，从而证明了大量年轻的大质量星系存在被严重遮挡的活动星系核的猜想。

6.3.3.9　发现暗物质存在的直接证明

Chandra 拍摄的星系团 1E0657-56 的图像表明，热气体（普通重子物质）明显和用引力透镜效应测量的星系团的物质是分开的，这说明星系团的大部分物质是"暗"的，从而构成了星系团中存在暗物质的最直接证据。

6.4　γ 射线天文学

通过电磁波 γ 射线波段（波长短于 0.01 Å）观测天体现象得到新的结果，形成 γ 射线天文学。

γ 射线探测能提供宇宙中具体的核过程的信息，使人们探测到更为遥远的宇宙深处。太阳出现耀斑和射电爆发时，伴随 γ 射线爆发，对研究耀斑的产生机制很有意义。在非太阳 γ 射线探测中，已发现了 20 多个 γ 射线源，如类星体、塞佛特星系等。太空探测还记录到 γ 射线爆发，简称"γ 爆发"。这是一种短暂的、猛烈的爆发现象。

1979 年 3 月 5 日，太阳系里正在运行的 9 颗人造卫星同时探测到巨大的 γ 射线爆发，在 0.1 秒内释放的能量相当于太阳 3000 年辐射能量之和，是脉冲星释放的 100 万倍。迄今为止，已经发现几十起这类爆发事件。一般地，γ 爆发每年出现约 8 次，用最灵敏的探测器还会发现高于这个次数的 γ 爆发。还探测到 γ 射线脉冲星，最强的是船帆座、蟹状星云脉冲星。

综上所述可见，太空天文观测，使我们对于太阳系、银河系、河外星系等庞大的天体系统的认识有了质的飞跃。在太空观测到的星空迥异于射电天文观测和光学天文观测到的星空。在天文学的发展史上，太空天文学是又一次巨大的革命。

费米 γ 射线太空望远镜（Fermi γ-ray Space Telescope，简称 Fermi）于 2008 年 6 月 11 日由 NASA 发射，工作能区 10keV ～ 300GeV，用于研究来自于各种极端天体物理过程的 γ 射线辐射。与康普顿 γ 射线天文台 CGRO 上的探测器 EGRET 相比，Fermi 的主探测器大面积望远镜（Large Area Telescope，简称 LAT）的能区扩展了 10 倍，面积增加了接近 5 倍，视场增加了 3 倍，角分辨率提高了近 40 倍，因此灵敏度提高了约 15 倍。Fermi 的主要科学目标包括：①探索具有远高出地球上环境中能量粒子和光子的极端条件下的宇宙；②寻找新的物理规律以及神秘的暗物质的成分；③解释黑洞如何将喷流加速到接近光速；④协助解决 γ 射线暴的能量来源问题；⑤回答从太阳耀斑、脉冲星到宇宙线起源的一直未能解答的问题。

在运行的第一年中，Fermi/LAT 就探测到了 1.5 亿个 γ 射线光子，与之对应的 CGRO/EGRET 在 9 年的运行中只观测到了 150 万个 γ 光子。EGRET 在 9 年间探测到了 271 个 γ 射线点源，而 Fermi/LAT 前两年的观测就发现了 1873 个源，由于位置精度很高，大部分都得到了证认，极大地拓宽和加深了人类对 γ 射线宇宙的认识。

6.4.1 脉冲星

Fermi 上天之前，被证实的 γ 射线脉冲星只有 7 颗，而今 Fermi 探测到的 γ 射线脉冲星超过 60 颗，Fermi/LAT 的高灵敏度也使得对脉冲星 γ 射线能谱和脉冲轮廓的详细研究成为可能。在 Fermi 发现的脉冲星中，有 24 颗是通过对 γ 射线观测数据的周期搜索发现的，其中 21 颗没有发现射电辐射。此外，Fermi 的观测证实毫秒脉冲星是一类重要的 γ 射线辐射天体，对 Fermi γ 射线源的后续观测也发现了大批毫秒脉冲星。这些观测对我们研究脉冲星的 γ 射线辐射性质以及银河系内脉冲星的类别提供了具有重要价值的数据。

6.4.2 弥散 γ 射线辐射

Fermi/LAT 测量了 200MeV ～ 100GeV 的弥散 γ 射线的能谱，发现是一个没有结构的幂律谱，而且远较 EGRET 测量的能谱要软。这一差别产生的原因可能是 EGRET 过高地估计了 1GeV 以上的流强。另外，非常重要的是，Fermi/LAT 的能谱中没有 EGRET 发现的一个 3GeV 以上能区的峰，这个峰曾被认为是暗物质的贡献。

6.4.3 新的 GeV γ 射线辐射天体

除了脉冲星、BL Lac 天体和类星体等已知的 GeV 辐射天体外，Fermi/LAT 的观测还发现了多个新的 GeV 天体类型。银河系内的新 GeV 辐射天体包括球状星团、大质量 X 射线双星、超新星遗迹、脉冲星星风云以及可能的暂现源；河外星系包括星暴星系和射电星系等。这些 GeV 辐射天体的发现，对研究其中的粒子加速机制、物质组成和分布等物理性质提供了重要的物理限制。

6.4.4 γ 射线暴

在前两年的时间里，Fermi 的 γ 射线暴（GRB）监视器 GBM 探测到了约 500 个 GRB，其中有约一半落入了 LAT 的视场，而 LAT 探测到了约 20 个 GRB。LAT 对 GRB 的探测提供了在跨越 7 个数量级的能量范围内研究其能谱的机会，并发现大致存在两类特征：一类如 GRB 080916C，其能谱可以用一个简单的幂律谱拟合，说明一种物理机制主导了宽波段范围的辐射过程；另一类如 GRB 090510，需要增加一个额外的成分拟合高能段的超出，说明其相应的物理过程更为复杂。

6.4.5 蟹状星云

蟹状星云脉冲星及其星风云是 1054 年超新星爆发的产物，是天空中最重要的天体之一，一直被作为流强和能谱恒定的标准天体用于各种探测器响应函数的标定。但是，从 2009 年开始，Fermi 和意大利的 AGILE 卫星发现蟹状星云在 100MeV 以上的能区出现了几次 γ 射线耀发，其中 2011 年 4 月 12 日的一次耀发中，蟹状星云的流强增加了 30 倍。蟹状星云为何出现如此大的 MeV 耀发让人非常困惑，也许是源自离中子星不远处的磁场重构，但到底发生了什么迄今无法知晓。

6.5 中国太空天文学方向

中国太空天文学发展的重点在高能天文学，而高能天文观测与大科学装置的发展紧密相连。2007 年 10 月，探月"嫦娥一号"卫星发射，中国科学院高能物理所就搭载了研制的 X 射线谱仪，紫金山天文台搭载了研制的 γ 射线谱仪，这两台仪器在环月轨道上运转正常，取得了大量有关月表元素丰度的数据，并为太空天文学的发展积累了宝贵的经验。

目前，新开展了 4 项具有重大意义的太空天文学研究，包括正在研制先进的观测装置。

6.5.1 宽波段 X 射线扫描巡天

为增强高能天文学研究，中国正在研制硬 X 射线调制望远镜（HXMT），包括软 X 射线望远镜、中能 X 射线望远镜和高能 X 射线望远镜，覆盖能区为 1 ～ 250keV。计划于 2014 年左右发射，运行在近地轨道上，高度为 550 千米，倾角为 43º，预期寿命 4 年。

HXMT 的核心科学目标：①实现宽波段 X 射线扫描巡天，探测超大质量黑洞和未知类型天体，研究宇宙 X 射线背景和 AGN 的统计性质；②定点观测，研究致密天体和黑洞强引力场中动力学效应和高能辐射过程。

6.5.2 捕捉更高红移的 γ 暴

中法合作正在研制的空间变源监视器卫星（SVOM），计划在 2014 年左右发射。SVOM 和正在运行的美国多波段 γ 暴高能天文卫星雨燕（SWIFT）相比，触发能量阈值更低，因而具有捕捉到更高红移（产生时间更早和距离我们更远）的 γ 暴的能力。

SVOM 的 γ 暴监视器对 γ 暴具有更好的能谱测量能力，因此能够更好地利用 γ 暴作为最遥远宇宙的探针，研究宇宙的演化以及暗能量。光学望远镜对于 γ 暴余晖的测量，对于研究各种类型 γ 暴的本质并发现新类型的 γ 暴具有重要意义。

6.5.3 开启 γ 暴偏振测量新窗口

γ 射线偏振探测仪（POLAR），计划搭载于天宫 -2 号，在 2014 年发射。目前，国际上还没有专用的太空 γ 偏振测量仪器，而 γ 暴的偏振被认为是 γ 暴的最后一个观测量。因此，POLAR 实验将开启一个太空天文学研究的新窗口，预期可对理解 γ 暴的中心发动机机制和极端相对论喷流的性质有帮助。

6.5.4 探测暗物质粒子

2011 年 3 月，暗物质粒子探测卫星进入研制阶段，计划于 2015 年左右发射，运行在近地轨道上，高度 500 千米，倾角 60º，预期寿命超过 3 年。通过高分辨观测高能电子和 γ 射线能谱及其空间分布，寻找暗物质粒子；通过测量 TeV 以上的高能电子能谱，研究宇宙线起源；通过测量宇宙线重离子能谱，研究宇宙线传播和加速机制。卫星观测能段 5GeV ～ 10TeV，能量分辨优于 1.5%，超过国际上所有同类探测器。可望在暗物质探测和宇宙线物理这两大科学难题上取得突破，从而更好地研究宇宙射线起源以及 γ 射线天文学。

7   太空生命科学

在地球以外的太空环境下，生命现象存在且发生复杂的变化，包括人类在太空飞行、长期在月球和其他行星上生活和工作所发生的变化，以及动物和植物在太空环境下发生的变化，太空生命科学主要研究这些复杂的生命现象。同时，太空生命科学还在不断地探索太阳系其他行星及其卫星的生命现象，以及太阳系外异星文明。

7.1   太空环境对生命的影响

7.1.1   太空的极端环境

对于地球上生物来说，太空是难于生存的极端环境。在这种环境中，对生命产生影响的特殊因素如下。

7.1.1.1   高真空状态

近地球太空大气十分稀薄，处于高真空状态，在外层大气中，大气密度已降低至每立方厘米 10^7 个原子，而在海平面上每立方厘米为 10^{19} 个。在行星际太空中，分布着极稀薄的气体和极少量的尘埃。在真空环境中，缺少生物生长所必需的氧气和一定的大气压力，这对于嫌气性微生物可能不会造成大的威胁，而对于动物特别是高等动物能产生显著的影响，首先是使缺氧最敏感的脑功能陷入紊乱状态，而高等动物缺氧 10 余秒后便丧失有效意识。

7.1.1.2 宇宙辐射

在宇宙太空中，主要有粒子辐射和电磁辐射。通常辐射粒子分成重核和轻核，重核指原子序数大于 2 的元素的原子核，而轻核包括氢原子核，即质子，以及氦原子核，即 α 粒子。银河宇宙线和太阳宇宙线中的粒子大部分属于轻核，重核数量不多。重核对于生物体的损害最大，以致使之产生不可逆的病变。

7.1.1.3 高低温变化

生物对高温的耐受力差异很大。一般来说，温度愈高，细胞死亡愈快。载人太空飞行器从地面起飞进入轨道运行，最后返回地面，经历了不同的温度环境。在发射段和返回段，太空飞行器外壳受到加热，可达数千摄氏度，舱内温度也相应地升高，当太空飞行器进入轨道后，周围真空环境相当于－269℃，飞行器外壳向太空散热，使温度逐渐下降。但是，太阳辐射、舱内仪表设备散热等都会影响太空飞行器的温度。

7.1.1.4 失重状态

在物体的重力与相反的惯性力相互抵消时重力为零，称为"失重"。当太空飞行器围绕地球做圆周运动时，受到向外的离心力和受到地球向内的引力相等，舱内的宇航员便处于无重力的失重状态。由于人类在长期的进化中，总是处于恒定的地心引力条件下发生、生长的，而人的机体主要由软组织、骨骼和体液所组成。重力对这些成分的作用不同，人类在长期进化中形成了这些基本成分之间的一定比例，达到了机体内环境的平衡。骨骼的坚固性及其功能、体液的分布特点，都保证了对重力的对抗，使机体平衡发展。当人进入无重力状态，人体的生理机能不可避免地要发生变化。

在太空飞行初期，前庭功能受到影响，引起太空运动病；血液重新分布，心血管功能减退；骨无机盐代谢变化，钙的损失、骨质疏松等。这些变化是人体对外界环境改变而引起的生理功能的代偿反应，但并不是持久的不可逆的反应。在半年之久的短期飞行后，返回地面经短时间即可完全恢复正常。现在，还正在研究长达两年或数年失重条件下对人体的影响。

7.2 太空医药与生命支持系统

载人太空飞行所引起的一系列生理上的变化，以致出现疾病，就需要进行治疗，采取预防措施，以保证宇航员的生命安全、有正常的工作能力。

7.2.1 宇航员的选拔和训练

为完成太空飞行的各项任务，对于宇航员要进行选拔和训练。首先，要制定宇航员的选拔标准、方法和训练的最佳方案；研究宇航员的医务监督和医务保证措施等；评价宇航员的心理素质，检查、测量工作能力等。

7.2.2 医务保证

在太空飞行中，舱内大气会受到污染，这主要来自人体的代谢产物，如呼出气体中的二氧化碳、氨、甲烷，汗液中的挥发物，舱内非金属材料挥发出的有机和无机化合物。这些有毒物质，需要采取净化措施。为保证宇航员的健康，要研制适用药物，以改变机体对太空环境的反应性，增强对太空因素的耐力；防治在长期飞行中由潜在的病原体而引起的免疫反应。

7.2.3 生命保证系统

在太空飞行中，宇航员的生命安全、生活和工作条件等形成一个生命支持工程系统，这包括在舱中的温度、压力、湿度和气体成分的最佳控制，太空服和太空食品等制作。温度控制一般采用的方法：在短期太空飞行中利用消耗性流体（水）的蒸发散热和在真空环境下控制蒸发压力；在长期太空飞行中，利用流体泵压力循环温控系统。舱内大气压采用调节系统维持，如在上升段就由舱泄压阀排入舱内气体，舱压达到预定值时自动关闭；在轨道飞行时，由补偿气体注入舱内，以维持总压恒定。湿度控制主要指除净宇航员呼出气体中和出汗时蒸发的水蒸气，一般采用具有吸附作用的分子筛等材料，吸收舱中的水汽，并在太空真空条件下解析去湿。太空服类似一个小型的密闭舱，除服装外，还有与之相配套的头盔、靴子和手套等，这主要用于当舱出现损坏应急情况和在舱外活动时，防护低压缺氧危害人体，保证安全。

太空食品应满足于太空失重等条件下的特殊要求，要将食物加工成食用方便无碎块的小块食品、牙膏式半固体食品、冷冻干燥升华食品等。

载人航天是一个国家政治、军事、经济和科学技术发展的集中体现，也是综合国力的象征。航天医学工程以载人航天任务为背景，围绕确保航天员健康这项最具载人航天特征的研究任务，在关键技术预先研究、国内外先进技术跟踪研究和医学技术工程化实施的实践中，逐步形成了医工结合的综合多学科体系。航天员选拔训练、航天员医监医保、航天医学基础研究、航天环境控制与生命保障工程航天服技术、载人航天环境和飞行训练模拟技术等医学工程学科、技术的发展进步，对载人航天任务的完成起到极大的保障和促进作用，在实现中国载人航天突破、圆千年飞天梦中做出了重要贡献。神舟五号任务中杨利伟的自主出舱，神舟六号任务中费俊龙、聂海胜的健康出舱标志中国航天医学工程发展翻开了新的历史篇章，随着中国载人航天任务的实施，航天医学工程学科的研究内容必将不断地发展创新。

7.3　太空医学工程理论与应用

7.3.1　太空医学的重要意义

发展载人航天，和平开发利用太空，是全人类的共同心愿。载人航天无论是对拓展人类的活动、生存空间，实现人类的可持续发展，还是提升一个国家的政治、经济、军事和科技实力，都具有重要的战略意义。

首先，发展载人航天是人类探索太空的需要。人类永无止境地探索未知，扩大自己的活动范围，从陆地到海洋，从地面到天空。人类的活动范围取决于科技和生产力的发展程度，随着科技和生产力的发展，到了 15 世纪，人类才具有远洋航行的能力。到 20 世纪初，即 1903 年 12 月 17 日，美国莱特兄弟乘坐自制的飞机平地而起，实现了人类飞翔的愿望。直到 20 世纪中期，大推力火箭技术的发明，才让人类有可能飞向大气层以外的太空。1961 年 4 月 12 日，苏联航天员加加林乘坐"东方"号飞船首次遨游太空，吹响了人类向太空进军的号角。仅仅 8 年之后，1969 年 7 月 16 日，美国 3 名航天员乘着"阿波罗"11 号飞船进入月球轨道，航天员阿姆斯特朗和奥尔德林登上了月球。阿姆斯特朗在踏上月球土地时说出了一句富有哲理的名言："对于一个人来说，这只是一小步，但对整个人类来说，这却是一大步。"1994年1月8日至1995年3月22日，俄罗斯航天员贝利亚科夫在"和平"号空间站上生活和工作了438天，创造了人类在太空停留时间最长的纪录，表明长期载人航天是可能的，为人类开发利用太空和星际飞行带来了希望。2003年10月15日，中国航天员杨利伟乘坐神舟五号飞船进入太空，使中国继苏联和美国之后成为世界上第三个依靠自己力量将人送上太空的国家，圆了中华民族几千年来的飞天梦想。

人类探索太空的目的，是要了解地球以外的太空究竟是什么样的，在其他行星上是否存在类似地球上的生命与文明，在太空中是否存在人类可利用的资源，人类能否持续在太空中安全地飞行，能否在其他星球上生活，是为了探索太空的奥秘，更好地认识太空。

其次，发展载人航天是人类可持续发展的需要。人类在地球上的繁衍和文明发展，使得地球上的资源日渐减少。可持续发展的危机感已迫使人们千方百计地去探索开发新的资源。从长远看，解决可持续发展的出路之一就是探索、开发太空中的资源。

人类短短几十年的航天实践已经证明，太空中具有非常独特的资源。例如：高真空、微重力和太空辐射等物理资源，月球和其他行星上的矿物资源等。其中，物理资源已被用于通信、材料加工、太空探测、气象观测、科学研究，甚至新的生物品种的培育。

因此，载人航天是人类文明发展的必然延伸，随着经济和技术的发展，它一定会逐步成为人类探索、开发太空活动的重要形式，也一定会对人类可持续发展做出越来越重要的贡献。

最后，发展载人航天对各国来说具有极其重要的政治、经济、科技和军事意义。发展载人航天可以振奋民族精神，提高国家的国际威望，是一个国家经济、科技和军事实力的综合体现；可以开发和利用太空资源，建立新兴的太空产业，带动其他产业部门的发展，对国民经济可持续发展起到不可替代的作用；可以利用太空特殊的环境条件进行地面难以完成的科学实验，促进某些新学科和技术的发展；可以不受国界限制，以极高的高度和速度直接观察地球上任何地区，并长期不间断地进行探索活动。

7.3.2　太空医学工程的定义、地位与作用

7.3.2.1　定义

实践证明，任何工程实践，都需要相应的学科作为支持。航天医学工程就是以载人航天任务为目的，为适应载人航天领域的研究和研制的实际需要而形成和发展起来的一门医工结合、多学科集成的综合性技术科学，隶属于航空宇航科学技术领域。它以系统论为指导，利用现代科学技术，研究载人航天活动对人体的影响及其采用的方法，研制可靠的工程防护措施，设计和创造合理的人机环境，寻求载人航天系统人（航天员/载荷专家）、机（载人航天器及运载器）和环境（航天环境和飞行器内环境）之间的优化组合，确保航天活动中航天员的安全、健康和高效的工作。

7.3.2.2　存在的客观性

在各国的载人航天中，都有一个核心技术系统，即能保障航天员安全、健康和工作效率。该系统功能的实现，必须有相关的知识和预先研究成果作支持，以一个相应学科为基础，这个学科就是航天医学工程。在美国，航天医学工程研究内容通常在 NASA 的太空生命科学中，主要包括重力生物学、生物医学、太空环境工程、实施医学、生物圈研究、物理化学和生物再生式生命保障系统、地外生物学以及飞行实验等。在俄罗斯，该内容归于载人航天的安全和医学生物学范畴中，包括生物医学和社会心理学，航天因素对机体的影响，心理生理和社会学，航天生物学和医学的研究方法，飞船内和外生命保障及航天员的选拔、训练。在中国，随着载人航天事业的发展，产生了一门综合性、应用性边缘学科，就是航天医学工程。

7.3.2.3　学科特点

经过 40 余年的实践，中国航天医学工程已逐步形成了一套科学的指导思想和科研方法，即以系统论为指导，采用宏观与微观相结合、医学与工程相结合的方法，运用现代科学理论与技术，形成一门多学科综合集成的边缘性学科体系。

（1）以航天员为中心的应用基础学科

把许多相联系的学科知识、技术方法汇集一体，通过医学工程途径来保障航天员安全、健康和工作效率，即以航天员作为保障中心，通过选拔和训练提高他们的

身体素质、心理素质、知识水平和工作能力，以适应载人航天的需要。载人航天任务最大的特点就是在航天系统中加入了航天员，为适应这一变化，在载人航天系统中，必须贯彻以航天员为中心的设计思想，保障航天员的生命安全，为航天员创造适宜的工作环境和条件，以达到极高的安全可靠性。

（2）综合性的交叉学科

在国家教委颁布的学科专业目录中，航天医学工程涉及的一级学科有心理学、生物学、基础医学、公共卫生学、中医学等，涉及的二级学科有 10 多个，专业有 70 多个，是一个以航天员为中心综合集成的交叉学科。不仅具有医学研究的特点，同时又要遵循工程设计、研制与发展的规律，集中体现为医工结合、相辅相成的多学科集成。

（3）具有相对独立性的学科

航天医学工程主要担负着载人航天技术中有关航天员和航天器环境控制与生命保障分系统的研究，所涉及的航天实施医学、航天员教育训练学、航天环境医学、航天重力生理学、航天生理学、航天中医药应用、航天营养与食品卫生等，与现有的医学、生理学、教育学等有质的不同，前者强调航天这一特定环境，后者却具有普遍意义。在工程方面的航天医学总体技术、航天环境控制与生命保障工程、航天服工程技术、航天工效学、航天环境模拟与试验技术、航天飞行训练模拟技术、航天生物医学电子工程等，着重强调人的参与、人机工效和医工结合，与现有学科的航天器结构设计、航空航天推进系统、飞行器制造技术、飞行器试验技术等单一的研制也有本质的不同，航天医学工程具有相对的学科独立性。

7.3.2.4　理论基础

（1）坚持系统观

在载人航天工程中，为确保航天员的生命安全，实现航天员与工程系统之间的最佳适配，就必须进行技术上的多层次整合，而要实现这种整合，就必须遵循系统论、系统工程的思想。一是建立系统目标。由于航天医学工程的基本出发点是为载人航天工程准备管理经验、技术和人才，就必须根据系统工程的原理和方法，确立航天医学工程发展的总体目标和阶段目标。二是建立系统框架。在目标确定后，就要规划系统框架。在此过程中，必须把握两个要点：以航天员为中心，一切为保障航员的安全、健康和工作效率服务；既要有利于航天医学部分与工程部分的合作与结合，又要考虑不同专业的特点和相对分工。三是实施系统管理。为保障系统的高效运行，必须制定能涵盖各个层次、各个环节的一套完整的管理制度，实施全方位管理，着重强调计划与进度管理、资源管理和质量管理。

（2）医学与工程结合

航天医学工程的主要特点就在于注重医学与工程相结合，将二者有机地统一起来。为此，必须突出学术思想渗透和研制过程合作。学术活动是学术发展的催化剂，对于航天医学工程而言，就是要通过加强学术交流，使医学研究人员和工程研制人员相互学习、共同提高。研制中的结合则要强调项目内结合与项目间结合，注重医工混编项目，加深理解，共享资源，以利载人航天工程的实施。

（3）宏观与微观相结合

航天医学工程研究的基本目的是了解人体在航天特殊环境因素作用下的变化规律，必须遵循系统方法，使宏观和微观统一。在研究的初始阶段，要先了解环境因素对人体的宏观影响，比如整体行为、心率变化、骨骼力学特性变化等；在此基础上，进一步探索这些变化的机制，变化的细胞分子机理，以寻求切实有效的个体防护方法。这个过程就是从宏观到微观、再从微观到宏观的过程。

（4）预研与工程相结合

预研为工程提供技术储备，是工程的基础，对航天医学工程来讲，更具有特殊意义。航天医学工程作为一个应用学科，必须以载人航天工程的目标为牵引，正确处理好预研与工程的关系，要尽可能地为载人航天工程提供必需的技术和人才，集中精力突破关键技术，以保证工程的可持续发展。

7.3.2.5 太空医学工程的地位和作用

航天医学工程在载人航天中发挥着极其重要的作用。第一，有利于提高整个系统的安全性。人的大脑的判断、决策能力及其肌体特殊的、灵活的活动能力是任何机器都无法取代的，任何一个人—机系统的可靠性不应是人的可靠性和机的可靠性的简单相加，训练有素的航天员的参与，可以弥补载人航天系统可靠性的不足，从而提高其安全性。第二，有利于发挥人在航天中的作用。通过综合研究和采取措施保障航天员的安全、健康和工效，从而有效地保证航天员在航天器管理和科学实验中发挥作用。第三，有利于载人航天大系统的人—机关系和人—环境关系的合理匹配。航天医学工程着重研究载人航天器中人—机关系和人—环境关系相互作用的规律，从中找出既经济又能高效工作的最佳组合方式。第四，航天医学工程以系统工程的理论为指导思想和基本方法，强调医学与工程相结合，涉及众多学科领域的知识、技术和措施，它们有机地结合有利于系统分析、设计和管理。

7.3.3 太空医学工程的研究内容

7.3.3.1 太空医学工程的主要任务

航天医学工程研究的主要任务是为发展载人航天事业提供技术准备并在载人航天工程中承担研制任务。

航天医学工程学科的形成，为发展载人航天事业提供技术准备，涉及思想方法、管理方法、理论、设备和人才等多方面的准备。

（1）思想方法

在中国当前的国内外形势下，尽可能学习国外的先进经验，根据国内的实际情况，走自己的路，创造出自己的特点，以又好、又省、又快，既培养人才，又出成果的方式进行各种准备。

首先，在学术思想上要强调的是系统思想。让各类人员都有一个明确的系统观念，清楚地了解系统要实现的总体目标以及自己承担的工作在整个系统中的地位和作用。

其次，是强调研究的目的性和应用性。明确航天医学工程的研究不是纯理论的基础研究，而是应用目的十分明确的应用基础研究，最终是要解决载人航天中医学和医学工程问题。

再次，是突出医工结合的思想。在发展这一学科及利用这一学科来解决载人航天中有关问题的过程中，必须时刻强调医学和工程的密切结合。

最后，是提倡利用中国传统医学和现代先进技术相结合的思想。有必要广开思路，继承和发扬中国在几千年中形成的中医文化结晶，并赋予新的技术手段，在航天医学中发挥独到作用。

（2）管理方法

学习和运用系统工程的管理方法，统一筹划航天医学和医学工程的管理，特别要注意协调二者之间的各种界面关系，使它们真正形成一个统一有机体的两个方面；结合航天医学工程的实际，逐步制定出一套科技管理、人才管理和质量管理的规章制度，为以后的工程研制管理奠定基础。

（3）理论准备

首先，要学习的理论就是系统理论，它能使医学和工程各方面的人员的学术思想统一起来，增强整体观念、动态发展观念和相互学习相互协调的自觉性；其次，要重视学习本专业的各种理论，增强研究的学术深度，并鼓励在解决实际问题的同时，在理论上也有所创造，因为，理论的提升是掌握客观规律的必然归宿。理论方面的准备，使各类人员可以更好地适应未来载人航天工程的实际需要。

（4）设备准备

在航天医学工程各个领域的研究中，都需要相应的设备，包括电子设备、机械设备和更多的机电一体化设备，最重要的是航天医学实验和航天环境模拟试验需要的各种大型设备，如人用离心机、低压舱、变温舱、前庭功能实验设备、救生试验设备及热真空试验设备等。这些设备不仅是航天医学工程预研所必需的，而且也是载人航天工程任务中所必需的。这些大型的设备研制周期长，需要医学与工程密切合作，所以，这项准备本身就是航天医学工程建设和发展的一个必要组成部分。

（5）人才准备

各类技术人才是航天医学工程研究的主体。从一个大学本科或研究生，到真正成为航天医学工程领域的合格研究人员，甚至专家，需要一个较长期的培训过程。因此，为了给载人航天工程准备必要的技术队伍，就必须有意识地培养航天医学工程领域内的各类技术人才。培养途径主要是研究工作实践和学术活动，辅以必要的专业知识进修。

在系统工程中，管理经验具有关键性作用。在预研期间，必须为载人航天工程准备好管理人才。在航天医学工程的发展过程中，管理人才也将得到真正的培养。

7.3.3.2　承担国家载人航天工程的研制任务

在国家实施载人航天工程时，承担航天员的选拔、训练，提出载人航天器设计的医学、工效学要求并进行评价，研制为航天员服务的航天器环境控制与生命保障系统、医监设备、航天服装备、航天食品、航天员个人救生装备、医保用品、航天环境模拟试验与航天员训练的设备。

7.3.4　太空医学工程主要研究内容

航天医学工程是以多学科融合而成的新型学科，但其组成大体可分为航天医学和医学工程两大部分。前者是通常意义上的航天医学，属医学学科；后者是与航天员密切相关、与医学紧密结合的工程技术，属技术学科。两者虽然存在某种交叉，但以各组成的主要特点可将它们大致划分在以下两大部分。

7.3.4.1　太空医学的子学科

航天医学由航天实施医学、航天环境医学、航天基础医学等学科组成。

（1）太空环境医学

主要研究航天器舱内、外环境因素对人体影响的规律及防护措施，包括座舱压力、气体成分、微小气候、化学污染、振动、噪声、冲击、辐射等问题以及它们的复合生理效应，引起机体发生生理反应的阈限值、耐受限度和生理极限值。为座舱环境控制与生命保障系统工程设计从医学角度提出不同水平的控制界限值。

（2）重力生理学与医学

针对航天重力环境（主要是微重力和超重）严重影响航天员的健康、安全和工作能力这一问题，利用当前生物医学领域先进的研究思路和技术手段，从生理、细胞和分子水平研究重力因素对机体的影响角度出发，探讨其发生、发展的内在机理，提出和制定有针对性的有效防护措施。

（3）太空心理学

研究航天因素对人的心理的影响，探讨航天员在太空心理活动的特殊规律，提出对各类航天员心理品质的要求，为航天员选拔、训练提供理论和方法，为在训练和执行任务的航天员提供心理支持，解决他们出现的各种心理问题。

（4）太空工效学

研究航天因素对人的各种工作能力和效率的影响，提供工程设计所需的各种人体参数，提出设计的工效学要求，搞好人—机功能分配和人—机界面匹配设计，以便更好地发挥人在航天中的作用，提高载人航天的可靠性和安全性。

（5）太空实施医学

研究航天职业对航天员身心健康的影响和要求，建立各类航天员医学选拔和鉴定的方法和标准，对航天员进行针对性生物医学训练，实施训练期间和航天飞行前、中、后的医学监督和医学保障，定期对航天员进行医学检查和鉴定，在航天过程中对航天员实施医学救援。

（6）太空营养与食品

研究航天因素，特别是失重对航天员消化吸收功能的影响，根据太空飞行的时间确定各类营养物质的需求，制定营养素供给量标准和饮食制度，研制适应航天需要的航天食品和饮用水。

（7）太空细胞分子生物学

研究航天环境对细胞结构和功能、细胞代谢过程中分子活动的影响规律，在太空进行离体细胞培养和实验，从细胞和分子层次探讨航天中骨丢失、肌肉萎缩、免疫功能和造血功能下降的机理。

7.3.4.2　太空医学工程

医学工程就是指用工程和技术手段解决载人航天中航天员的选拔、训练，航天员的生存和工作环境等问题。

（1）航天员选拔和训练项目的异同

研究航天员选拔和训练技术问题，包括选拔、训练的项目、内容、方法、标准、过程控制及综合评定等，制定航天员选拔的方法和标准、航天员训练的大纲和方案并组织实施。航天员选拔可分为预备航天员选拔、飞行乘员组选拔，其间对候选人进行各种检查、考核和评价，是一个连续、不间断的过程。航天员训练通常分为基础训练、航天专业技术训练、航天飞行任务模拟训练及任务准备训练四个阶段实施。不同飞行任务的不同训练阶段，航天员训练的项目和内容不尽相同。同时，根据航天员的类型、职责及航天器的不同，训练项目和内容也各有侧重。通过选拔和训练，可使航天员获得载人航天各方面的知识，掌握各种技能，全面提高身心素质，从思想、身体、心理、知识储备和操作技能等方面为载人航天飞行做好充分的准备。

（2）太空环境控制与生命保障工程

确保航天员在各种条件下能在航天器内健康生活、有效工作，以研究航天员生命安全的生存环境为目标，其内容紧紧围绕着航天员在轨生存所必需的环境控制、生命保障、防灭火安全和便携式环控生保技术等方面展开，是一个直接为航天员服务的多学科交叉、独立完整的复杂系统工程。

环境控制技术：主要研究能够适应航天器发射、微重力轨道飞行等特殊环境，控制密闭座舱内大气总压、氧分压、二氧化碳分压、温度和湿度在医学要求范围内的理论基础和工程实现技术。

生命保障技术：主要研究航天员在轨生命活动过程中所涉及的氧、水和食物供给、生理代谢产物处理等保障航天员生命活动得以正常进行的物质、能量交换和条件保障理论基础和工程实现技术。

防灭火安全技术：主要研究微重力条件下的燃烧机理和火焰行为，研究适应轨道飞行的火灾预防、烟火检测、灭火和灭火后处理方法等理论基础和工程实现技术。

便携式环控生保技术：主要针对舱外航天服这一小型载人航天器，为研制出具有集成度高、安全可靠性高的个人携带式环控生保系统所开展的基础理论和工程实现技术研究。

根据技术成熟度和航天员在轨驻留时间长短的不同，航天环境控制与生命保障技术实现途径可分为再供应式（非再生环控生保技术）、物理化学再生式环控生保技术和生物再生式环控生保技术（也称受控生态生保）三种。

非再生环控生保技术的特点是维持航天员生命的物质，如氧气、水、食品和二氧化碳吸收剂等全部从地面携带；航天员排泄的二氧化碳、水汽和尿等废弃物不回收利用。由于其需要从地面发射大量消耗品升空，故只适合于短期载人航天飞行。

物理化学再生式环控生保系统是利用物理化学方法，把收集到的航天员生命活动中产生的废弃物，如：二氧化碳、水汽、卫生用水和尿液进行再生，制造出氧气、纯净水，以此降低维持人员生命活动的消耗品发射量。它适合于中、长期载人航天飞行。

生物再生式环控生保技术是利用绿色植物的光合作用，净化航天员生命活动中产生的二氧化碳和其他微量有害气体，放出氧气，生产食品。利用微生物或植物的蒸腾作用处理尿液、卫生水，使之净化。这样既处理了乘员生命活动产生的废气、废水和废物，又为乘员提供了生命活动所需要的氧气、水和食物。

（3）太空服配置技术

航天服分为舱内航天服和舱外航天服。舱内航天服用于座舱因结构损坏或机械故障发生减压，或因大气严重污染或失火发生人为泄压情况下，保护航天员的生命安全，提供适合于人体生存的人工微小大气环境，避免受低压、缺氧、极端温度和中毒的危险。同时，允许航天员在穿着航天服时能完成应急程序规定的必要操作，直至应急过程的结束。舱内航天服应具有密闭功能、活动功能，在座舱生保系统的支持下具有供氧、调温、通话功能。通常采用软式结构，主要由压力服装、压力头盔、压力手套、通风供氧组件等部件和航天通信帽等组成。

舱外航天服是航天员进行舱外活动时的个人防护装备，是适合于舱外太空环境和舱外作业任务特点的航天服。因此，它除了具备航天服的一般功能和一般技术要求外，还有着许多特殊的功能和特殊的技术要求。考虑到舱外太空的恶劣环境和舱外活动的高度危险性，舱外航天服应具备密闭、承压、测量、通信、空间功能防护和提供航天员活动结构的综合功能。舱外航天服由服装壳体、航天头盔、航天手套、内部通风液冷系统、测控通信系统和便携式生保系统组成，本身就是一个小的"载人航天器"，技术组成极其复杂。

（4）太空医监工程

为对航天员进行医学监督，需要设计与研制相应的舱载医监设备。设备可以对航天员基本生理指标进行测试，如心电、呼吸、血压和体温等生理医学信号检测、放大、存储、显示和传送功能，既具有与航天员的接口，也具有与载人航天器数据管理系统的接口。经过采样、编码的生理医学信号，通过飞船的通信系统传输到地面医监设备，解码后由地面航天医生进行分析判断。包括航天医学信息采集技术、处理技术、储存技术、显示技术和分析技术。

舱载医监设备的研制与地面预研有质的差别，它不仅功能完善，更重要的是要有极高的可靠性，能够经受航天各种环境因素的考验，特别是上升过程中的超重过载和振动，并能在失重及压力应急等条件下可靠地工作。也就是说，除了满足医学要求外，还要满足载人航天器总体的各项工程要求。

（5）载人太空环境和飞行训练模拟技术

航天医学工程的实验研究、上天产品的试验验证、航天员的训练主要依靠应用一些特殊的技术途径在地面重现载人航天的特殊环境条件，如力学环境、舱内大气环境、太空环境，以及真实情况和实际过程，即载人航天飞行状态和飞行过程的仿真。载人航天环境模拟技术是一门应用多门学科和多项技术的相关理论与方法，以人工方式重现载人航天物理环境条件的综合性技术。它是载人航天环境地面实验（试验）设备的技术基础。

载人航天飞行模拟技术是一门以相似原理、控制理论、计算机技术和信息技术等现代理论和技术为基础，以计算机为核心工具，在地面重现载人航天飞行状态和飞行过程的综合技术，载人航天飞行训练模拟器的技术基础。

7.3.5　中国太空医学工程进展

7.3.5.1　中国太空医学

（1）航天实施医学

中国航天实施医学的雏形诞生于 1958 年军事医学科学院宇宙医学研究所的医学保障室，1968 年航天医学工程研究所的成立正式揭开了航天实施医学的序幕。20 世纪 90 年代伴随国家载人航天工程的发展，航天实施医学进入快速发展期：根据中国载人航天任务特点，成立专门的航天实施医学研究队伍，建立了方向设置更加系统、责任分工更为明确的航天实施学科体系，涉及医学监督、医学保障、航天药物、消毒检疫等方向，配备了一定数量的实施医学装备，成为实现载人航天突破、确保航天员健康的重要组成部分。并取得以下重要进展：

突破多天在轨的航天员医学健康保障技术，确保了多人多天飞行任务中的航天员健康。继神舟五号首次"1 人 1 天"载人飞行任务后，神舟六号载人飞行是中国首次实施的"多人多天"飞行任务，确保飞行乘组的健康在轨飞行是实现"多人多天"飞行技术突破的关键任务之一。航天实施医学明确了"汲取首次载人飞行任务医监医保工作经验，针对神舟六号飞行任务技术状态变化特点，有效开展飞行各阶段航天员医学监督和医学保障工作，避免因医监医保措施不利导致载人航天任务推迟或提前中断，从而保障航天任务圆满完成"的指导思想，本着"预防性原则、实时性原则及预见性原则"的基本原则，分为飞行前、中、后三个阶段实施医监医保工作：在发射前进行医学检查与医学鉴定，对乘组梯队进行有针对性的个体化保健，保障飞行乘组身体条件满足医学要求；实施飞行前的健康维护、预防伤病，确保乘员身体健康，按计划执行航天任务；飞行中实时监测乘员生理指标并与其通话，判断和预测乘员健康状况，为指挥决策提供依据，对乘组可能发生的不适症状或伤病，提出医学处置意见；对返回后的飞行乘组采取有效的医监医保措施。制定了针对航天员伤病，特别是太空运动病的对抗与防治的治疗预案；探索和总结出了在地面模拟失重环境下进行在轨生活照料、对抗太空运动病以及纠正失重定向错觉的训练方法，确保了神舟六号飞行乘组健康、高效地完成飞行任务。神舟六号飞行任务证明飞行乘组心理、生理状态良好，心率稳定，遥测心电正常，体温及血压正常，无医学病症发生，较快地适应了失重状态，行为表现正常，对航天环境具有良好的适应和耐受能力，医学保障措施科学有效。

突破飞行后航天员健康康复技术，确保了航天员健康恢复。针对在轨 5 天的短期飞行特点，以恢复体液平衡和重力再适应为重点，对返回后的飞行乘组采取有效的医监医保措施，确定了安全出舱方案，在着陆现场、后送途中维护其健康，实施返回后医学检查和后恢复措施。飞行乘组进入隔离，并进行了临床各科检查、实验室检查、立位耐力检查、人体成分检测、平衡功能检查等。围绕发现的生理问题，对飞行乘组实施了运动疗法、中药调理、推拿按摩等医学康复治疗，隔离期结束时航天员各项生理指标在正常范围之内，身体状况良好，转入康复疗养阶段。疗养后复查航天员各项生理、生化指标已恢复至正常水平，表明所采取的康复措施较好地促进了航天员再适应和健康恢复。

创造性地将航天医学理论与中医药研究有机结合，初步建立了行之有效的中西医结合航天员健康保障体系。以航天员训练、飞行和返回地面不同阶段身体各系统生理反应数据为依据，对中国航天员在模拟航天不同时期的机体反应进行中医辨证分型。针对航天员在飞行前、中、后不同阶段机体面临的主要生理适应问题，特别是短期的失重飞行也可引起航天员心血管系统和血液系统的改变，如航天员入轨后即出现头晕、头胀、头痛等主观感觉；心脏的收缩功能和节律发生改变；血浆容量减少；心血管功能失调等医学问题，在中医理论指导下，结合中医辨证论治方法，拟定了中医防治原则和制定了干预药方，初步构建了载人航天不同时期中医药防治理论框架，增强了航天员对航天特因环境的适应能力，保障了航天员的身心健康。通过近年的载人航天医学实践，初步构建了载人航天不同时期中医药防治的理论框架，将航天医学实践与中医药理论有机结合，充分发扬中国传统医学优势，建立了具有自主知识产权的中西医结合的短期飞行航天员健康保障体系。

（2）航天环境医学的建立

建立了行之有效的飞船环境的医学评价体系，根据不同飞行任务特点实施针对性评价；建立了一系列满足医学要求的国标、军标，为后续飞行器的研制提供重要设计依据。神舟六号任务"多人多天""两舱"等技术状态变化，对舱内环境考核更为严峻，因此制定科学合理、有效、符合工程实际的飞船工程设计的医学要求是飞船及火箭系统的重要设计依据，为确保神舟六号任务的顺利实施，针对首次载人飞行试验的环境医学问题和神舟六号飞行任务的新增项目，增加评价内容，实施进一步的评价工作，涉及舱内有害气体、振动和能量物质代谢等内容；充实发展了中国载人航天环境医学的相关内容和医学标准。

（3）航天医学基础

20 世纪 60 年代，中国的失重生理效应及对抗措施研究起步，90 年代开始航天细胞与分子生物学研究。曾参与动物生物火箭实验，创建了人体卧床、秋千、转椅等失重相关实验室，建立了人体卧床、大鼠尾吊、视动刺激等模拟失重方法，构建了航天医学基础研究的技术平台。具备模拟航天特殊环境和实时太空飞行条件下进行人体、动物、细胞、分子生物学研究的实验条件和技术力量；建立了良好的国际合作关系，多次参与国际飞行搭载合作。特别是近两年在载人航天任务的牵引下，取得了如下重要进展：

首次在神舟六号飞行任务中开展航天医学实验，实现了航天医学从地基研究到太空实验的突破。针对中长期太空飞行中严重影响航天员身体健康的心血管功能障碍和太空骨丢失发生机理这一重要航天医学问题，首次在神舟六号飞行任务中实施了医学细胞太空科学实验，聚焦细胞内重力感受及其信号途径这一科学问题，以细胞骨架系统为靶标，离体培养的心肌细胞和成骨细胞为对象，设计并实现了一系列具有自主知识产权的太空细胞学实验元件，建立了医学细胞学太空实验技术体系，在神舟六号飞行任务中借助航天员参与，成功进行了实时微重力条件下的航天医学细胞学空间实验，并获圆满成功。实验结果表明，实验体系科学合理，防护药物作用明显。针对心肌细胞要求高、体外培养难度大的特点，通过独特培养技术的建立，获得了较长时间保持搏动功能状态的心肌细胞样品，在国际上率先实现了太空飞行条件下心肌细胞实时研究，首次获得了微重力影响心肌细胞结构功能的科学数据；

研究了微重力对心肌细胞和成骨细胞结构、功能的影响，证实微重力作用于心肌细胞和成骨细胞，抑制细胞功能，影响细胞骨架系统中力学信号与化学信号偶联分子——整合素分布，发现复合剂（DP）可有效对抗微重力环境保护心肌细胞功能；微重力条件下心肌细胞具有特殊的药物反应特点，为心血管功能的医学药物防护和太空药代动力学研究积累了重要的科学资料。

在失重生理效应整体机能研究方面，根据国外多次飞行的实验结果及国内地面研究成果，筛选出有重要意义的各项生理学指标，针对神舟六号的任务特点进行了细致周密的策划，完成了短期飞行对航天员免疫功能、内分泌及消化功能影响的初步研究，积累了航天员太空飞行的生理生化相关资料和数据，所获结果不仅为下一步开展相关任务提供了依据，而且为航天环境对人体的影响及防护研究打下基础。

建立了具有中国自主知识产权的医学细胞学太空实验技术体系，实现了由基础医学研究到太空实验平台应用的延伸。自 1998 年至今，中法太空飞行国际项目始终保持良好合作态势，具有中国自主知识产权的太空细胞培养装置受到国际同行专家的关注，主动提供合作空间，合作内容由太空环境的细胞学效应机理研究到细胞自动培养装置的研制和太空搭载实验，由基础医学研究延伸到太空实验平台应用。2005 年，承担并实施的中法失重飞机搭载实验，完成了变重力条件下细胞学效应研究，实时考核了具有中国自主知识产权的太空细胞培养装置在微重力条件下的工作运行状态；该装备有望发展为国内（乃至国际）空间飞行器（如返回式科学卫星）中实施细胞学实验的公共搭载资源。通过国际太空飞行合作研究，建立了一整套太空医学细胞学研究及样品分析技术体系，实现了利用先进的细胞分子生物学技术对太空实施飞行样品的分析研究，为开展太空医学细胞生物学研究奠定了全新的技术基础。

针对中长期飞行造成的航天医学问题的机理与对抗防护研究不断深入。有效的医学防护对抗措施是航天医学的主要任务，也是保障航天员健康、确保飞行任务完成的关键。如何在较长的太空飞行期间，针对太空环境因素进行有效的医学防护和对抗，将太空对人的影响降低到最小程度是航天医学面临的最大挑战，也是制约人类向更深、更远、更高的太空探索的瓶颈因素。针对太空飞行导致的医学问题，积极开展了地基模拟研究，探索失重/模拟失重条件下肌体各系统适应变化过程，空间运动病、心血管脱适应、肌肉萎缩、空间骨丢失、免疫功能下降等生理病理变化的发生机理，开展了相关对抗防护措施的系统研究，提出多因素、多途径综合防护，协同对抗的总体构想，针对不同飞行时间、不同任务特点有针对性地研究制定效应对抗防护措施。如急性适应期以对抗由体液头向转移引起的急性适应期症状和太空运动病为主，在轨飞行期应用能保障工作效率，维持健康状态，确保完成出舱活动等太空任务的对抗措施，返回前以对抗立位耐力和运动能力下降等再适应障碍为目标的医学防护措施等。

7.3.5.2 中国创建太空医学和工程系统

太空特殊的微重力环境提供了认识、研究生命过程的新途径和新思路，也为解决地面相关问题提供了新视点。人类在对太空的探索中会面对许多不曾预料的机遇和挑战。我们必须保证，拥有足够的武器和知识应对这种挑战，创建适合自己发展的生存环境，开辟人类生存发展的新天地。一方面，航天医学工程这一特殊学科的创建和发展丰富了现有的学科体系；另一方面，也为人类开发利用太空提供了有力的技术手段和研究平台。

在神舟五号、六号飞行任务中，飞行乘组身体状态良好，较好地适应了微重力等航天特因环境，出色地完成了飞行任务，获取了多人多天的载人飞行经验和宝贵的数据，充分展现了航天医学工程在保障航天员健康和高效工作中的重要贡献。毫无疑问，载人航天事业的发展必将促进航天医学工程研究的深度和广度，而航天医学工程的发展和进步也必将为载人航天工程提供更为必要、更为充分的医学支持和工程保障。

航天医学工程的发展必须以中国载人航天工程"三步走"战略计划为依据，确立"以人为本"的总体建设思想，以确保航天员安全和系统可靠为首要原则，继承和发展中国航天医学工程成熟的技术经验和研制成果，突破出舱活动、交会对接技术，开展空间站和载人登月飞行航天员长期驻留技术研究，开展深空探索技术研究及太空医学试验研究，充分发挥航天医学工程在后续载人航天工程研制中的重要作用。

7.4 地外生命探索

人们探索地球之外天体上的生命形式、理性生命乃至不同的文明仍不断地进行着，这是人类共同奋斗的伟大事业。人们利用太空飞行器到地球外去探索生命已变成了现实。首先，到月球进行了实地考察，未发现有过生命的痕迹。由于水星和金星处在高温环境，也未发现有生命存在。1960 年后，人们认为，火星存在生命的概率比太阳系中任何地方都多，但几次行星探测器在降落地区进行生命的探测，没有发现丝毫的有机物存在。可是，由于探测地区的局限性，还不能最后完全肯定无生命存在，特别是两极地区有水分，可能生命容易生存。因此，人们未完全放弃在火星上寻找生命的想法。在"土卫六"云层顶端发现同生命有关的分子，因而土星也是被人们怀疑存在生命的地方。在星际太空中，稠密气体云的射电爆发暴露了复杂有机分子的存在。对碳粒陨星的最近分析也指明了氨基酸的存在，这是地外物质中可能存在生命的先兆。判断是否具备存在类似地球上生命的必要条件：包括必要的组成物质，即能合成有机物的元素、适宜的温度、液态的水，这是生物体所需的成分；大气，因为作为生命起源的天然有机物，必须在大气中通过紫外照射和电火花才能合成，而且大气还起保护作用，并使水分不大量逸失；必须有很长时间才会有生命的产生和发展。由上述条件判断，恒星、小行星、彗星不可能有生命存在。在银河系中有几百亿颗行星，其中约有 100 万颗具有类似地球孕育生命的条件。在星际太空中已发现 50 多种星际分子，也表明其他天体可能有生命存在，或性质不同的生命存在。

7.4.1　国际太空生命科学进展

7.4.1.1　月球上发现了水的存在

2009 年，最重大的天文学发现莫过于在月球上发现了水的存在。月球一直被人们认为是一颗荒芜干燥的古老星体，在月球上发现水，不但使得在月球上建造太空探索中继站成为可能，而且使得人们在月球上建立定居点也成为可能。基于印度 Chandrayaan-1 号飞船观测数据、NASA Cassini 号飞船观测数据，以及 NASA 进行的月球深度撞击试验数据，科学家首次确信在月球地表的上表层中确实存在水。2009 年 9 月 25 日，科学家在 *Science* 杂志上首次公开月球上可能有水存在的详细信息。紧接着，NASA 在 10 月份进行了月球陨坑观测与遥感卫星（LCROSS）撞月实验，如图 7-1 所示。由半人马座火箭经过近 4 个月的飞行，撞击了月球南极地区。在半人马座火箭撞月 4 分多钟后，美国月球陨坑观测和遥感卫星对月球南极实施了第二次撞击。撞击点发生了爆炸，半人马座火箭撞月后掀起大量尘埃，一部分由蒸汽和微尘组成；另一部分由质量更重的物质组成。月球陨坑观测和遥感卫星携带的光谱仪对尘埃进行了分析。半人马座火箭选择撞击的地方是月球南极一处永久性的背阳面环形山。当时研究的主要课题是该环形山下面是否有冰碛层。撞击一共激起了近 100升的水。这一发现使月球又重新激起人类的兴奋。

在月球上发现水的意义在于，在月球上建立太空基地成为可能。充足的月球水不仅可为登月宇航员提供基本生存可能，而且还可为火箭等航天器提供燃料燃烧所需氧气，甚至可直接转化为氢气燃料。如果在月球上可以建起太空基地，那么人类对宇宙的探索半径将大大扩大，因此，证实月球有水，不啻为探索月球的重大转折点。一个有水的月球也能够帮助人类拯救正被气候变暖所困扰的地球。

图 7-1　LCROSS 探测器碰撞
月球模拟图

7.4.1.2　火星上存在巨大的地下冰源

继 ESA 于 2003 年 6 月发射的"火星快车"（Mars Express）发现火星上过去的水流和火山活动留下的痕迹，在北极附近陨石坑里的水冰之后，2009 年 9 月 24 日，

图 7-2　火星上最近碰撞形成的一个陨石坑，显示明亮的冰块被从地下撞击了出来

NASA 披露了火星勘测轨道飞行器（Mars Reconnaissance Orbiter）传来的新发现，清楚地证实火星上存在巨大的地下冰源，从红色星球的两极延伸，几乎到达了赤道。在北半球最近碰撞形成的五个陨石坑掀起的岩屑中，发现了埋藏的冰（图 7-2）。这些冰纯净得令人吃惊，从火星勘测轨道飞行器传回的高分辨率照片上可以清晰地看到。科学家相信，这些冰是火星近代历史中较为湿润时期的残留物，那时，火星极地冰盖延伸到了离赤道更近的地方。就目前的认知程度而言，水冰也是生命成长的必要条件。在火星上存在水冰这并不足以令人惊讶，令人惊讶的是冰的纯度之高和埋藏冰源的范围之广。（图 7-3）

火星上存在水冰迹象的可能性继续增加，研究人员的研究发现，火星表面更多的迹象还表明这个星球

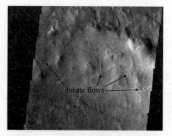

图 7-3　火星一个直径 60 千米
的陨坑壁上看到的舌状特征

上曾经存在着河流，因为该星球表面存在着弯曲的通道和峡谷。他们通过"奥德赛"火星探测器、Viking 卫星、火星环球探测者的摄像头捕获图片进行了分析。

德国明斯特大学行星学院的科学家 2010 年 4 月 28 日报告说，他们分析了 NASA 的"火星勘测轨道飞行器"拍摄的图像，火星探测器的图像显示出在地球时间 2006 年 11 月—2009 年 5 月，火星表面一条约 2 米宽的侵蚀沟长度增加了约 170 米。科学家认为，这一变化是由火星融冰川期的水沙混合液体造成的（图 7-4）。这一观察结果再次证明，火星表面有液态水。

图 7-4　火星上冰川反复沉积后留下的痕迹

2010 年 6 月发布的火星勘测轨道飞行器利用其所携带的超高分辨率成像科学实验（HiRISE）照相机，拍摄到火星表面的惊人照片。这些照片展示了这颗红色行星拥有的独特地质特征（图 7-5 至图 7-9），表明火星存在水或生命的可能。

图 7-5　火星一处名为普洛克托环形山内的沙丘

图 7-6　火星表面融化的冰帽

图 7-7　火星安东尼亚迪环形山内地表上的一些"暗斑"表明远古火星很潮湿

图 7-8　火星贝克勒尔陨石坑内沉积岩　　图 7-9　火星一个陨坑内的沟壑渠道

NASA 科学家于 2009 年 1 月宣布在火星大气中发现甲烷（CH_4）活动。（图 7-10）这表明火星并非一颗死亡星球，从生物学意义上讲甲烷可能来自生物代谢产物；从地质学意义上讲火星依然活跃。这一发现将引起科学家研究甲烷是否起源于生命？虽然科学家仍没有足够的证据确定火星甲烷气体的来源，但根据 NASA 红外线望远镜观察的转换的照片显示的情况，即火星的地下水、二氧化碳和地热相互作用释放出甲烷。虽然还没有证据证明现在火星上存在活火山，但是那些古老的、被禁锢冰层下的甲烷，现在仍有可能被释放出来。

图 7-10　火星地下释放甲烷到大气中

（《航天员》，1：44，2009）

7.4.1.3　木卫二生命探索

1610 年意大利天文学家伽利略和马里乌斯首次观察到木卫二。它是已知木星 79 颗卫星中直径和质量第四的卫星，距离木星 670900 千米，因发现早编号 2。

木卫二体积与地球卫星月球差不多，其结构像是一颗类地行星，主要由硅酸盐岩石组成。表面平坦，只零星分布几个数百米高小山丘和一串串十字条纹（图 7-11）。主要由 O_2 构成的极其稀薄的大气，但 O_2 并非来自生物代谢。

1998 年 10 月，NASA 发射了"伽利略"木星探测器。发现木卫二上厚厚的冰层下存在液态海洋（图 7-12）。

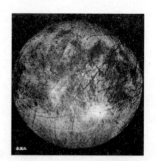

图 7-11　木卫二布满百米高小山丘和一串串十字条纹

（《航天员》2010年1期，第70页）

2000 年 8 月，NASA 分析报道木卫二海洋可能存在深度超 100 千米的供生命延续的水。

图 7-12 木卫二上厚厚的冰层下存在液态海洋（Hurneck: Astrobiology PPT, 2008）

表面温度小于－160℃，借助木星巨大引力产生的潮汐能释放的热量使其为海洋而非冰。

微观物理学家和宇宙物理学家进一步研究表明，木卫二可能存在高智能生命。证据一是发现冰层下有酷似海底隧道的人工建筑设施，木卫二智能生物

图 7-13 木卫二智能生物可穿梭海底隧道

（《航天员》2010，1期70）

可穿梭海底隧道免遭陨石袭击；证据二是陨石坑出现不久又被填平。（图 7-13）2002 年，美国科学家报道木卫二上具有多种可以满足生命存在的元素。

NASA 伽利略探测器还在木卫二 400 千米高空掠过收集到厚厚冰层下面传出的"吱吱"叫声，其与海豚发出的声音十分相似（误差率不大于 0.001%）。海豚是太阳系除人外最聪明的生物。

美国《新科学家》（*New Scientist*）2009 年 2 月报道了普林斯顿物理学家戴森的说法："宇宙寻找生命策略是寻找可以看到的东西，而不是可能存在的东西。"他指出木卫二海洋生物应该是外形呈抛物状的开花植物，

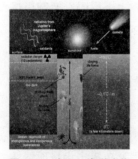

图 7-14 木卫二海洋生物生态系示意图(Hurneck, Astrobiology PPT, 2008)

以便收集到达木卫二上的微弱阳光（图 7-14）。科学家曾在地球北极发现这种形状的花。

2009 年 10 月 NASA 太空网报道，木卫二海洋的液态水是地球海洋水的 2 倍。其中溶解氧足够维持水生生物的存活。美国亚利桑那大学生物学家格林伯格认为，木卫二可能存在类似鱼类的生物。从理论讲，目前木卫二海洋中至少应该存在 300 万吨鱼类生物。美国伍兹海尔深海生态学家尚克认为，木卫二的海底环境与地球海底"热液出口"十分相似，因此，如若不存在生态系那才是怪事。

7.4.1.4 土卫六与年轻时的地球非常相似

NASA 科学家 2008 年 3 月 20 日宣称，卡西尼号（Cassini）探测获知：在表面布满有机沙丘、湖泊、通道和山地的土卫六上，在 100 千米下存在有水和氨混合的地下海洋的证据。土卫六是太阳系中唯一有稠密大气层的星球，其大气厚度是地球的 1.5 倍。一个富有有机物质和液态水的土卫六对于宇宙生物学家是有极大吸引力的。因为这样就可以研究生命太空存在生命的可能性。将来对土卫六的进一步研究会让我们认识充满水的内部，以及包围外层和相互关联的大气风。我们也许几年后会看到季节的变化。

NASA 的卡西尼号于 2009 年 7 月 8 日利用可视和红外绘图分光仪拍摄到土卫六北半球有液体的反光迹象的照片（图 7-15），此前从未发现过类似的反光现象。科

图 7-15　NASA 照片拍摄到土卫六北半球有液体的反光迹象

（引自 *Science*，2008.3.21）

学家们此前曾发现，土卫六南半球表面存在液体湖泊。由此土卫六成为除地球之外，人类发现的唯一表面存在液体的天体。此次拍摄到的反射光线来自于北半球 Kraken Mare 湖泊，它覆盖土卫六表面的 40 万平方千米。卡西尼号研究小组成员拉尔夫 - 贾曼恩补充说："这些发现提醒我们，在太阳系中，土卫六是多么奇特。但是同时它也向我们展示，液体在天体地质表面形成过程中的强大力量，不管这些液体是什么。接下来，我们想找出有关土卫六液体的更多信息：那里的天气状况如何？季节如何变化？土卫六上下雨吗？液态甲烷如何在土卫六表面上流动？……多年来一直困扰科学家们的一些难题。"他们认为，土卫六上富含碳的大气层，与地球年轻时非常相似。

美国佛罗里达州坦帕在 2017 年 9 月 15 日公布，卡西尼号在太空飞行 20 年后，即大约经过 79 亿千米的旅程后，完成探测使命而长眠土星。这艘飞船是以乔瓦尼·多梅尼科·卡西尼的名字来命名的，因他在 17 世纪发现了土星有若干卫星、土星光环之间的环缝。科学家控制卡西尼号进入土星大气层自焚，从而避免撞击土星而毁坏其他两个可能含有其他生命形式的卫星——土卫六和土卫二。卡西尼号发回的大量数据，如土星环材料构成、环存在的时间、环对卡西尼号引起的引力效应，等等，将会让科学家分析很长时间，从而为未来太空科学增添崭新的知识。

7.4.1.5 太阳系外类地星体生命环境的发现

继 2007 年 4 月 24 日 ESA 文学家组成的研究小组首次在太阳系外发现了一颗可

图 7-16 "开普勒"太空望远镜将对天鹅座和天琴座中观测的星图成品外观

能适合人们居住的围绕红矮星 Gliese 581 的行星 C 之后，2009 年 3 月 6 日，美国发射了世界上首个用于探测太阳系外类地行星的飞行器——开普勒太空望远镜。在为期至少 3 年半的任务期内，开普勒太空望远镜将对天鹅座和天琴座中大约 10 万个恒星系统展开观测，以寻找类地行星和生命存在的迹象。预计开普勒太空望远镜可以发现 50 颗以上的地球尺度（或者更小）行星。（图 7-16）

2011 年 2 月，NASA 宣布，开普勒太空望远镜经过一年多探寻，发现 1200 多颗太阳系外潜在行星，其中 54 颗可能适宜生命生存。根据 NASA 定义，处于"宜居区段"意味着一颗行星与母星保持适当距离，进而为它表面存在液态水提供条件。另外，"宜居区段"行星的表面温度大约介于−17℃～93℃。在 54 颗"宜居区段"天体中，5 颗的大小接近地球，其他的与海王星或木星相当。

一个命名为"开普勒 -11"（Kepler-11）星系与太阳系相似，它拥有 6 颗围绕其运行的行星，但其中 5 颗被"压缩"在相当于太阳系中水星和金星轨道间距的狭小空间内（图 7-17）。

图 7-17 开普勒 -11（Kepler-11）星系与太阳系比较

Kepler-11 的行星系由开普勒望远镜拍摄于 2010 年 8 月份，距地球 2000 光年，其由 6 颗行星和 1 颗黄色矮小的恒星组成。解读后的数据显示该系统内各大行星的轨道十分靠近这颗恒星，内部相当饱和，这已经超出了以往对大多数紧凑型行星系统的认识。NASA 埃姆斯研究中心的科学家 Jack Lissauer 解释说："这是个惊人的发现，这个行星系统是不同寻常的。"一般观测时恒星只有一颗凌日行星（凌日是指行星圆面经过恒星表面，并在恒星表面投影下小黑点），而 Kepler-11 却出现了超过三颗（图 7-18）。

图 7-18 Kepler-11 行星系统中同时发生三颗行星凌日现象

该系统中所有的行星都围绕着一颗只比地球稍大的黄色矮小恒星。最靠近恒星的，是一颗编号为 Kepler-11b 的行星，其到恒星的距离只有地球到太阳的 1/10 个天文单位。往外依次排序是：Kepler-11c，Kepler-11d，Kepler-11e，Kepler-11f 和 Kepler-11g。距该恒星最远的 Kepler-11g，也只有半个天文单位（地球到太阳距离的一半）。也就是说，除了最外面的 Kepler-11g 外，其余 5 颗行星比太阳系中任何一颗行星都更靠近太阳。当然，即使是 Kepler-11g 也算相当靠近了。如果将它们全部放在我们的太阳系内，最外面的 Kepler-11g 的轨道介于金星和水星之间（一年只有118 天）。而其他 5 颗的轨道则全部在水星和太阳之间（一年只有 10～47 天），且彼此相距很近。Kepler-11g 类似地球的行星环绕邻近恒星一定距离，该距离使行星保持适宜的气候和温度，并且这颗行星拥有类似地球的大气层和重心引力，该行星的温度可维持表面存在液态水，"百分之百"地适宜生命体存在。这项研究为勘探神秘外星生命带来了希望。

开普勒太空望远镜接下来的任务，是考察"宜居区段"行星是否具备支持生命的基本条件，例如合适的大小、成分、温度和与母星之间距离。不过，一颗行星处于"宜居区段"并不意味着它有生命存在。即便有生命，可能只是细菌、真菌或一些人类无法想象的生命形态，而非智能生命。另外，这些行星距离地球太远，在现有技术条件下，前往那里可能需要数百万年，于当下而言存在现实困难。耶鲁大学天文学家德布拉·费舍尔说："'开普勒'揭开了我们了解太阳系外行星的盖子。"

7.4.1.6 合成生命有助于寻找外星人

2010 年 12 月，美国生物学家、诺贝尔奖获得者、哈佛大学的杰克·绍斯塔克（Jack Szostak）在太空望远镜研究所（STScI）的讲座上如是说，地球早期生命一定是在和今天十分不一样的限制性条件下诞生的，他并不仅是在讨论制造一些从像破败的熔岩灯的培养皿中溢出的东西。但是就是在这么一个微小的培养皿中、一个最原始的工作单元中构成了一个符合达尔文进化论的独立化学系统。绍斯塔克试图构建一条桥梁从无生命的化学反应到有生命的物质。如果实验表明这是很容易简便的，它将成为"宇宙中生命是普遍存在的"最有力的证据。但是，他也说道路坎坷，地球早期生命是杂乱无章的、低效的、随机的，伴随着各种废品。在无生命的地球，没有基因或酶促进新陈代谢和有机体的繁殖，最早生命的诞生必然经历了一个自我组装复制的过程。

最简单、最可能的"第一生命"需要两个主要成分。首先，它需要一个界面结构，即一个区分它和外部世界的细胞膜。其次，它必须很快地生成遗传因子使得它能够自我复制。当然，也不需要更多精心制造的"生物机器"——RNA，DNA 什么的没那么早出现。

这表明，"第一生命"必须诞生于十分富饶和复杂的环境中，只有这样才能提供足够的能量和"第一生命"自我复制所需要的所有化学物质。元素必须从外部的生化汤进入原始细胞，并在内部构建复制生命。

图 7-19 微细胞 / 微泡（micell or vesicle）结构模型

绍斯塔克的实验证明了，为了使细胞生长顺利膜结构需要脂肪酸。它们起先是小泡，然后变成纤维管。纤维管随即断裂成念珠体。念珠体再分裂成大量的子代球状小泡。绍斯塔克说，这个过程只能在淡水池中发生，盐水会破坏脂肪酸。（图 7-19）

但当实验到了第一个分子的"编码装置"阶段——它必须在细胞膜里面——出现了更多有问题的结果。研究者开始用简单的核酸尝试，形成了能够自我复制的稳定结构。

绍斯塔克的实验表明，细胞壁在冰点附近最牢固。但是对于原始大分子却是在沸点附近容易复制。这使得"第一生命"能生存在火山温泉中，那里存在着从冷到热再到冷的对流循环。早期原始微胞里填入 RNA/DNA 或蛋白分子，就可能是现今极端环境里还依然存活着的古菌（Archae）。也许最终他会在实验室里复制土卫六的条件。如果在那种奇特化学环境下有类似小泡的复制品产生，复制品将提供一个框架，指导未来土卫六着陆器上的太空生物实验（图 7-20）。

图 7-20 绍斯塔克实验室图片

7.4.1.7 深空探测生命保障系统研究

生物再生生命保障系统（Bioregenerative Life Support System，BLSS）研究：2007 年，俄罗斯科学院生物医学问题研究所同 ESA 载人航天部合作开展了火星 500 天（MARS-500）试验，对未来的载人火星探测做准备性研究。俄罗斯 2007 年 11 月结束了 14 天隔离实验；2009 年 7 月结束了 105 天隔离实验。计划于 2010 年 4 月—2011 年 8 月进行模拟登陆火星的 520 天隔离实验。实验期间，6 名志愿者的饮食起居将完全模拟太空生活，他们将体验飞往火星、绕星旋转、在火星表面着陆以及返回地球的全过程。520 天的"火星之旅"中，虽储备有充足的太空食品，但密封舱里仍特设微型的人造温室，种植蔬菜调剂生活（图 7-21）。

图 7-21 密封舱里特设微型的人造温室，种植蔬菜

（刘红：PPT，中国香山科学会议，2010-04-07）

在发展受控生态生命支持系统（Controlled Ecological Life Support System，CELSS）过程中，逐渐形成了"生态系统的稳态理论"。

稳态控制论原理包括：①开拓适应原理，②竞争共生原理，③连锁反馈原理，④乘补协同原理，⑤循环再生原理，⑥多样性主导性原理，⑦生态发育原理，⑧最小风险原理。

连锁反馈原理：①复合生态系统的发展受两种反馈机制所控制，一种是作用和反作用彼此促进，相互放大的正反馈，导致系统的无止境增长或衰退；②另一种是作用和反作用彼此抑制，相互抵消的负反馈，使系统维持在稳态附近。正反馈导致发展或衰退，负反馈维持稳定。系统发展的初期或崩溃期一般正反馈占优势，晚期负反馈占优势。持续发展的系统中正负反馈机制相互平衡。无疑这一理论将指导受控生态生命支持系统更加科学和实用。

国际空间站（International Space Station，ISS）进入全面利用阶段。随着 2010 年国际空间站的装配完成，进入全面利用阶段，国际合作研究的太空科学研究时代来临。在此前后，NASA 发布了一系列的宣传介绍手册和资料，以促进各国科学家对国际空间站的了解和更充分的利用。NASA 的分析表明，截至 2009 年 4 月，也就是第 18 次远征任务（Number of Experiments Performed Though Expedition 18），全世界科学家利用国际空间站和航天飞机开展了 400 余次空间实验。可以发现，如果把生物学与生物技术以及关于人类的研究合并到一起，所占比重超过一半。需要说明的是，部分生物技术实验，如蛋白质晶体生长，是太空生物技术的主要研究内容之一，在这里是统计在"物理和材料科学"中的。

7.4.1.8　国外空间生命科学进展

2009 年 1 月 20 日，美国巴拉克·奥巴马就任美利坚合众国第 44 任总统，对前任总统小布什执政时期的新太空战略有调整。2010 年 4 月 15 日，奥巴马在肯尼迪太空中心发表新太空政策讲话，保证增加预算和工作岗位，继续开发大吨位火箭和新的载人航天器，开展载人火星探测，等等。奥巴马指出应延长国际空间站的寿命 5 年以上，使其切实履行"开展先进研究以帮助改善我们的日常生活以及测试和改进我们的空间能力"的目的。

2010 年 6 月 28 日，奥巴马签署《国家空间政策》（*National Space Policy of the United States of America*）。新政策提出五大原则：①开放、透明，避免意外、误解和不信任；②鼓励和促进空间领域商业化开发；③按照国际法为和平目的共同探索利用；④太空和天体不属于任何国家；⑤有权保护本国和盟国太空设施。与此相对应，有六大目标：①增强国内工业竞争能力；②扩展国际合作；③加强太空稳定；④提高任务保障和恢复能力；⑤追求人和机器的主动性；⑥改善空基地球和太阳观测。其中目标⑤与太空科学研究密切相关，完整表述是："追求人和机器的主动性，以开发创新技术，培育新的工业，加强国际合作，激励我们的国家和全世界，增进人类对地球的理解，增强科学发现，探索我们的太阳系及其以外的宇宙。"在如何达成以上目标的指南中，新政策强调了应维持和发展"太空内行"能力，并且将国际空间站的应用明确地定位于"科学的、技术的、商业的、外交的和教育的"，指出要"继续开展强有力的太空科学计划以观察、研究和分析我们的太阳、太阳系和宇宙……理解支持生命进化的条件……"

2011年4月16日，NASA科学与技术政策办公室发布了"确保NASA科学诚实性"的报告。美国的生命科学实验，商业化趋势明显。主要是利用国际空间站和航天飞机开展生物学、生物技术和人类研究等生物方面的研究，涉及细胞复制/分化、微生物培养、疫苗制备、基础生物学（利用微生物、老鼠等）、宇航员的生理/心理反应等研究。

火星探测是NASA放弃重新登陆月球计划后的主要航天目标。NASA约翰逊太空中心负责月球和火星探测器的研究员布雷特-德雷克（Bret Drake）说："我们目前仍将人类登陆勘测火星作为未来一项探索目标。人类真实地着陆在另一颗行星上（图7-22），这将是一项非常富有冒险性的挑战，也是人类探索宇宙的一个伟大里程碑！"

图7-22　NASA宇航员登陆火星模拟图

宇航员任务小组登陆火星存在很大的挑战，此项任务当前需要很大的技术突破。目前，NASA仍规划此项勘测计划，并且不断更新探索理念。登陆火星任务并不同于登陆月球，宇航员在月球上可以任何时候返回地球，而宇航员一旦抵达火星，则需要做好生存几年的准备。

俄罗斯主要的太空生命科学实验资源也是国际空间站、货运飞船和美国航天飞机。2009—2011年，俄罗斯在21～24次远征任务中，总共实施了23项生命科学研究实验，分为生物医学和宇宙生物技术两类，前者包括太空环境对宇航员的生理和心理等的影响，后者包括细胞/组织培养（方法）、密闭型生物反应器、蛋白质制备、微生物活性、辐射对遗传影响等。蛋白质等生物大分子结晶归在物理化学过程和材料里面。

据俄罗斯航天发展计划，将于2010年、2013年及2016年各发射1颗Bion M生物科学实验卫星。原定于2010年升空的Bion M-1已推迟到2012年5月。另外两颗生物卫星项目还处于初步制定阶段，其中第二颗卫星计划用于对生物体进行小剂量长期辐射实验；第三颗卫星计划使用离心机模拟月球及火星引力，其实验结果将有助于开展相关载人星际飞行。Bion M-1实验内容如下：

①太空飞行装置内实验（Experiments inside space apparatus）

②暴露飞船外的实验（Experiments with exposure in outer surface of spacecraft）

③使用沙鼠的实验（ Experiments with gerbils）

近年来，俄罗斯的研究逐渐重视技术应用。当然，深空探测所需的生物医学研究仍然是其核心内容。

在欧洲，一个主要计划是力推 ESA "Aurora" 探索框架项目，现在设想 2016 年 ExoMars 发射作为进行更新探索努力的第一步。探索的主要任务之一是火星继机器人探测后的中期阶段，以及一个由技术推动的科学目标项目，即寻找相关行星环境中生命发生和共进化的证据。

火星机器人任务集中探索步骤：① 2016 年发射 ExoMars；②火星样品回收；③人类任务。

月球机器人任务是获取月球信息，将月球作为自由太空探索的实验室，推动自月球远边低频辐射宇宙学研究。人类太空探索的主要任务目标：①寻求重力生物学过程在进化中的作用；②测定生命的物理化学限制；③测定生物对极端环境的适应性；④要求了解影响人在外太空的安全。

ESA 在 2009 年从生命科学的 148 项申请中评选出 39 项作为 2011—2016 年的支持项目，当然不排除执行过程中的淘汰。除此之外，还有 4 项在火箭上实施的研究，以及 20 项地面卧床研究。

8 太空微重力科学

　　失重有时泛指零重力和微重力环境，是太空飞行的重要环境因素之一，指物体在引力场中自由运动时有质量而不表现重量的一种状态，即是说，在物体的重力与相反的惯性力相互抵消时重力为零，称为"失重"。当太空飞行器围绕地球做圆周运动时，受到向外的离心力和受到地球向内的引力相等，舱内的宇航员便处于无重力的失重状态。判断物体是否失重的一个最重要标志是，物体内部各部分、各质点之间没有相互作用力，即没有拉、压、剪切等任何应力。失重对人体有不好的影响。由于在地球上的人类经过演化，已经适应了重力条件下的生活，所以失重条件下会产生骨质疏松等病症。由于失重，食物要做成牙膏状，吸入口中，以免食物残渣到处漂浮，残渣吸入鼻中或落在仪器上都会产生不良影响。人类利用微重力形成的极端环境可以进行很多科学研究，因此，微重力科学成为了太空科学的组成部分。

　　微重力科学的发展已有30多年的历史，早期开始于太空流体管理与太空材料生长等研究领域。随着载人太空活动的进展，人们不仅利用太空环境去观测和探测宇宙天体，而且将地面实验室搬到太空中，进行各种精心设计的实验，这就开拓了太空微重力科学。这些空间实验不仅发展了物理学、化学和生物学，而且为促进人类健康、改进地面的生产过程和发展高技术做出了贡献。微重力科学研究微小重力环境中物质的运动规律，该环境出现在各种太空飞行器及月球和火星的天体环境中。微重力科学主要研究微重力环境中的流体物理、物理化学、生物科学和技术、材料科学以及若干基础物理学问题，是一个典型的多学科交叉研究领域。微重力环境这一极端的物理环境已经为许多基本物理过程、物理化学过程和生命活动的研究创造了优越的条件，同时也为一些重大基础性问题的深入研究提供了极好的机遇。微重力科学和应用是紧紧依托于太空技术与应用发展的自然科学中的一个新领域，现已成为太空科学的重要组成部分；是在载人航天热潮中迅速发展的一门前沿学科，也是载人航天、空间站的主要空间利用和研究项目。近期，中国太空材料科学、微重力流体物理学、太空燃烧学、太空生物技术和基础物理学研究有了新的进展；介绍了利用中国返回式、非返回式卫星和中国神舟载人飞船完成的主要微重力太空实验研究；制定了微重力科学研究的主要规划。今后，中国科学家将在载人航天工程和微重力科学实验卫星的微重力研究计划实施过程中做出更大贡献。

8.1　国际太空微重力科学态势

由于微重力科学具有重大学术意义和应用价值，因而吸引了一批科学家汇聚到这一领域，使其在国际太空科学前沿中十分活跃。美、俄、德、法、日等国投入大量人力、物力及财力来支持和推动微重力科学的发展。近 30 年来，在载人飞船、空间站和航天飞机上进行了许多实验，并获得了一些重要的成果。20 世纪 80 年代后期，这些科技发达的国家越来越重视微重力科学基础研究工作。与材料加工和生物制备过程密切相关的流体物理基本规律研究也倍受重视，在材料制备的定量化和模型化研究方面取得重要进展。90 年代后期，随着国际空间站的建设，NASA、ESA、NASDA 等空间站的主要参加国纷纷制定了在轨道上的研究战略计划，研究领域主要集中在微重力流体物理学、燃烧学、基础物理学、材料科学以及生物技术等前沿领域，研究计划一直持续到 2020 年。

自从 NASA 于 2004 年初调整了以登月、火星探测为未来的主要太空发展目标之后，国际空间站的建设工作和以之为主要平台的微重力科学实验计划都不同程度地受到影响，尤其是 2003 年 2 月美国的哥伦比亚号航天飞机不幸遇难和由此造成的航天飞机飞行计划调整影响了国际空间站的组装进程，也将欧美等主要参加国的微重力科学实验推迟到了 2007 年以后进行。美国大量削减了在微重力科学上的研究计划，ESA、NASDA、加拿大等航天局则相应调整了各自的研究计划。近年来，ESA 为主要组织单位开展了卫星、火箭和失重飞机等多手段的微重力实验研究，以弥补国际空间站 2007 年底建设完成之前空间实验机会的匮乏。

国际上的微重力科学发展进展比预期的要缓慢一些。NASA 利用国际空间站的微重力科学手套箱（Microgravity Science Glovebox，MSG）进行了一批材料科学实验，研究相变过程中气泡的运动规律、金属熔化行为等。NASA 目前还在研制国际空间站上的燃烧专柜，并研究了液滴的火焰燃烧。同时，流体力学专柜也在发展之中。ESA 正在研究验证相对论等效原理的小卫星计划，验证精度为 10 ~ 15，这可看作是美国日地能量计划之前的重要一步。为了进行微重力实验，ESA 支持瑞典发展了 MASER 微重力火箭计划。ESA 每年都有微重力火箭实验计划，每次可安装四个载荷。俄罗斯发射返回式卫星 FOTON 完成了一批微重力实验。ESA 利用俄罗斯返回式卫星进行了许多实验，这已成为 ESA 与俄罗斯航天局合作的重要内容之一。中国的微重力研究以及利用返回式卫星进行的空间实验近期也受到各国同行的重视。巴西正准备发展返回式卫星和进行空间微重力实验。

人们通过大量的地基模拟实验和利用多种太空飞行器进行微重力科学实验，以至在微重力流体物理、太空材料科学与生物技术以及基础物理研究等方面获得了大量科学成果。国际上的微重力科学进展将以国际空间站所取的科研成果、后续研究项目的规划和逐步实施为突出代表。

1998 年，国际空间站开始建造。2010 年，接近完成全部的建设。2011 年起，国际空间站将进入一个新的全面使用阶段。现在，一个多国参与的、空间在轨实验室已开始开展系列的微重力科学研究实验。美国政府 2011 财政年已经提议将国际空间站的使用延长至 2020 年，这将给先进的微重力科学研究提供新的机遇。ESA 在国际空间站的建设过程中投入巨大，并对未来空间计划发挥作用寄予厚望。Columbus 实验舱是 ESA 的第一个载人航天设施，也是目前在载人航天领域的最高成就，它的运行使欧洲国家在地球轨道上真正有了一席之地。ESA 表示，Columbus 将使国际空间站重拾最初的信条，为生命科学和物理学与应用研究、技术研发提供基础平台。

随着 Columbus 实验舱的运行和国际空间站整体运行状况的改观，ESA 的太空科学研究项目有了相对充足的太空实验机会，包括微重力科学在内的原有研究计划将得以实施。2006—2015 年，俄罗斯制定了俄罗斯联邦太空计划，目标指明，为了国家、社会、经济、科学（包括太空基础研究和太空微重力研究）和安全的需要建立和保持轨道飞行器群，利用国际空间站上的俄罗斯舱开展基础和应用研究。俄罗斯已经为国际空间站安装 3 个实验舱：2009 年安装的"探索"号小型实验舱，2010 年发射的"黎明"号小型实验舱和 2011 年发射的实验舱。主要用于科学实验，将推动俄太空实验项目的开展，增加太空科学实验数量。

日本宇宙航空研究开发机构（JAXA）利用国际空间站的日本实验舱 JEM（Kibo），2008—2011 年，计划安排实验设备 6 项微重力科学实验，而计划中的太空微重力研究项目共 13 项。

8.1.1 微重力流体物理学

ESA 装载（2008 年）在国际空间站哥伦布舱内的流体实验装置（FSL）已经正式运作并开始了流体实验。由德、法等几个国家合作开展的地球流体对流实验项目 Geoflow 在 2009 年进行了实验，并获得了结果，该实验主要用来模拟研究地球上大气层内的流体对流和全球对流模式及其稳定性，该项目还将于 2011 年在空间站上进行第二期实验研究。作为 ESA 空间生命和物理科学研究（ELIPS）计划中主要的流体物理研究项目"相变界面对流与两相系统热质传输过程"空间实验计划中的 CIMEX 项目 2010 年在国际空间站上开始实验，RUBI-EMERALD-SAFIR 项目在 2012—2013 年完成。此外，ESA 空间两相系统的先进国际联合工作组（International Topic Working Teams）正在规划新的 VALS 空间实验项目。NASA 在 2010 年已将 CCF 流体实验装置安装在国际空间站上，并将在空间站的手套箱中进行实验。该项目是 NASA 与德国空间局的合作计划，主要研究如何在空间利用毛细力约束和传输液体的流体管理技术，其研究结果有益于改进空间液体和推进剂管理的设计。JAXA 于 2008—2010 年利用国际空间站日本 JEM 舱的流体实验柜（RYUTAI Rack）完成了首批 Marangoni 空间实验项目，成功进行了世界上最大的液桥（直径 60 毫米，高 30 毫米）的热毛细对流实验研究，获得了好的实验结果。JAXA 于 2010—2012 年开始第二阶段实验，为今后热管理系统而设计的两相流动系统实验作为微重力流体物理的候选项目。

8.1.2 微重力燃烧学

NASA 在国际空间站上进行的微重力燃烧实验继续兼顾航天飞行器防火和燃烧科学基础研究，其研究不仅涉及固体燃料表面火焰传播、液体燃料着火和烟黑生成，也包括射流火焰的燃烧特性，其目的是空间防火及改善地面燃烧装置服务。美国在空间进行过的微重力燃烧试验包括热薄和热厚固体燃料的火焰传播特性、材料闷烧、射流扩散火焰的烟黑生成特性以及火焰球的生成和稳定机理等研究内容。目前，美国正在进行的微重力燃烧项目是空间探索中材料可燃性评价，烟雾等悬浮粒子测试，球形火焰试验，火焰设计，同轴射流扩散火焰，电场对扩散火焰特性的影响，双组分燃料火焰熄灭试验以及同轴射流扩散火焰的烟点生成特性等项目。这些项目覆盖了微重力燃烧和防火的各个方面。NASA 在国际空间站上已经开展了①烟雾测量实验（SAME），在手套箱，MSG 中测量了典型航天器材料燃烧烟雾颗粒的粒径和分布，分析材料热解温度、气流和烟雾停留时间对粒径分布的影响；②气体射流火焰的烟点实验（SPICE），在 MSG 中测量了微重力条件下气体射流火焰中产生炭黑的临界点；③多用户液滴燃烧装置中的火焰熄灭实验（MDCA-FLEX），测定液体燃料的可燃极限，定量认识气体灭火剂在航天器舱内可能使用的压力和氧气浓度环境中的灭火效率。此外，NASA 正在支持开展的地基微重力燃烧研究，主要有火焰设计、电场在微重力燃烧中的应用等。

ESA 在国际空间站上进行的燃烧计划是液滴和液雾燃烧特性研究。进行的空间材料燃烧试验主要研究外界来流作用下材料表面扩散火焰的燃烧特性，通过研究特定材料在空间的潜在火灾特性，制定适合空间火灾场合的防火准则。其他的项目还包括金属颗粒的燃烧、材料的燃烧合成等。燃烧是 ESA 空间生命和物理科学研究计划中的基本研究之一，将通过气体、液体和固体燃料的微重力燃烧实验，定量地研究地面上被浮力对流效应控制的燃烧基本现象，科学目标包括认识液滴和液雾的蒸发、点火和燃烧过程，理解炭黑形成机理以及固体材料的可燃性条件等，应用目标明确为提高电厂效率、减少发动机污染排放和改善空间飞行器用材料可燃性的测试方法。2009 年之前，EAS 在国际空间站开展微重力燃烧研究的机会实际几乎没有。地基微重力燃烧研究方面，近几年欧洲科学家主要利用探空火箭和落塔进行了液滴和液雾燃烧的系列实验。包括一项液滴燃烧过程的研究。日本在微重力燃烧方面多与美国的研究工作有重叠，目前正在进行的研究包括液滴燃料燃烧以及非金属材料的着火及燃烧研究。

8.1.3 太空材料科学

最近几年，国际上在太空材料科学方面的研究又有了新的进展，这些新结果既有空间的，也有地基的。其中，在 ESA 的晶体生长与凝固 CETSOL 研究项目中，已经获得了多方面的结果。科学家对多个成分的 Al-Si 合金样品自 2009 年在国际空间站上开展了关于缺陷和生长前沿动力学等方面的实验，结果尚在分析之中。美国学者用二元透明合金进行凝固过程中形态转变与微观组织形成的空间实时观察表明，微重力条件下晶体生长过程中平界面失稳开始的时间比地面的要短得多。研究分析认为，这是由于微重力条件下的界面前沿易造成溶质堆集（靠扩散来输运溶质）而很快失稳，地面因对流而使得界面处的溶质较慢。空间实验的界面失稳开始时间与形成的胞间距等结果与用相场模拟的结果有很好的一致性。日本学者从 2008 年 12 月开始在"希望"号舱段的 SCOF 上进行重水的结冰实验，到 2009 年 3 月底已进行了 134 次实验观察（完成约 50% 的实验），2010 年 3 月又开始了新一轮的空间实验。在过冷、形核与非平衡相变研究方面，德国的研究者用电磁悬浮技术对 Fe-Co 合金进行过冷与亚稳相形成研究时发现悬浮技术可以使合金熔体获得非常大的过冷度及所形成的相生长速度随过冷度的增加而提高。在相分离与聚集行为研究方面，欧洲在尘埃等离子体结晶在空间微重力环境下的研究已经取得了多项有意义的结果。例如，不仅尘埃等离子体可以形成规则点阵结构的晶体，对在由弱离子化的气体与带电微颗粒组成的二元复合等离子体系，不同尺寸颗粒之间的作用会导致流体的相分离，这种分离具有不可逆的非对称性，在一定的条件下还可以出现调幅分解效应，这些现象和结果类似于我们通常所熟知的金属合金和聚合物、胶体晶体体系中经常发生的。在胶体晶体的结晶、相分离和临界现象等研究方面，空间实验已经获得了多项结果，这也是 4 个项目的系列试验。如，对胶体—聚合物混合体系的空间实验发现了地面没有观察到的相分类现象，而对纯胶体体系则都存在；此外，对相分离体系还观察到早期的调幅分解和界面张力驱动的相粗化现象；对具有 AB13 结构的胶体晶体形成体系的结晶过程空间实验研究发现了与地面不同的生长幂律关系；在胶体体系发现了器壁诱发结晶的效应。此外，日本于 2009 年在国际空间站的细胞实验框架中的细胞生物学实验装置（CBEF）里，进行了具有光触媒和高效染料敏化太阳能电池功能的新型纳米材料 TiO2 纳米骨架的合成。实验获得的数据将作为输入用于这类材料合成的计算化学模拟以在地面进行合成的性能参数预研。这是一个大学—工业—政府联合的研究项目，空间实验结果尚未公开。

8.1.4　空基基础物理学

LISA（Laser Interferometer Space Antenna）是一个由 NASA 和 ESA 合作的引力波探测计划，目前仍在方案阶段。LISA 主要由三颗相距 500 万千米的航天器组成，对悬浮在航天器之间的检验质量进行精确的测距，期待探测 $10^{-4} \sim 1$ 的测量频带内的引力波信号。根据引力波源和强度分析，给出引力波应变探测水平在 10mHz 需要达到 10^{-23}。LISA Pathfinder 作为 LISA 的关键技术验证空间项目，主要开展高精度惯性传感器、外差激光干涉仪、微牛顿推进器和无拖曳控制技术的飞行验证。LISA Pathfinder 目前处于飞行研制阶段，已经完成任务设计评审和地面部分评审，完成部分飞行件研制和验收，即将进入组装、集成和验证阶段。该关键技术验证卫星 2012—2013 年发射升空，技术验证成功与否将关系到 LISA 项目进展。法国宇航研究院（ONERA）于 1999 年提出 MICROSCOPE（MICRO Satellite with drag Control for the Observation of Principle of Equivalence）项目计划。此计划用于空间检验等效原理，预期检验精度为 10^{-15}。该计划已被列为 ESA 与法国空间局（CNES）的合作计划。GP-B（Gravity Probe B）由 Standford 大学科学家提出，由 NASA 和 Standford 大学联合资助开展进行。其科学目标是校验广义相对论的引磁效应，包括短程线效应（卫星轨道进动，预期检验精度为 0.006%）和坐标系拖曳（Lense-thirring，预期检验精度为 1%）效应。该计划主要载荷和关键技术有：陀螺仪、低温技术、高精度恒星敏感与跟踪技术、微推进器和无拖曳控制技术等。

国际冷原子物理空间计划取得了新进展。国际上第一个在微重力环境下的 BEC 研究项目是欧洲的 QUANTUS 计划（Quanteng gase Unter Schwerelosigkeit, Quantum Systems in Microgravity）。2007 年 11 月，QUANTUS 装置第一次在德国不来梅落塔上实现了 ^{87}Rb 原子气体的玻色-爱因斯坦凝聚。欧洲正在进行 ACES（Atomic Clock Ensemble in Space）计划，包括一台冷原子钟 PHARAO（Projet d'Horloge Atomique par Refroidissement d'Atomes en Orbite）、一台主动氢钟和空地微波链路。ACES 利用氢钟的短期稳定度优势和冷原子钟优异的长期稳定度特点，实现空间高精度频率标准系统。法国为此进行了长时间的研究，于 2013 年安装在国际空间站上。ESA 于 2013 年发射飞行的冷原子钟（PHARAO）和氢钟将引力红移测量的准确度提高 25 倍，将基本物理常数随时间变化率的测量灵敏度提高 100 倍。

8.2 中国微重力科学现状

8.2.1 中国微重力科学近况

中国的微重力科学研究始于 20 世纪 80 年代后期的国家高技术发展计划，现已有了良好的起步，一些研究成果已受到国际同行的重视。中国回地卫星从 1987 年起安排了一批空间搭载实验，砷化镓单晶的空间生长、溶液法生长碘酸锂单晶、蛋白质单晶生长、细胞培养等实验取得了一批好成果。使中国成为具备自主空间实验能力的少数几个国家之一。1999 年，成功发射的"实践五号"科学实验卫星上搭载的两层流体微重力科学实验，成功实现了首次空间流体科学实验和遥操作，以不足国外发达国家 1/10 的费用完成了国外同等先进水平的空间实验。同年，又成功完成了在俄"和平号"空间站上的微重力科学实验，获得了大量有学术价值的研究成果，标志着微重力科学实验上了一个新台阶。微重力地面研究也取得了一批好结果，其中包括热毛细对流的振荡特征、太空材料制备的数值模拟、残余重力和重力跳动的影响、材料制备的实时监测和光学诊断等，受到国际同行的重视。一些研究成果多次被国际会议安排做特邀报告，使中国微重力研究目前已在国际上占有一席之地。

近年来，中国载人航天工程安排了一批微重力空间实验，国家 863 计划支持了一批应用基础研究。以中国科学院为主，先后已经有 30 多个研究室，组成了微重力科学不同学科领域的研究集体，涉及了微重力科学的主要领域。这些研究集体都是利用多年地面研究的积累而转入微重力研究领域。总体上看，中国的微重力基础研究还比较薄弱，许多重大基础研究课题尚未安排。神舟飞船载人航天的实现为未来空间实验室的建设和进一步深入开展微重力科学研究打下了很好的技术基础，尤其是应对当前及未来 20 年内以国际空间站为标志的国际微重力科学研究与应用的重要发展阶段时期，对中国微重力科学研究提出极大挑战。

8.2.2　中国微重力科学主要进展

2003 年 10 月，中国首次载人航天飞行取得圆满成功，标志着"载人航天工程"取得重大成就。在国家载人航天计划的支持下，中国学者在神舟飞船上先后进行了太空材料、太空生物技术和微重力流体物理等课题广泛的科学搭载实验，获得了大量科学研究成果，并积累了进行长时间太空微重力科学实验的宝贵经验。其中，中科院动物研究所和生物物理研究所等单位的研究课题组在神舟三号飞船上成功完成了太空细胞培养实验和空间蛋白质晶体生长实验，进行了 4 种哺乳动物细胞的空间培养实验，返回地面的 4 种细胞全部存活。特别是大颗粒淋巴细胞在空间生长繁殖明显优于地面；利用自行研制的中国第二代太空飞行实验硬件，在神舟三号飞船上完成的空间蛋白质晶体生长实验成功率达到了目前国际先进水平，空间生长出了几种质量较高的蛋白质晶体。中科院力学所搭载神舟四号飞船完成的"微重力液滴热毛细迁移实验"的空间实验研究项目，成功地对大雷诺数液滴热毛细迁移的非线性动力学行为进行了实验研究，并采用自行发明的"双套管式程控微量注滴/液装置"专利技术，成功解决了微重力环境中液滴的注入及其和注入装置的分离的关键技术难题，为后续的空间流体物理实验提供了良好的技术支持。中科院半导体所、物理所、上海硅酸盐所和沈阳金属所等单位利用搭载"神舟三号"飞船上的多样品空间晶体生长炉，分别完成了 GaMnSb 半导体材料生长、$Pd_{40}Ni_{10}Cu_{30}P_{20}$ 非晶合金球的形成、Bridgman 法生长的掺 Ce ：BSO 晶体、$Al-Al_3Ni$ 共晶合金和 Al-Bi 偏晶合金的空间定向凝固生长、液态 Ag-Sn 合金和 Cu-Sn 合金与固态 Fe、Ni 基片之间的润湿性参数测量等多项空间材料实验研究，并取得了许多新颖的实验结果和在空间微重力环境下生长材料的特殊性质。这些实验结果不仅具有重要的科学意义，而且对材料晶体生长、空间熔炼和焊接等具有实际指导意义，也为特殊用途的新型合金、半导体及复合材料的制备等奠定了理论基础。

中国科学院是中国载人航天工程的三个主要部门之一，承担了这一工程七大系统之一的应用系统牵总任务和多项重要关键的协作配套任务。中科院空间科学与应用中心、力学研究所、上海硅酸盐所、物理所、半导体所、动物所等作为主要参加单位，开展了太空微重力科学、生命科学等多项试验及配套项目的研制，并圆满完成了太空实验研究，推动了太空科学研究水平的进一步发展。多个单位和个人分别获得国务院颁发的"中国载人航天工程"项目国家科技进步特等奖和国家人事部、国防科工委、总装备部授予的"中国载人航天工程"突出贡献者奖章，以及中国科学院表彰的载人航天工程突出贡献者和优秀工作者等荣誉。

2004 年之后随着载人航天工程一期的逐渐收尾，太空微重力实验计划转入二期，微重力实验机会主要转向利用实验卫星和国际合作平台，以弥补中国微重力太空实验机会的减少。总之，太空实验项目相对减少、实验手段多样化和微重力科学界的国际合作是 2004—2006 年国内外微重力科学发展的新趋势和特点。

（1）中国卫星微重力科学实验

在中国载人航天一期工程接近尾声之际，微重力科学工作者积极利用有限的卫星实验资源进行了太空微重力科学搭载实验。

2005 年 8 月，在中国第 22 颗返回式科学与技术实验卫星上成功进行了空间细胞培养实验、过冷池沸腾实验、气泡热毛细迁移实验和空间接触角测量四项空间搭载实验，实验依托公用控制平台及图像记录仪等组成的卫星搭载分系统，与卫星热控、遥测、遥控等分系统相连接，实现了预定的太空科学实验目标。

2006 年 9 月 9 日，搭载中国"实践八号"育种卫星进行了涉及微重力流体物理、空间基础物理、微重力燃烧和生命科学与生物技术的九项空间实验。该项目将育种卫星的留轨舱作为一个微重力实验平台，利用遥感科学技术进行了一批不需要样品回收的微重力实验，发展了卫星微重力平台及相关技术，并为未来的微重力科学实验卫星进行了良好的初期探索。此次卫星搭载实验的具体项目包括空间微重力环境星载加速度计实验、微重力条件下材料闷烧的实验研究、微重力池沸腾传热实验研究、微重力环境中物质传质过程研究、热毛细对流表面位形及体积效应研究、微重力条件下颗粒物质运动行为研究、空间环境对转干细胞胚胎发育的研究、空间密闭生态系统中高等植物生长发育的研究，以及卫星微重力平台服务系统的研制，是中国太空微重力科学和生命科学的一次重要的综合性科学实验和研究活动。此次卫星搭载实验获得了大量科学数据，具体如下所示：

微重力条件下燃烧实验研究了多孔可燃材料闷烧和电子电气组部件额定工况和适度过载工况下着火前期特性。材料闷烧实现了储备高压气源、控制试样加热和闷烧传播过程中的气流流量、控制实验段内环境压力等功能；导线特性实验在总共 1

小时的实验中，获得了导线电流和温升数据，并与地面实验结果进行了比较，符合较好。

微重力池沸腾传热实验采用微型平板加热元件阵列，对微重力环境中瞬态或准稳态加热条件下过冷池内核态沸腾现象及特征进行了实验研究。空间实验时间7个半小时，获得了科学实验数据。

微重力条件下颗粒物质运动行为空间实验研究了颗粒运动与气体分子运动的异同现象，观察了不同堆积密度、不同大小与形状的颗粒混合体系的熵致驱动，以及外加不对称小振幅振动引起的颗粒集聚和分离特征。实验获得不同颗粒在不同工况下的运动观测图像和结果。该实验结果已经同法国和ESA的研究组进行了交流，获得了外界的关注。

空间环境对转干细胞胚胎发育的空间实验研究了空间环境对转入表皮干细胞的胚胎生长、发育的影响。获得胚胎图像，实现了空间实时检测技术。

空间密闭生态系统中高等植物生长发育空间实验观察了密闭培养系统中高等绿色开花植物青菜从种子、幼苗生长到开花授粉各个阶段，研究了太空微重力对高等植物营养生长、花芽的分化、生殖器官形成的作用。空间实验获得了翔实的图像和环境监控参数实验结果，得出了有科学意义的实验结论和新结果。

（2）微重力科学国际合作与交流

近年来，中国微重力科学界与俄罗斯、法国和ESA等国际太空科学研究机构之间开展了广泛的国际合作。第一期的中—俄空间科学合作计划中的微重力科学实验项目正在实施之中，其中包括将在国际空间站俄罗斯实验舱进行的微重力流体物理实验和搭载于2006年底发射利用俄罗斯光子号科学实验卫星的太空材料科学实验研究项目。2005年12月，ESA的Olivier Minster博士和JAXA、CNES的专家向中方代表介绍了"国际微重力战略计划组（IMSPG）"的情况，并邀请中国参加国际微重力战略计划组。"国际微重力战略计划组"是国际微重力活动的协调组织，目前有近20个微重力科学活动开展较多的国家空间局是该组织的成员。2006年7月，国航天局和CNES在北京举行了中—法空间科学双边合作例会，其间新的中—法微重力科学工作组第一次参加并举行了单独双边会谈，法方CNES法国微重力凝聚态物质物理研究计划负责人和中方代表共同撰写了2006—2007年内的合作纪要，双方一致确认将在：①太空生命支持系统的物理化学流体动力学；②大体积透明模型合金的凝固；③振动对颗粒介质结构特性的影响；④沸腾与蒸发过程中的界面热质传输；⑤非金属材料火焰传播和液滴燃烧等共同感兴趣的项目上首先开展双边微重力科学研究合作，并计划利用中方的卫星和法方的微重力失重飞机联合开展微重力科学实验。ESA与中国空间局在微重力科学研究方面的双边合作事宜也在商讨和计划之中。

此外，中国学者还多次组织和参加国际会议和进行学术交流，多次在国际空间与微重力科学大会上做大会和特邀学术报告。2005年10月，在日本福岗举行了第六届日一中微重力科学学术会议。本次会议在日本召开，是由日本微重力应用学会、中国空间科学学会微重力科学与应用专业委员会和日本九州大学工学院联合主办的成功微重力学术会议。与会代表近80人，宣读论文80余篇。报告内容反映了近年来中、日两国在微重力科学及相关领域的研究工作的进展，会议增进了年轻一代间的相互了解，有利于中、日两国微重力科学与空间科学界今后的交流与合作。会后中方与会代表参观了JAXA在筑波的研究机构，对日本近期的微重力科学研究有了一个更直观的了解。中、日双方还就下一届中日微重力科学研讨会的有关事项进行了讨论，决定延续本届会议的做法，将研讨会名称扩大为"中日微重力科学与空间科学研讨会（China-Japan Workshop on Microgravity and Space Sciences）"，主办者仍为中国空间科学学会微重力科学与应用专业委员会和日本微重力应用学会，并初步决定下届研讨会于2008年11月在中国杭州召开。由德国空间局、中国航天局、中国科学院等联合举办的第三届德一中微重力和空间生命科学学术会议于2006年10月在德国柏林自由大学举行。德国空间局对此次会议十分重视并做了周密的安排，并特别安排中方代表访问和参观了布莱梅大学的微重力和空间应用研究所、德国航天系统公司（OHB）、欧洲航空防务与航天公司（EADS）布莱梅的空间装置和空中客车研制部和欧洲宇航员中心等微重力研究单位。双方同意第四届中德微重力和空间生命科学学术会议于2009年6月中旬在中国上海举行。

（3）中国微重力科学展望

中国微重力科学研究的科学目标：一方面，利用空间微重力环境在物理、化学和生物科学等自然现象的研究上获得新的认识，促进地基新学科的发展；另一方面，利用空间研究的关键技术，改进地球上的工业和商业活动，促进地基高科技的发展。开展微重力流体物理与燃烧的理论研究，发展空间热工机械与流体管理、防火等关键技术；激光冷却原子、等效原理等空间基础物理的重大前沿课题研究；太空材料科学研究，发展先进的材料生长工艺和促进开发纳米材料及生物材料等 21 世纪新材料。

近期发展目标：以中国"载人航天工程"二期计划和返回式微重力科学实验卫星系列规划为依托，以国家重大需求为主，兼顾重要的基础研究，开展以下方面的研究：

① 太空基础物理学

空间牛顿反平方定律实验检验的地面预先研究：利用空间良好的实验环境在更高精度上开展牛顿反平方定律实验检验和新的相互作用的实验检验，对现有的超引力或超弦等理论，以及统一四种相互作用提供实验依据。

新型等效原理实验"十二五"预研究计划：实现高精度三轴静电陀螺系统的研制并应用于无拖曳卫星控制和新型等效原理陀螺实验。

高精度时标实验"十二五"预研究计划：进行积分球激光冷却实验，超冷原子气体的全光型原子势阱研究；移动微波场获得 Ramssey 干涉条纹和低噪控制信号的探测研究；空间激光系统研制和微波电子学系统研制等。

② 微重力流体物理学

流体界面现象及对流扩散研究：研究具有复杂界面（表面）微重力流体的流动、稳定性及转泪问题，发展先进的空间流体管理技术。考虑界面上热质交换对界面和流动的影响。发展对空间流体流动的控制方法。

微重力两相流及相变传热研究：针对先进的空间热与流体管理技术及环控生保系统等的研发需求，开展两相流动与相变传热问题的研究，探讨重力因素在相关过程中的作用机制。

复杂流体研究：研究重力对聚集速率的影响；利用微重力环境开展片状无机液晶材料相行为，聚集体分维结构普适性的研究，胶体粒子无序到有序相变和自组织及胶体晶体的研究。研究颗粒介质动力学和空间振动影响。

③ 微重力燃烧学

结合中国国情和发展战略目标，选取具有重大科学意义和应用前景的研究方向，通过地面实验、数值模拟，并利用短时间微重力设施（落塔或气球），对燃烧过程的机理和载人航天器火灾安全问题进行深入研究。

燃烧基础研究方面：开展煤燃烧特性、高压条件下液滴和气体燃烧特性以及非常压湍流预混火焰的传播和熄灭等课题，揭示燃烧过程中基本环节的内在机制。

空间火灾安全方面：对闷烧及其向明火转化、材料表面火焰的传播特征及可燃极限、材料的着火规律与火灾初期的检测，灭火剂对材料表面火焰传播和可燃极限的影响等进行研究，形成可应用于中国载人航天器的防火材料的筛选标准、火灾早期报警和高效灭火技术。

④ 太空材料科学

利用太空微重力环境开展地基难以制备的新型材料与高性能材料探索与研究。研究共晶合金过冷、形核过程及与组织结构关系；发展新型凝固技术。

开展砷化镓单晶体、磁性半导体及硅锗单晶等先进材料的基础研究与制备技术的研究工作。研究晶体生长和材料缺陷、形态及其稳定性与流体中传热和传质的关系的研究。

利用太空微重力环境开展纳米材料、自组装材料及新型纳米复合材料研究，探索新机理与规律。

（4）中国微重力科学的长期目标

加强微重力研究基础设施的建设，包括空间实验控制中心、失重飞机、微重力火箭等。

发展中国微重力实验卫星平台；在"十一五"计划期间研制发射返回式微重力和太空生命科学实验卫星。

推进中—俄、中—法和中—欧空间科学及微重力科学的合作计划。

发展中国的空间实验室、空间站，为微重力科学的长期发展奠定基础。

总之，作为中国太空科学"十一五"发展规划的一部分，微重力科学在"十一五"期间预计将有一个较好的发展势头。中国航天局计划下的"十一五"微重力科学与生命科学实验卫星正在计划之中，第一颗返回式微重力实验卫星计划于2010年前发射，届时将有20余项微重力和太空生命科学实验项目搭载。此外，载人航天工程的第二期期间，也将有一批微重力科学实验搭载"神舟"飞船，并在航天员的照料下完成实验研究。因此，在"十一五"期间，中国将会获得一批微重力科学的空间实验结果。

8.3 中国微重力科学新进展

作为中国"战略性先导科技专项"的"空间科学先导专项"工作之一，2010年重新开始对"实践十号"科学实验卫星上原定的20项科学实验项目进行了复审。该科学实验卫星计划包含微重力流体物理、燃烧、基础物理、生物和材料5个领域的30个科研课题，对应于卫星的20个有效载荷。其中微重力流体物理研究共包括"蒸发与流体界面效应空间实验研究""颗粒物质运动行为空间实验研究""微重力池沸腾过程中的气泡热动力学特征研究""热毛细对流表面波空间实验研究"等6个科研项目；微重力燃烧包括"在电流过载下导线绝缘层着火前期烟的析出和烟气流动规律研究""微重力下煤燃烧及其污染物生成特性空间实验研究""微重力下煤燃烧及其污染物生成特性空间实验研究"和"典型非金属材料在微重力环境中的着火及燃烧特性空间实验研究"4个项目；空间基础物理有一个项目"10^{-11}g 静电悬浮加速度计搭载飞行试验"；此外，还包括空间生命科学领域的9个项目11个研究课题。该科学实验卫星计划正在积极立项当中，其中一些实验项目正在开展前期的关键技术预研和科学地基实验准备工作。

在中国载人航天工程计划指引下，2010年底中国科学院空间科学与应用总体部组织开展了中国"载人空间站工程应用任务"深化论证工作，并成立了空间生命科学和生物技术、空间材料科学、微重力流体物理与燃烧科学、空间天文、微重力基础物理、地球科学与应用6个领域深化论证工作组，制定适合于在中国2020年左右建成的空间站上进行的微重力科学实验计划和项目课题，并于2011年底向社会公开发布了《载人空间站工程应用任务指南》，其中包括微重力科学各领域。中国空间站将成为至2030年期间的主要微重力科学实验平台，其计划的实施也将极大促进中国获取系列的微重力科学成果。

其中，国内6家单位联合提出的中国空间站微重力流体物理研究领域内的"空间应用两相系统流动与传热规律研究"项目建议，是针对中国空间站《微重力流体物理与燃烧科学任务指南》内容，并紧密结合国内外空间应用流体物理的研究发展方向而提出的微重力科学前沿课题之一。该项目以空间应用两相系统和空间在轨流体管理在当今和未来的载人航天工程应用及中国深空探测需求为背景，针对空间蒸发与冷凝相变、沸腾传热、两相流动与回路系统、先进生保系统与空间电池气、液循环与控制、空间流体形位控制与热管理等过程中的关键科学问题与工程技术应用，提出了在中国"载人空间站空间应用系统"优先开展既有重要航天工程应用需求又亟待深入认识的空间应用两相系统特殊规律的系列重要研究课题，同时提出了支撑本空间实验研究项目的、可长期运转的"空间两相系统多功能实验平台"的建设方案。本项目主要包括空间相变流体界面的复杂流动规律研究、空间相变传热规律研究、空间两相流动系统动力学特征研究、空间在轨流体管理关键问题研究，以及空间站空间两相系统多功能实验平台建设与关键技术研究等。在中国空间站上开展上述课题的科学研究和系列空间实验，有望在空间应用两相系统的流体流动与传热研究中获得系列的科研成果，为中国航天工程应用提出新理论、新概念和新方案，提升中国空间应用流体物理的研究水平和科研实力，为中国载人航天和深空探测工程相关新技术的研发提供理论依据和应用基础。

此外，中国微重力科学近两年在国际合作与学术交流上取得了积极进展。2010年9月成功召开了"第八届中—日—韩微重力科学研讨会及亚洲微重力科学预备会（8th China-Japan-Korea Workshop on Microgravity Sciences for Asian Microgravity Pre-Symposium）"。此次会议作为中—日微重力科学系列研讨会的延续和发展，由中国空间科学学会微重力科学与应用专业委员会（NSMSA）、日本微重力应用学会（JASMA）和韩国微重力学会（KMS）联合主办。本届会议是继2008年在中国杭州召开的第七届中—日微重力科学研讨会之后，首次召开的亚洲地区微重力科学多边学术会议，参会人数是历届中—日会议最多的一次。来自中国、日本、韩国、泰国、印度等亚洲国家的参会代表共计180多名（其中中国参会代表52人），宣读论文140余篇，其中包括大会邀请报告9篇、张贴报告40余篇，超过了历届中—日微重力会议的规模。ESA微重力科学计划负责人等国际代表应邀参加了会议。会议的3场大会报告和20个专题分组报告会共涉及微重力流体物理与燃烧、空间材料科学、空间生命科学与生物技术、基础物理、实验技术与设施、空间科学与探测及超高重力科学等方面。会议报告全面反映了近年来中、日、韩等国在微重力科学及相关领域的最新研究进展和国际合作动态。会议期间，中、日、韩微重力专委会与其他与会国代表专门讨论了召开下一届亚洲微重力会议的问题，鉴于目前亚洲微重力科学发展现状，与会代表一致同意于 2012 年秋季在中国召开第九届中—日—韩微重力科学研讨会。

综上所述，中国微重力科学研究的科学发展目标是：一方面，利用太空微重力环境在物理、化学和生物科学等自然现象的研究上获得新的认识，促进地基新学科的发展。另一方面，利用太空研究的关键技术，改进地球上的工业和商业活动，促进地基高科技的发展。开展微重力流体物理与燃烧的理论研究，发展空间热工机械与流体管理、防火等关键技术；开展激光冷却原子、等效原理等空基基础物理的重大前沿课题研究；开展太空材料科学研究，发展先进的材料生长工艺和促进开发纳米材料及生物材料等 21 世纪新材料。

总之，中国微重力科学要在 2010—2015 年有一个较好的发展势头。尽早安排"实践十号"微重力科学实验卫星计划，开展 20 余项微重力和太空生命科学实验的项目搭载。尽快布局中国"载人空间站工程"的微重力科学应用任务研究计划，并开展相应的地基研究和先前实验准备，在 2020 年前后获得一批微重力科学的太空实验结果。

9　未来太空科学

　　太空科学是利用太空飞行器（人造卫星、飞船、太空实验室、探测器等）研究
发生在太空的自然现象（物理、化学、生命现象等）而形成的一门综合性的前沿科学。

　　NASA 公布了一张由哈勃太空望远镜拍摄宇宙星系合成照片。这是迄今为止，
美国推出的最大一张此类图片。（图 9-1）

图 9-1　仙女座星系（M31）美国海尔天文台

（引自《中国大百科全书·天文学卷》，彩图第42页）

9.1　大爆炸宇宙学

　　许多科学家认为，宇宙是在不断膨胀的，有现象表明宇宙的面积从诞生到如今
已经扩大了近 1/3，这理论来自于行星与卫星之间的距离差。最初由哈勃太空望远镜
发现星系红移、宇宙红移、退行速度。由此得出：宇宙并不是像稳态宇宙模型所描

述的那样，处于静止状态，而是始终处于膨胀的运动状态。于是著名的哈勃常数"H"出现了！

众所周知，卫星会一直绕着它的行星轨道旋转，但科学家观察发现近几年月球与地球的相距差扩大了近 2 万千米，这意味着宇宙可能在不断地膨胀导致拉动其中所有星球轨道发生偏转和扩大。

但这一理论至今没有被有力的证据证实，其最大的难题是宇宙要膨胀需要外层空间，那么外层空间又是什么呢？没有人能解释，所以这一理论被科学界定为有待发现的潜力学说。

宇宙大爆炸理论，由伽莫夫提出，是宇宙起源最能令人信服的理论之一。 宇宙膨胀理论是其最有力的证据。

宇宙大爆炸理论中的宇宙源于"奇点"。

宇宙不是无限的，因而恒星数量是有限的，但是这还不够。即使恒星数量是有限的，其数量也近乎无限，足以照亮整个夜空。1848 年，美国小说家爱伦坡在一篇随笔中指出，唯一的出路是假定远处的星光还来不及照到地球上来。也就是说，宇宙在时间上有一个起点，而且宇宙的年龄还没有老到足以让我们见到所有远处恒星发出的光。

我们知道宇宙的年龄的确是有限的，宇宙是在大约 137 亿年前大爆炸形成的。而计算表明，要把地球的夜空全部照亮，要花上以亿年计的时间，远处的星光才能都抵达地球。显然我们的宇宙还太年轻了。

大爆炸宇宙学是现代宇宙学中最有影响的一种学说。它认为，我们的宇宙曾有一段从热到冷的演化史，使物质密度从密到稀地演化，这一过程如同一次规模巨大的大爆发：在宇宙的早期，温度在 100 亿摄氏度以上，物质密度也很大，整个宇宙达到平衡。宇宙间只有中子、质子、电子、光子和中微子等基本粒子形态的物质。但整个体系在不断膨胀而使温度下降，当降到约 10 亿摄氏度，中子失去自由存在的条件，化学元素开始形成。当温度降到 100 万摄氏度后，宇宙间物质主要是一些比较轻的原子核。当温度降到几千度时，宇宙间主要是气态物质，并逐渐凝结成气云，再进一步形成各种恒星，最后演变成今天的宇宙。

斯蒂芬·霍金提出，黑洞蒸发在某种意义上可以看成粒子通过所谓的婴儿宇宙穿透到其他宇宙或同一宇宙的其他区域，这样就把他的两个研究领域统一起来。婴儿宇宙研究的主要成果是证明了宇宙常数必须为零，尽管当代物理学家的抱负远不止于此。

新华社华盛顿 2003 年 2 月 12 日电（记者 毛磊） 借助 NASA 的微波背景辐射探测器，一个国际天文学家小组新获得了"婴儿期"宇宙迄今最精细的照片，为宇宙大爆炸理论提供了新的依据。根据这张照片，科学家"精确地测量出了宇宙的实际年龄大约是 137 亿年"。这一照片细节如此丰富，以至于一些科学家认为它是近几年来基础科研领域最重要的成果之一。

据《纽约时报》2003 年 2 月 12 日报道，这张照片是 NASA 美宇航局 WMAP 头一年观测结果的结晶，通过将其所包含的数据与其他天文观测结果进行比较，天文学家们为宇宙的年龄、组成等找到了更为准确的答案。他们根据新照片得出的测算结果显示，宇宙年龄约为 137 亿年，这一结果的误差率仅为 1%，是到目前为止获得的最高精度；在构成上，宇宙中可见物质占 4%，暗物质比例为 23%，剩下的 73%全部是暗能量；另外，从几何结构来看，宇宙是"平坦"的，并将永远膨胀下去。上述结果使天文学家们倍感欣喜。研究小组成员、美国普林斯顿大学天体物理学家施佩尔格尔认为，这张照片回答了过去 20 年来驱动宇宙学研究的一些最重要问题，包括"宇宙中到底有多少原子"以及"宇宙年龄究竟有多大"等。

这些结果也为验证"大爆炸"等宇宙学基本理论提供了更准确、更有力的支撑。普林斯顿高等研究院的巴卡尔说，在哲学意义上，它们标志着宇宙学研究由不确定进入了确定阶段。

除了验证现有理论外，科学家们从这张照片中还获得了一些令人意外的发现，比如说宇宙中第一批恒星可能在"大爆炸"后 2 亿年就开始发出光芒，比此前所认为的要早几亿年。宾夕法尼亚大学的泰格马克指出，类似的观测结果"将是未来 5 年中所有宇宙学研究的基石"。耗资 1.45 亿美元的 WMAP 2001 年 6 月进入太空，运行轨道位于距地球约 160 万千米的"L_2"附近，主要用于观测宇宙微波背景辐射，按计划它的使命还将持续 3 年。微波背景辐射是导致宇宙诞生的"大爆炸"留下的"余烬"，早先的研究发现，微波背景辐射中存在着细微的温度波动，这些波动中保存着"大爆炸"后约 38 万年时宇宙的原始结构，现今，宇宙中的星系等正是在这些结构基础上形成的。

在诸多相关报道中，人们都把发现"宇宙膨胀加速"归功于这次 WMAP 所拍到的照片。但据李竞介绍，实际上有各自独立的三项研究都不期而遇地得出了"热胀冷缩"这一结果。宇宙热的时候可以爆炸，冷的时候可以使周围的宇宙出现一条条蓝色透明的巨大虫子，这虫子会分泌黏液，这种虫子很团结，如果所有虫子到一起分泌黏液，那么，附近的宇宙可能会毁灭。

第一项研究，是在观察80亿光年远处的超新星爆发时，其亮度的异常变化只能用宇宙在加速膨胀来解释。

第二项研究，是从1998年开始的南极上空"飞镖"探测，它使用的是可以记录宇宙背景辐射十万分之一起伏的精密仪器，在2000年得出了"宇宙膨胀在加速"的结果，论文发表在该年年底的 *Nature* 杂志上。

第三项研究，是2003年WMAP的观察，这次"看"得更远（约120亿光年）、更细致（可以观察背景辐射百万分之一的起伏），获得的细节也更多。不同的课题得到同一结果：宇宙在加速膨胀。WMAP拍下的照片还显示出，宇宙中最早的恒星诞生于宇宙大爆炸发生后约2亿年，这比以前许多科学家认为的要早很多。

9.1.1 大爆炸宇宙学有观测事实支持

9.1.1.1 任何天体的年龄都应小于200亿年

大爆炸理论认为，所有的恒星都是在温度下降后产生的，因而任何天体的年龄都应比自温度下降至今天这一段时间短，即小于200亿年。各种天体测量证明了这一理论。准确地说，1999年当哈勃太空望远镜进入太空后传回宇宙年龄的数据为90亿～140亿年，而利用WMAP的数据，人们进一步推测宇宙的年龄为137±2亿年。

9.1.1.2 红移就是宇宙膨胀的反映

观测到河外天体有系统性的红移，而红移与距离大体成正比，如果用多普勒效应来解释，那么红移就是宇宙膨胀的反映。

9.1.1.3 高温产生氦的效率很高，使氦丰度达到30%

在各种不同天体上，氦丰度相当大，而且大多是30%。用恒星核反应机制不足以说明为什么有如此多的氦。而根据大爆炸理论，早期温度很高，产生氦的效率也很高，则可以说明这一事实。

9.1.1.4　宇宙的温度

根据宇宙膨胀速度以及氦丰度等，可以具体计算宇宙每一历史时期的温度。大爆炸理论的创始人之一伽莫夫曾预言，今天的宇宙已经很冷，只有绝对温度几度。1965 年，果然在微波波段上探测到约为 3K。这结果表明，无论在定性上还是在定量上都与大爆炸理论相符。

但是，在星系的起源和各向同性分布等方面，大爆炸宇宙学还存在着一些未解决的困难问题。

9.1.2　总星系

总星系并不是一个具体的星系，也不像本星系群、本超星系团那样的天体系统，而是指用现有的观测手段和方法，所能被人们观测和探测到的全部宇宙间范围。（图9-2）总星系的典型尺度为 100 亿～ 150 亿光年，年龄为 150 亿年量级，所包含的星系在 10 亿个以上。每个星系平均有着 1000 亿颗恒星。通过星系计数和微波背景辐射测量证明总星系的物质和运动的分布在统计上是均匀和各向同性的，不存在任何特殊的位置和方向。

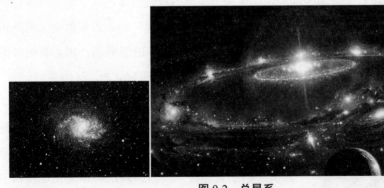

图 9-2　总星系

通常把我们观测所及的宇宙部分称为"总星系"。也有人认为，总星系是一个比星系更高一级的天体层次，它的尺度可能小于、等于或大于观测所及的宇宙部分。总星系的典型尺度约 100 亿光年，年龄为 150 亿年量级。通过星系计数和微波背景辐射测量证明总星系的物质和运动的分布在统计上是均匀和各向同性的，不存在任何特殊的位置和方向。总星系物质含量最多的是氢，其次是氦。自 1914 年以来，发现星系谱线有系统的红移。如果把它解释为天体退行的结果，那就表示总星系在均匀地膨胀着。总星系的结构和演化，是宇宙学研究的重要对象。有一种观点认为，总星系是 137 亿年以前在一次大爆炸中形成的。这种大爆炸宇宙学解释了不少观测事实（元素的丰度、微波背景辐射、红移等）。另一种观点则认为，现今的总星系是由更大的系统坍缩后形成的，但这种观点并不能解释微波背景辐射。

星系谱线红移这一现象，如果用多普勒效应解释为它们都有极大的速度，那就意味着总星系在不断地膨胀和扩大。总星系的结构、演化是宇宙学研究中的根本问题之一。

宇宙是指我们存在的这个空间和时间组成。总星系只不过是宇宙的一部分，除了总星系还有暗物质。现代天文学通过引力透镜、宇宙中大尺度结构形成、微波背景辐射等研究表明：我们目前所认知的部分大概只占宇宙的 4%，暗物质占了宇宙的23%，还有 73% 是一种导致宇宙加速膨胀的暗能量。

9.2 泡宇宙概念

泡宇宙理论还处于研究的阶段，现在关于宇宙的理论很多，其中霍金的理论认为宇宙是弯曲的，就像地球的表面一样，是"有限而无界"的。还有的宇宙泡理论

图 9-3 泡宇宙示意

认为，宇宙就像一个一个的肥皂泡一样，有很多的宇宙，只是每一个宇宙都是独立的。（图 9-3）

宇宙学是从整体上研究宇宙的结构和演化的学科，是天文学的一个分支学科。总星系是我们观测所及的宇宙部分，可称为"物理宇宙"，以与哲学意义上的宇宙相区别，因而其结构和演化是现代宇宙学研究的重要对象。实际上，宇宙学与哲学有着密切的关系，在古代哲学中，哲学家们就讨论宇宙的结构等，如争论地心说、日心说等。现代哲学家对宇宙学研究的进展、在宇宙中起作用的基本法则等问题，都被认为是一切哲学思考的重要来源，是基本的哲学问题。

目前，科学家们能观测到宇宙时空范围：距离尺度约 150 亿光年，而时间尺度约 100 亿年，包含 1 亿个星系。从宇宙创生的那一刻，似乎短促得难以想象如何从"空

无一物"之中诞生，而后又演化成今天的样子。现在，一般认为，大爆炸宇宙学（big-bang cosmology）能最合理地说明宇宙如何创生。然而，宇宙学中根本性的问题是，大爆炸之前发生过什么？我们所处的宇宙"之外"还有宇宙吗？为此，"泡宇宙"概念做出了有限的回答：我们的宇宙是从另一个暴涨时空区生长出来的，它不过是更大的物质海洋中的一个泡；海洋中还有其他泡。如从我们的时空结构中"挤出"一个新宇宙，一个婴儿宇宙。这犹如在一个膨胀的气球上挤出一个泡一样，还可挤出许多婴儿宇宙，如图 9-4 所示。

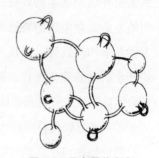

图 9-4　很多婴儿宇宙

（引自《大宇宙百科全书》，第23页）

大宇宙（Cosmos）用来代表将一切宇宙（包括我们所在的宇宙）包括在内的超级宇宙。

9.3　未来国际太空科学计划

21 世纪初期（2006—2034 年）世界空间大国的太空科学发展，分为短期（2006—2015 年）、中期（2015—2025）和长期（2025—2034 年）战略布局，其中美国的计划比较全面而完整，包括明确的科学目标、相应的探测计划等，其目的是要保持在国际太空科学中的领先地位。

9.3.1　未来美国宏大太空科学计划

9.3.1.1　总目标

新太空探索——太空探测愿景（Cosmic Vision）计划（2006—2034 年）主要包括 5 项指导性国家目标：①人类和机器探测太阳系及其外部空间；②2020 年重返月球、2003 年载人登陆火星、太阳系其他行星（准备）；③对地观测；④发展新技术支持探测计划；⑤国际合作。为此，制定了 18 项战略目标，其中第 15 项的总目标（2006—2034 年）"探索日地系统以了解太阳及其对地球、太阳系和载人探险之旅所必经的太空环境条件的影响和试验演示可以完善未来运行系统的技术"主要包括：

（1）开拓太空环境预报前沿领域

主要是了解从太阳到地球，再到其他行星，直到星际介质的太阳系太空环境中的基本物理过程。作为长远太空研究计划的基础，NASA 提出的科学和探测的第一个目标就是要全面认识、控制从太阳到地球，再到其他行星，直到星际介质的太阳系太空环境中基本物理过程。其应用目的是要具备预测月球、火星探索之旅必然经历的复杂太空系统的特性和动态行为。为完成这一科学目标，科学家们凝练出四个关键基本物理过程：磁场重联、粒子加速、等离子体和中性大气的相互作用和磁场的产生机制和变化过程。随着对这些复杂的基本物理过程的深入认识，将开启发展符合实际的太空天气预报模式的大门。

①磁场重联是将磁能快速转换为粒子能量的过程

它发生在包括从地球磁尾到太阳耀斑的不同的太空区域且具有截然不同的空间特征尺度。太阳耀斑、日冕物质抛射事件和地球磁暴等可能对太空系统构成严重威胁的太空天气事件都是由磁场重联过程引起和激发的。

②高能粒子和高能宇宙线

在太阳和行星际加速的高能粒子和来自太阳系之外的高能宇宙线，对载人和航天器探索太阳系构成严重威胁。地球和行星磁层产生和捕获的高能粒子对探测器也会有严重的影响。

③等离子体和中性大气耦合过程

整个太阳系，无论是太阳的过渡区，还是行星的高层大气，还是日球和星际物质相互作用区，等离子体都是在背景中性气体的包围之中。等离子体和中性气体发生复杂的相互作用，能量和动量通过相互作用而重新分配。因此，要对等离子体和中性大气耦合过程进行重点探测。

④太阳磁场发动机理论

太阳的变化磁场是太阳粒子加速的能量源头，行星际磁场的结构也控制了宇宙线进入太阳系的传输过程。目前，太阳磁场发动机理论第一次能够根据前一个太阳周子午面的等离子流动来估计下一个太阳周的时间长短。然而，这些模型对于预报太阳周变化的幅度、太阳周是否是双峰结构却无能为力。对太阳发电机过程的深入研究是预报太阳长期变化的必由之路。

（2）太阳系太空的自然规律

了解太空家园，就是了解人类社会、技术系统，以及行星的可居住性如何受太阳变化和行星磁场的影响。重点探测太阳系内在联系和外部触发机制：①了解影响地球太空气候和环境的太阳活动的起因和扰动的演化过程；②了解地球磁层、电离层、高层大气的变化，提高描述、预报、减轻这些变化的影响的能力；③了解太阳作为地球大气能量源头的作用和太阳活动对大气变化的影响；④了解太空等离子体和磁场对恒星活动和行星系统演化及可居住性的影响。

（3）保障探索之旅的安全

提高预报灾害性太空天气的能力，最大限度地保证载人和航天器探索的安全。

在人类进行星际探索和星际旅行时，严酷的太空环境将可能给太空飞行器和宇航员带来巨大的风险。主要的风险因素包括能量粒子和电磁辐射的突然增强，太空飞行时遇到的等离子体会引起飞行器带电和放电，行星周围中性大气对输入能量变化的不确定响应，可能带来飞行轨道的剧烈改变。为了极大限度地确保宇航员和太空探测器的安全和获得丰富的探测成果，人们有必要提高预测各个太空区域会出现的极端条件及其变化特性的能力。

为此，①要充分了解探索之旅的太空环境的变化特征和变化范围；②预测灾害性的太阳活动；③研究太阳灾害性扰动向太阳系探测器的传播；④太阳系各行星上的太空天气效应。

9.3.1.2 阶段目标

太阳—太阳系联系线路图涉及时间尺度长、空间域宽的战略布局。

（1）第一阶段（2005—2015）

由于资源的限制，只包含那些已经展开或近期即将展开的项目。

①与恒星共存计划（LWS）强调了解影响人类的太空环境的需要。提供预报太空天气的能力。

②探索者计划（EP）将弥补重要的探测空隙，瞄准特定的科学课题。

③太阳—太阳系关系（SSSC）大观测台计划（Great Observatory）对理解太阳—太阳系关系中的基本物理过程至关重要。

④低成本进入太空计划（LCAS）是 NASA 太空物理研究计划的重要组成部分，其核心由探空火箭和气球探测组成。

（2）第二阶段（2015—2025 年）

包括 GEC 和 MagCon（MC），用于开拓太空天气预报的新领域。GEC 用于观测电离层和磁层的耦合，以了解等离子体和中性大气相互作用的关键过程。MagCon采用星簇方式，用于磁层的全面观测。

对于上游太阳风的监测，由于 L_1 点的重要性，即单个的卫星即可提供连续的太阳风监测，本线路图计划将做如下三个规划，最可能的情况是只选其一实施：

① Heliostorm 计划将利用太阳帆技术，将卫星放置在 2 倍 L_1 点的距离处进行观测，以提供更长时间的预报和预警时间。

② L_1-Heliostorm 计划将提供对太阳风等离子体、磁场、能量粒子等的基本测量，卫星将位于 L_1 点，采用传统的技术。

③ L_1 Earth-Sun 计划将联合地球科学部分实施，配置仪器将包括太阳风仪器包，以及分别对太阳和地球的从 XUV 到 IR 波段的成像观测。

（3）第三阶段（2025— ）

探测的优先问题将取决于前期的进展，但可以肯定的是将采用星簇的探测方式来解决地球磁层和日球层空间中某些新的区域的时空变化问题，因为这些区域无法用全球遥感的方式来观测。

第一，凝练重大科学问题并制定探测计划：前文已经描述了太阳—太阳系联系规划的科学和探测目标，确定了以后 30 年努力的发展方向，精心凝练出重大的科学问题，并制定出相应的探测计划：

—— 探测计划的主要科学目标是什么？

—— 为什么战略规划需要这些探测计划？

—— 探测计划应该在什么时候实施？

第二，目前处于研制期的空间探测计划：①中间层中的低温高层大气物理学（AIM）计划的主要目标是解决极区的中间层云（PMCs）的形成原因，以及为什么变化的问题。②事件的时间历史和亚暴的大尺度相互作用（THEMIS）计划是一项处理磁层亚暴的空间和时间发展的探索者（Explorer）计划。该计划由五艘相同的飞船和一系列地基全天空相机组成。THEMIS 计划还处理亚暴不稳定性的爆发和演化问题，爆炸理论仍然是磁层的基本模式。③ Solar-B 计划将揭示太阳活动的机制，并且研究太空天气事件的起源和全球变化。④日地关系天文台（STEREO）将确定从在太阳上爆发，通过内日球层到达地球轨道的日冕物质抛射（CMEs）的三维结构和演化。⑤太阳动力学天文台（SDO）主要用于研究太阳活动的机制，可以观测太阳磁场是如何产生和构成的，以及储存的磁能如何释放到日球层和地球空间，其目标是了解太阳周、能量通过太阳大气的传输，以及太阳可变的辐射输出。⑥星际边界探测器（IBEX）将配合现在由 Voyager 进行的单点直接测量，遥感探测太阳风与星际介质之间的全球相互作用。

第三，近期空间探测计划：①辐射带风暴探测器（RBSP）通过识别和评价高能辐射带离子和电子的加速过程和传输机制，并且识别和表征它们的来源和损耗特性，RBSP 将注重探测高能辐射带离子和电子的极端变化性。②磁层多尺度（MMS）计划是第一个用来在小尺度上了解重联扩散区的计划。磁重联是等离子体中能量释放和粒子加速的基本途径，将确定磁重联的基本物理特征。③电离层—热层风暴探测器（ITSP）计划研究中纬度地区电离层的空间和时间变化。ITSP 计划使电离层—热层系统的成像和原位探测与我们所了解的基于模型的物理基础相结合。为了解电离层的天气过程，需要对电离层和热层系统的全球行为进行同时、联合的全面观测。④内日球哨兵（HIS）是四个内日球哨兵飞船以不同的方式飞行，将探测渡越期间日球结构如何随空间和时间变化，将揭示、模拟并了解太阳现象和地球空间扰动之间的联系。⑤太阳探测器（SP）是第一个飞入太阳日冕的飞行器，仅仅位于太阳表面上方 3 个太阳半径处。太阳探测器的仪器探测它们遇到的等离子体、磁场和波、高能粒子和尘埃。它们也对太阳探测器轨道附近以及日冕底部的偶极结构的日冕结构成像。⑥太阳轨道飞行器（SO）是一项有美国参与的（ESA）计划，飞行器将飞到靠近太阳的 45 个太阳半径处，以便用空前的空间分辨率研究太阳大气。⑦地球空间电动力学连接（GEC）将确定电离层和磁层耦合的基本过程。高层大气是来自于太阳、穿过日球层并被磁层和高层大气改变的场、粒子、能量链的终点。通过提供首次、全面、相关、同时的大气探测，GEC 将改变我们对从太阳到大气层的空间事件的证据链的了解。

第四，中期空间探测计划：①极光加速多星探测器（AAMP）计划用来做地球极光加速区内的粒子分布以及三维原位电场和磁场的极高时间分辨率的探测。极光加速区为加速过程的研究提供了独一无二的实验室，这既因为它揭示了大多数临界过程，也因为它较容易接近真实测量。②多普勒由一套体积小、重量轻、分辨率适中的光谱成像仪组成，从远处来探测、观察、研究所有造成空间天气事件和扰动的太阳活动的相关信号。③地球空间磁层和电离层中性成像仪（GEMINI）是一项将提供

第一个对外部太阳驱动和内部耦合的三维全地球空间动力学观测的计划。④日球层暴（HS）计划将测量太阳风以及地球和月亮上游的日球层状态。通过提供地球和月球之间的绝对至关重要的空间天气预报，日球层暴计划能保护我们在外空间的旅行。⑤日球成像仪和银河探测器（HIGO）将建立日球层和局地银河环境之间的相互作用区域的三维结构。它将确定现在银河样本的核合成的状态，并且探索宇宙大爆炸、银河演化、恒星的核合成，以及太阳和太阳系诞生的知识。⑥电离层热层中间层波（ITMW）被用于观察重力波的来源和吸收，包括多个波源之间的相互作用模式，以及与大气的中性和电离成分相互作用的模式，并且包括与潮汐和带状平均环流的相互作用。⑦L_1-哨兵（L_1Sentine）由日—地之间的 L_1 点的原位观测，对了解地球空间并提供太阳风扰动传向地球的大约 1 小时的警报是很重要的。基本物理量是等离子体、粒子和场的测量。⑧磁层星座（MC）将利用一个由 36 艘飞船组成的传感器网来描述在地球磁层的巨大区域发生的复杂过程的时间和空间结构，包括地球和月球之间的大部分地月空间。了解物质和能量流入磁尾并遍及整个磁层的其余部分，是一个重要而没有解决的问题。⑨高能粒子的日地耦合（SECEP）将通过太阳高能粒子沉积（EPP）的探索来了解和量化有关大气成分的影响，特别是奇氮、奇氢和臭氧。⑩太阳高能粒子（SEOM）任务将确定如何、何时、何地太阳高能粒子（SEPs）被加速，并且帮助确定太阳风是怎样被加速的。⑪太阳极轨成像仪（SPI）将提供对太阳周和太阳活动起源的了解的观测。⑫太阳天气浮标（SWB）由大约 15 个以每隔 20^0 分布在黄道经度并距离太阳 0.9AU 处的小飞船构成，每个飞船具有相同的探测等离子体、磁场、高能粒子和硬 X 射线的探测器。⑬忒勒马科斯（Telemachus）增强我们对变化的太阳以及对整个太阳系的影响的了解。它将揭示太阳极区太阳风和高能粒子加速以及发射出等离子体和磁场的机制。

第五，长期空间探测计划（2025—2035）：①向阳面边界星座（DBC）将确定磁层顶处磁重联的全球拓扑结构。它是一个由大约 30 个指向太阳、自转、相隔 $1R_E$ 的小飞船组成的网络，这些小飞船掠过向阳面磁层顶的黎明和黄昏侧。②远边哨兵（FS）是一个在 1AU 处观测太阳远边的飞船上的太阳观测器。通常情况下，FS 将提供关于太阳发电机、太阳活动和动态空间环境的新知识。③内磁层星座（IMC）将确定辐射带、环电流、等离子体层，以及外磁层之间的相互作用。它是在至少两个黄道面内以"花瓣"形飞行的多飞船任务。④星际探测器（ISP）是即将离开我们的日球并且对星际介质直接采样和分析的第一任务。⑤热带电离层热层中间层耦合器（ITMC）将探索中性粒子和等离子体之间的相互作用如何分配到地球低纬度的中间层、热层、电离层，以及内等离子体层之间的能量。⑥磁过渡区探测器（MTRAP）的主要目标是探测太阳大气中磁能的积累和释放。MTRAP 将探测从光球层到磁过渡区的矢量磁场，在这个区域太阳大气从纯粹的等离子体变为受控磁场。⑦重联和微尺度探测器（RAM）是集中于了解在整个宇宙无所不在的热磁化等离子体中基本的小尺度过程的下一代、高分辨率的太阳任务。⑧深空太阳日球层和行星际环境监测（SHIELDS）是一个明确发展的新任务概念，有助于保证人类的生存和遥控探测器的安全。⑨星体成像仪（SI）将是一项在类似太阳这样的星体中首次获得表面磁结构的直接图像的任务。SI 将利用紫外辐射来描绘磁场，利用重复观测对演化的发电机模型成像。

第六，合作计划：①火星高空大气物理学和动力学（ADAM）将确定具有太阳风的充满尘埃的大气的直接、动态耦合。②木星极轨飞行器 / 朱诺（Jupiter Polar Orbiter/Juno）计划在木星 75°倾角的极区椭圆轨道放置一个飞船。③L_1—地球—太阳计划结合对驱动高层大气的临界太阳光谱辐射探测，L_1—地球—太阳任务将首次提供对地球的向阳面大气的综合而连续的观测。④月球勘测轨道飞行器（LRO）作为对月球的预先探测，为人类重返月球做准备，因此构想出 LRO 任务。⑤火星大气勘测（MARS）将提供火星高层大气有力评价，以使人类能安全地航行到那颗行星。⑥火星科学实验室（MSL）是预计 2009 年发射的 NASA 的下一个火星漫游者计划，其总的科学目标是探索并且量化在火星上的潜在居住性的评价。⑦冥王星 / 柯伊伯星（Pluto/Kuiper）计划也成为新地平线计划。通过首次勘测冥王星和卡戎（Charon），即冥王星的唯一卫星，新地平线计划有助于了解在太阳系边缘的世界。⑧太阳帆样品（SSD）由于在地面上不能充分地验证这项技术，太阳帆对战略性科学任务的应用绝对需要预先成功的飞行验证。

第七，关键技术领先：太阳—太阳系联系的科学目标的实现离不开空间技术的进步。目前，最需要大力发展的能力包括：经济有效地对空间等离子体实施多点的高分辨率同时观测；在独特的空间区域（比如说 L_1 日地称动点、太阳极轨、日球层以远等区域）实施探测；研发功能强、经济实用的新一代科学探测仪器；从太阳系任何地方的海量数据返回能力；利用新的数据分析和可视化技术对整个系统的探测数据的综合理解能力。

①开发紧凑型、低成本的航天器和运载系统

由于太阳系空间尺度大、物理过程复杂，新的探测计划需要对重点区域实施多点同时探测（如 MMS，MagCon 和 GCE 等）。

②达到高 ΔV 推进技术（太阳帆）

对太阳极区这一关键区域局域的观测，需要将航天器送到高倾角的日心轨道上（太阳极轨），现有的技术需要用 5 年的时间在内日球空间到达倾角为 38^0 的轨道（如 Solar Oribiter）或利用木星的引力和传统推进达 $0.25 \times 2.5AU$ 的太阳极轨。太阳帆技术利用太阳连续光子的动量来提供经济实用的推进，在近太阳系可以达到非常高的速度（$\Delta V > 50km/s$）。

③设计、研制、测试和验证新一代探测仪器

研发新一代探测器对于探测计划科学目标的实现至关重要，开发和完善航天器的测试设备也是必不可少的。

④从太阳系任何地方的海量数据返回技术

随着探测卫星数量的增多、成像技术的广泛应用，探测区域离地球越来越远，对数据通信系统和技术的要求日益增强。

⑤数据分析、理论（数值）模型和可视化技术

将太阳—太阳系联系作为一个有机的整体进行探测研究，探测的区域毕竟是有限的，因而从观测数据中提取有效信息，建立符合实际的物理模型，特别是空间天气预报模式的开发是实现空间探测科学目标的有力保障。

9.3.2 未来俄罗斯等国太空科学计划

9.3.2.1 俄罗斯计划概要

从 20 世纪 50 年代开始，俄罗斯陆续发射太空飞行器进行太空探测，实现载人飞行，在广阔的国土上建设许多地基观测站，配合空基探测或者单独进行大气、深空、太空、太阳和宇宙探测。MIR 空间站、Gagarin 飞行器等曾经是俄罗斯的荣耀。从 2006 年开始，俄罗斯将执行一个投资 110 亿美元的十年太空计划，弥补过去近二十年由于资金困难造成的许多滞后的局面，重塑昔日辉煌。计划实现火星载人探测、与 NASA 联合载人探测月球；计划开发和建造新型六人航天飞机 Klipper，替

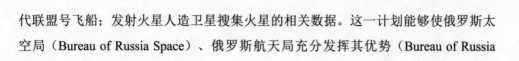

代联盟号飞船；发射火星人造卫星搜集火星的相关数据。这一计划能够使俄罗斯太空局（Bureau of Russia Space）、俄罗斯航天局充分发挥其优势（Bureau of Russia Space）。

9.3.2.2 俄罗斯即将进行的太空探测计划

（1）CORONAS 探测计划

这是用来研究太阳和日地物理联系的太空探测计划，包括三颗近地卫星。

主要科学目标：研究太阳耀斑发生的过程中能量聚集和加速粒子过程中能量的传输；研究太阳大气层中快速粒子的加速机制、传播和相互作用；研究地球上层大气和太阳活动相关的物理化学过程。

太阳物理方面：确定加速电子、质子和核子的高时间分辨率分布函数及其动力学；电子和质子（核子）的加速动力学的差异的研究；高能粒子（达几 GeV）的分布函数的变化研究；通过对硬 X 射线的辐射谱和线性偏振参数的统计分析，研究相互作用粒子的各向异性；高能 γ 辐射区域内的方向效应的研究；确定在不同的耀斑过程中电子和质子加速的机制，以及加速粒子的传播区域的各种参数；通过 γ 射线谱和在太阳大气层中低能中子的捕获，确定 γ 射线生成物区域的各种成分的含量；通过观测来自临边耀斑氘线的削弱确定辐射产生的高度；根据核 γ 线的比率，确定加速质子和核子的能量谱及其动力学；耀斑期间，一些成分（D，Li，Be）产生机制的研究。

天体物理方面：γ 射线爆发期间，硬 X 射线和 γ 射线辐射的研究；沿黄道平面来自当地亮源的 X 射线辐射的研究。

（2）INTERBALL-PROGNOZ 计划

这一计划是太空天气和日地科学计划，它是俄罗斯和乌克兰的联合探测项目。

INTERBALL-PROGNOZ 是空间天气和日地科学计划，主要探测磁层、太阳风和太阳辐射。卫星包括一个远地点为 400000 千米的 INTERBALL-3 卫星和高度为 600～700 千米圆形轨道的三个小卫星。（图 9-5 和图 9-6）

主要的科学目标：建立国家空间天气系统模型，包括：监测太阳从硬 X 射线到紫外波段范围的辐射、太阳宇宙射线、行星际磁场和太阳风；持续进行磁层和电离层的研究，研究整个太阳—电离层链的能量传输和转换，为空间天气预报以及监测应用服务。探测的对象包括：磁层、太阳风和磁鞘粒子以及穿越极冠的电势，并进行主动的电离层实验；借助一套特制的望远镜系统，绘制微波背景辐射图像。

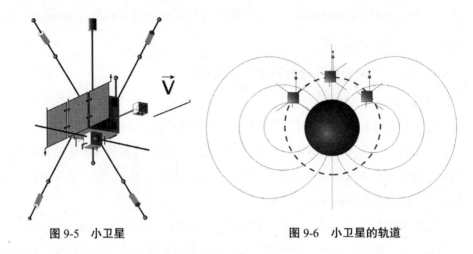

图 9-5　小卫星　　　　　　　　　　　图 9-6　小卫星的轨道

9.3.2.3　俄罗斯将参与的国际探测计划

研究地球以外的行星及其卫星，如金星、火星、土卫六，回答长期困惑人类的一些科学问题：地球和太阳系是怎样进化的？在宇宙中，我们身处何处？我们将向何方发展？生命究竟来自哪里？在宇宙中，人类是唯一的吗？

俄罗斯目前正在和将要参与的太空探测计划如下：

（1）火星探测

探测的科学目标：①寻找火星的环境从温暖湿润变为寒冷干燥的原因；②根据火星的球核、火星壳层、地表下层、地表和大气层的数据，结合物理和化学过程，发展一个行星模型；③重要的是寻找火星上是否存在生命，或者是过去生物进化的痕迹。火星上生命证据的发现可能会是最大的科学发现；④火星探测的一个遥远的目标是把火星作为人类在太空扩展的一个站点。

（2）金星快车

金星快车上的探测仪器和火星快车的非常相似。（图9-7）金星快车于 2005 年发射，和火星快车一样，发射地点在 Bailonur，由联盟号（Soyuz）火箭搭载。

金星快车是 ESA 的探测计划，研究金星大气、等离子区和地表的人造卫星，探测范围分为三个部分：低层大

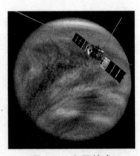

图 9-7　金星快车

气（0～60 千米）、中层大气（60～110 千米）和高层大气（110～200 千米）。载荷包括七种探测仪器。金星探测时间为 2 个金星日（绕恒星旋转），相当于 500 个地球日。

金星快车的科学目标是研究离地球最近的行星金星，将首次全球范围探测金星大气，详细研究金星大气和云层，绘制表面温度的全球图谱。

金星快车探测将在以下方面取得突破：全面探测金星大气向太空的辐射，结合光谱仪等设备（覆盖从紫外到红外的波长范围）以及雷达和等离子体分析仪，探测从金星地表到 200 千米高度之间的区域。借助传统的实地探测和创新的能量中性原子（ENA）成像技术，还将解决等离子体层非热大气逃逸的问题，实现金星多个首次探测。

俄罗斯科学家为金星快车上的两个仪器提供关键部件，即高分辨率红外傅里叶分光计（PFS）和做掩星、掩日和天底观察的紫外和红外分光计（SPICAM），同时也参与其他仪器的改进和更新。

（3）宇宙 γ 射线探测

INTEGRAL 计划，即 ESA 的 International γ-Ray Astrophysics Laboratory，是 ESA 和俄罗斯、美国的合作项目，探测来自太空的最活跃的辐射。探测器是迄今为止发射的灵敏度最高的 γ 射线探测器。该项探测预计持续到 2010 年，发射质量 4000 千克。

主要探测内容：宇宙 γ 射线谱；探测包括现有记录中（GRB 031203）最密和最微弱的 γ 射线；绘制银河系 γ 射线的分布；分析来自银河系中心的 γ 射线的散射和传播。（图 9-8）

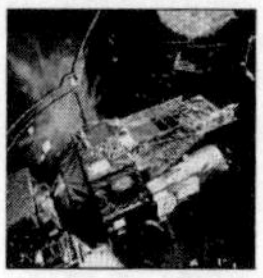

图 9-8　宇宙 γ 射线探测

9.3.2.4　俄罗斯与 ESA 合作的地球观测

ESA 与俄罗斯开展了密切的合作。俄罗斯在探测行星方面具有很长的历史。ESA 在提出火星探测计划以后，俄罗斯的科学家马上回应，在原来俄罗斯 Mars-96 计划的基础上提出了一些关于探测仪器的方案。事实上，现在火星快车计划中的六个仪器中的五个都是由俄罗斯科学家构思，后来在欧洲制造的。

ESA 的地球观测卫星正在和将要观测陆地上的植被覆盖、测量海平面的温度、测量海平面的变化和冰层厚度的变化、大气的化学成分、气溶胶的漂移。从而有助于监测和保护环境、提供更加准确的天气预报。

俄罗斯与 ESA 这一领域的合作开始于 20 世纪 90 年代中期的冰层监测。今后的重点将在卫星和地面观测站之间的配合方面。包括：里海和咸海盆地；北海岸的冰层；全球变暖时北极冰盖的研究；石油的溢溅；贝加尔湖地区；因为洪水、环境灾难、地震等引起的紧急事件；森林生态系统；永久冻结带。

9.3.3　未来 ESA 太空科学计划

9.3.3.1　ESA 太空科学概况

ESA 太空科学项目主要是其成员国独自难以完成的大型项目。来自欧洲各国的科学家可以在各自优势领域发挥作用，并通过相互之间的合作，来完成大型太空科学项目。ESA 的卫星是在位于荷兰的欧洲空间研究和技术中心（ESRTC）组装和测试的，发射以后将由位于德国的 ESRTC 实施运行管理。ESA 分别在 1984 年提出了"视野 2000（Horizon 2000）"和 1994 年提出了"新视野（Horizon Plus）"长期计划，并取得了巨大成功。许多科学卫星仍然在轨运行。在此基础上，ESA 在新世纪提出了宇宙愿景计划。这个计划是建立在过去成功的科学探测基础上，立足于对明天科学、智慧和技术的挑战，以取得更大的人类文明进步。ESA 宇宙愿景计划是 ESA 未来 20 年太空科学发展的蓝图。

目前，宇宙愿景计划具体方案还未最后确定，但其主要科学思路已经明确，它将回答目前人类太空科学中没有回答的一些关键科学问题：行星和生命形成的条件；太阳系是怎样形成和演化的；宇宙的基本规律；宇宙的起源和组成。

①目前，ESA 正在进行的项目有：Ulysses（1990 年）；SOHO（1995 年）；Cassini-Huygens（1997 年）；Cluster（2000 年）；Mars Express（2003 年）；Double Star（2003 年）；Venus expresse（2005 年）。

②将要进行的项目有：BepiColombo（2012 年）；SWARM（2009 年）；Solar-Orbiter（2015 年）。

9.3.3.2　ESA 太空探测计划

①BepiColombo 水星探测计划，BepiColombo 将于 2012 年 4 月发射。然后，经过 4 年 2 个月巡航期到达水星。BepiColombo 由两颗飞行器组成，一个是行星轨道器（位

于 400km×11800km 的水星轨道上），行星轨道器将研究水星表面及内部构造。另一个是磁层轨道器，将研究水星磁层。科学目标：水星磁场的起源；水星大气的组成和动力学过程；水星磁层的结构和动力学标；靠近太阳的行星起源和演化；水星内部结构，以及表面组成和地质构造过程；验证爱因斯坦广义相对论。② SWARM 卫星地球观测计划，是 ESA 地球观测的重要组成部分，包括由三个极轨卫星组成，2009 年发射，轨道高度是 400 ～ 550 千米，三颗卫星将提供高精度和高时间分辨的磁场数据，卫星上 GPS 接收机、加速计和电场仪将为研究磁场与地球系统其他物理过程（例如，海洋环流）相互作用提供辅助数据。它的目的是对地球磁场及时间演化进行有史以来最好的探测，以便为更好地了解地球内部和地球气候提供一些新思路。主要科学目标：研究地球内核动力学，地质动力学过程，核幔相互作用；地球岩石圈磁化和地质表现；地幔的三维电导率确定；电离层和磁层中电流研究。③ Solar-Orbiter 太阳轨道探测计划，探测器预计于 2015 年 5 月发射。在经过 3.4 年的巡航期后，进入距太阳最近点为 45 个太阳半径的太阳椭圆轨道。其相对于太阳赤道的倾角最大可以达到 35°。科学目标是史无前例地高精度观测太阳大气，以及观测在地球上观测不到的太阳极区和太阳背面。

9.3.4　未来日本太空科学计划

9.3.4.1　太空探测现状

① AKEBONO（EXOS-D）是一颗极光观测卫星，于 1989 年 2 月 22 日由 M-3SII 运载火箭发射升空，送入最初的 10500km×270km 的极轨道。② GEOTAIL 卫星于 1992 年 7 月 24 日在美国的 Cape Canaveral 用 Delta II 运载火箭发射。这个任务的主要目的是用一套综合的科学仪器研究磁层的结构和动力学。③ HALCA（MUSES-B）是日本的第一个天文卫星，着重于甚长基线干涉测量技术（VLBI），于 1997 年 2 月 12 日在 Kagoshima 空间中心由 ISAS 的 M-V 运载火箭发射成功。④ HAYABUSA（MUSES-C）卫星是设计用来研究近地类型的小行星的太空计划。由此，ISAS 想要获得和验证采样返回计划的前沿技术。⑤ SUZAKU（ASTRO-ELL）是一颗新的 X 射线天文卫星，用来观测从宇宙中热的和活动的区域发出的 X 射线。⑥ REIMEI（INDEX）卫星是一颗用于实验的小型卫星。

9.3.4.2 未来太空探测计划

从 ISAS 所公布的未来一段时期内所要实施的空间计划看，日本空间探测的重点仍然是深空探测与空基天文观测。现在，日本所公布的太空计划主要包括 3 类：①月球探测计划：在 1996 年，日本提出了建造永久月球基地的计划，预计投资 260 亿元，在之后的 30 年内建成月球基地，这个计划将是日本后 30 年的探测重点。②行星探测计划：从 1998 年的 PLANT-B 卫星开始进行，但这个颗卫星由于发动机故障而未能进入预定轨道。探测金星大气循环的 PLANT-C 卫星计划；探测水星磁场、水星内部和表面结构的 BepiClolombo 卫星计划。③空基天文观测方面，日本主要是延续已有的天文观测计划，提出了 ASTRO-F 计划和 SOLAR-B 计划。

9.3.4.3 太空合作探测计划

① SEL 计划在第一次 ISAS / NASDA 联合月球计划中提出，是日本建立月球载人基地 30 年计划中第一阶段的一项内容，其主要目标是获得月球起源和演化的科学数据，以及为未来的月球探测发展技术。科学目标：全面描述月球表面特征和详细测量月球上的重力，以更好地了解月球的起源和演化。调查月球周围的高能粒子、电磁场以及等离子体。对地球进行从极紫外到可见光波段的成像，以更清晰地了解地球等离子体层的动力学；在月球低噪声环境中观测从木星和土星上传来的无线电波；研究极区地形为以后在月球上建立天文台提供基本信息。这次任务将发展成功进行月球探测所需的关键技术：软着陆技术和生存技术。② SOLAR-B 卫星是 ISAS 发射的第三颗太阳物理卫星。它的望远镜将能探测太阳外部大气的起源、日冕以及光球上精细磁场结构与日冕上的动态过程的耦合，显著提高对各种能量过程和磁场精细结构的关系的理解。科学目标：研究太阳磁场的产生和破坏；研究太阳发光度的调制。过去十年的空间探测已经得到重大的发现：太阳的总能量输出是随着磁场活动周期变化的。SOLAR-B 将第一次在分辨率、波长覆盖范围以及时间范围都充足的情况下对太阳发光度的磁场调制机制进行观测。研究紫外和 X 辐射的产生。太阳是紫外、X 射线和高能粒子的强大而富于变化的源头，这些射线和粒子对太空环境产生了巨大的影响。这些高能辐射应当是由太阳大气、色球和日冕中磁能的湮灭产生的。研究太阳大气的爆发和膨胀。温度高达百万摄氏度的日冕不断向外膨胀，形成超声速的太阳风。太阳风吹过地球，振动地球的磁场并给地球上层大气注入能

量。另外，观测发现，日冕的大部分爆发通过太阳风给地球磁场造成巨大的磁扰动。SOLAR-B 将提供对磁场、电流、速度场的精确观测，从而解释太阳爆发的根本原因。③ LUNAR-A 计划是 ISAS 正进行的一项探月任务，它由 1 个轨道器和几个钻探器（penetrators）组成，其任务是探测月球表面、月球内部及核心，研究月震等。科学目标：为在月球上建立永久性有人基地，正在开展必要的关键技术研究，本项目就是其中一个计划。④ PLANET-C 是未来的行星计划之一，旨在理解金星的大气循环。科学目标：日本的金星气候轨道器旨在阐明金星神秘大气循环的机制，也在绕金星航行的时候探测地表和黄道光，从而更广泛地了解行星流体动力学。本计划将用一系列在气象研究和无线电技术中久经考验的照相机来探索金星。⑤ BepiClolmobo 是第一个欧日联合计划的水星探测计划。由 ESA 和 JAXA 联合开发。科学目标：详细探测水星磁场和磁层。陆地行星具有内部磁场的只有水星和地球。本项目将第一次将其与地球进行比较，以取得重大飞跃。详细探测水星的内部和表面。水星具有独特的结构，例如巨大的核（核的半径占星球的 3/4，这可能与核内部磁场有关）。本计划将揭示水星最接近太阳区域的行星信息。

9.3.5　未来加拿大太空探测计划

9.3.5.1　太空计划概述

加拿大空间局建立于 1989 年，总部设在蒙特利尔。其目标是"推进太空和平应用和发展，深化人类对太空的科学理解，确保太空科技能给加拿大带来社会和经济效益"。对未来的定位是把太空作为满足加拿大国家需求的最重要的载体之一。加拿大空间局致力于：探索未知的太空，深化人类对地球和宇宙以及人类在其中的地位的了解；带领加拿大公民团体分享太空能带来的益处，特别是在通信和对地观测方面；完全彻底地整合加拿大政府中有关部门，成为一个能够完全满足这些部门以及加拿大政府在太空方面的需求的固定机构；建立创新性的政府—工业部门—研究部门的合作关系，并让加拿大模式成为国际模范之一。①加拿大空间局每年预算 3 亿加元，其中部分投资到工业部门和研究部门。加拿大空间局的太空计划主要着眼于四个主要方面：对地观测、太空科学和探测、卫星通信、公众教育。②计划的优先等级：宇宙（起源和未来，我们孤独吗？）；太阳系（演化、生命）；太阳（太阳风暴的影响，我们能预报吗？）；大气层（臭氧和气候变化、趋势）；健康（在太空中生活和工作，益处？）；未来（人类探索、精神、领导地位）。③未来的构想：在科学和技术方面加强加拿大的力量，研发新的计划和仪器；继续发展加拿大领导或占据重要地位的计划；保证加拿大继续参加国际主要太空计划；保持和扩展国际合作；发展使用加拿大独有能力的关键领域；一些新的构思正在形成，其中许多是利用小卫星和微卫星。

9.3.5.2 太空探测计划

① ePOP 进行顶部电离层中的太空物理探测，了解太阳和地球磁层之间的关系，帮助加拿大社会准备好应付可能发生的灾害性太空天气事件。② SWIFT 携带临边成像干涉仪，Doppler Michelson 成像干涉仪、GPS 掩星设备等。科学目标包括：测量风场剖面；测量平流层臭氧密度剖面；输运过程研究；热带动力学研究。③ ORBITALS 主要用于了解外辐射带的电子通量，包括确定加速和损失机制的决定因素，2005 年完成概念设计。载荷包括磁场计、电场和波动探测仪、热离子成像仪、能量粒子和高能粒子探测仪等。④ Ravens 并入中国夸父计划，为"夸父 B1/B2 原型"。⑤ SWARM 是 CAS 参加的 ESA 计划，计划 2009 年发射。⑥参与火星探测。加拿大空间局将在太空机器人、训练以及极光和雷达导航方面，在国际火星探测计划中扮演重要角色。在 NASA 的 Phoenix 计划（2007 年）中，加拿大空间局将提供地面气象站；ESA 的 Aurora 计划，为了寻找生命痕迹。⑦小型有效载荷计划，为提供小型的、相对便宜的和可以快速更改的有效载荷。有四种主要的计划：气球计划（MANTRA，BLAST）；微卫星计划（MOST，NEOSSat）；地基计划（待定）；生命和自然科学计划。

9.4 各国太空科学发展比较

9.4.1 共同性

由于太空科学对国防、国民经济建设、社会进步以及科学技术发展等领域的重大带动作用，各国都对太空科学的发展给予了足够的重视。在太空科学研究中，各国都力求凝练最新的、先进的科学目标，并精心设计相应的探测计划，以达到最佳的研究结果。在各国的研究计划中，都普遍地趋于长期的布局，注重短期、中期和长期计划的相互衔接。大体上，各国太空科学研究计划与本国的实力相适应，包括政治需求、经济能力、技术水平等。在合理利用巨额经费投入和互相获益等思考中，国际合作规模在不断增大，合作项目在日益增多。

半个世纪以来，人类进行的太空科学研究已获得了重大的进展。因此，现在世界各国在制定新的研究计划过程中，都要进行战略构思，明确科学目标，制定周密的计划，以充分地体现本国的利益。共同趋向：将太阳—太阳系整体联系；对地球、行星太空环境进行比较；注重太空活动的安全；使观测、理论、模型相结合；建立小卫星星座、大尺度星座，以实现立体、全局性观测；充分利用太空环境；重点研究重大科学前沿。

9.4.2 差异性

世界上主要有 10 多个国家能参与太空科学研究，它们的发展规模、技术水平等方面相差甚远，探测能力（多种技术集成创新能力）差异凸显，国际合作存在着不对称性。其中，以美国为代表，总的战略目标就是要保持世界领先，进而保住全球霸主地位。

世界各国在太空科学研究中，都考虑到本国的实力，这主要含经济实力、技术水平等。在探测计划制定中，一方面，要精选与本国能力相适应的、能够达到的科学目标；另一方面，又要考虑到经费支持的限度，以及技术水平。

世界各太空大国，甚至包括巴西、印度等发展中国家也都高度重视太空科学，使其成为了显示综合国力的主要象征之一。

9.5 对未来中国太空科学的启示

太空科学开展从宇宙的过去到今后的未来的研究，进行从宏观的天体到极端条件下原子与分子基本规律的探索，并从根本上揭示客观世界的规律。太空科学是世界各国争相研究的热点学科，也是各国科技实力展示的舞台，更是引领世界科技发展的驱动力。

中国是一个航天大国，发射了科学技术试验（实践系列）、通信、资源、气象、海洋等卫星系列，并进行过少量的科学搭载实验，对中国的国民经济和科学研究起到了巨大的推动作用，但也必须看到，在空间科学的研究方面与世界先进水平有着巨大的差距，直到2003—2004年才发射了真正意义上的太空科学卫星——"地球空间双星探测计划"的探测一号和二号，长期存在着太空科学研究落后于航天技术发展的极为不平衡、不协调、不合理的局面。这种局面要得到根本的扭转，使中国成为全面的太空科学、技术（太空技术）和应用的大国，就要在太空政策、发展方向和领导体制等方面做到：

①必须有国家统一的领导、管理机构；

②用系统综合集成方法制定军民融合的国家级太空科学技术规划、计划；

③科学目标与国家战略需求相结合；

④充分利用国际合作的契机。

9.5.1　近年太空科学成就

中国启动的国家高技术研究发展计划（即863计划）和1992年启动的载人飞船工程（即921工程）是推动中国太空科学事业的两个重大计划，正是由于上述两个国家计划的实施，实质上推动了中国太空科学的各个领域的全面发展。从1987年起，中国科学家利用返回型遥感卫星完成了一批材料科学和生物技术的太空科学实验，包括砷化钾单晶的太空生长、a-碘酸锂单晶的溶液法生长、蛋白质单晶生长和太空细胞生长等。通过神舟系列返回舱和轨道舱提供的平台，中国在太空天文、太空物理、太空环境、微重力流体物理学、太空材料科学、太空生命科学等方面进行了大量太空科学实验，同时建立起了以国家微重力实验室为代表的太空科学基础设施，为太空科学的进一步发展奠定了基础。

2001年，国防科工委（国家航天局）批准正式开始双星计划。

9.5.1.1　太阳风起源和湍流传输获突出成果

中国科学家在太阳风起源和湍流传输本质研究中取得了突出成果，通过对不同离子的多普勒速度以及发射谱线的辐射图与由光球层磁图外推到不同高度的无力磁场的相关分析，发现太阳风流动起源于极冕洞磁漏斗结构中光球层上方5000～20000千米的高度范围。提出沿径向的太阳风流动是由垂直径向大尺度对流运动驱动的新观点，突破以往学术界流行的太阳风起源于一维流管的想法和理论。提出5000千米尺度或更大的磁圈在漏斗结构中磁重联供给太阳风初始的质量和能量，为太阳风的起源和形成机制的基本问题提供了新的研究方向。

9.5.1.2 双星联合观测获前沿性成果

（1）发现磁层小尺度结构在大尺度范围上演化

中国地球双星与 ESA 的 Cluster 的联合观测研究，双星与 Cluster 科学工作队于 2005 年 6 月 7—8 日在北京举行了第 4 届科学研讨会。会议指出，双星与 Cluster 配合，首次实现了地球空间 6 点观测，为中国科学家进行创新性的科学研究提供了空前的机遇，也提出了巨大的挑战。鉴于双星与 Cluster 首次探测到小尺度在大尺度范围上的演化；而对这些关键性的物理过程进行更详尽的探测将会带来重大的成果；双星与 Cluster 配合非常好，对推动太空物理研究的发展起着重要作用。为了延长双星与 Cluster 配合的时间，ESA 科学计划委员会决定，建议将双星计划的运行期从 2005 年 6 月延长至 2006 年底。

（2）磁重联、磁亚暴等研究获重要成果

双星与 Cluster 科学研究成果丰硕，卫星数据分析水平有了很大提高，观测、分析、理论、数值模拟相结合有了良好的开端，在磁重联基本过程、磁层顶磁能量管、磁层亚暴过程等方面取得了具有原创性或前沿性的新成果，在国际上产生了重要影响；在磁层中性原子成像观测、磁层低频波动观测和极隙区卫星与地面联合观测方面，中国科学家仔细分析了 Cluster 星座 4 颗卫星对 2001 年 9 月 15 日磁尾重联事件的高精度（0.04 秒）观测数据，采用微分几何方法，首次捕捉到磁重联零磁场点，并研究了其邻近区域磁场三维形态。利用 Cluster 星座对 2001 年 9 月 15 日磁尾磁重联事件的高精度观测数据首次确认，无碰撞等离子体磁重联重联率为～ 0.1；中国学者通过对 TC-1 大量观测数据分析后确认，在 IMF 存在南向和东西分量时，磁重联经常发生在向阳面磁层顶低纬区，其重联类型为分量重联。

数值模拟是研究磁重联的重要途径，多年来被广泛采用。它可以揭示磁重联过程的许多基本性质，有助于认识磁重联物理机制。目前，Hall 磁流体力学数值模拟在研究无碰撞磁重联方面起着重要作用。中国学者发展了多步隐格式 2.5 维数值模拟程序，其分辨率高，计算稳定，可用于研究离子惯性区重联特性。

对电离层上行离子触发磁层亚暴开展了数值模拟并与观测对比，通过数值模拟发现，电离层上行离子在近磁尾形成瞬态压强梯度，有利于近磁尾爆发不稳定性，引发磁层亚暴。与此同时，电离层上行离子引起磁场 By 分量变化，增强场向电流，可导致近磁尾电流中断，形成亚暴电流楔，触发亚暴。在此基础上，中国科学家和研究生分析 Cluster 数据，探索亚暴期间场向电流的变化与亚暴突发之间的关系。数据分析结果与数值模拟吻合。在极隙区进行了卫星与地面联合观测，极隙区是磁层的窗口，是太阳风向磁层和电离层传输能量和带电粒子的重要通道。迄今，太空物理学家对极隙区的结构和动力学了解甚少，它是 Cluster 双星计划主要探测区域之一。

（3）星上中低频电磁波探测器获重要数据

双星计划 TC-2 卫星上中低频电磁波探测器（LFEW）是中国第一台探测地球空间低频电磁波动的探测器。该仪器在法国地球与行星环境研究中心标定结果显示该仪器具有良好的性能，在 300 ～ 8000Hz 的范围，其探头灵敏度甚至超过 ESA 最先进的波动探测器 STAFF。该探测器安放在双星计划中的 TC-2 卫星上，已经取得了大量科学数据。

9.5.2　太空环境及应用

9.5.2.1　太空环境预报等关键技术获实际应用

中国开展了太空环境预报、太空环境效应分析、太空碎片碰撞预警、太空环境效应实验评价等关键技术的研究，形成了一批创新成果。以保障国家安全和重大航天任务为牵引，进行系统技术集成，建立了太空环境保障试验系统、太空碎片碰撞预警系统。相关研究成果已经在载人航天、"探测一号"与"探测二号"等重大航天任务中得到应用。

太空环境保障试验系统包含太空环境监测和数据管理、太空环境预报、太空环境效应分析、太空环境用户服务等技术单元，在国内首次将空间环境数据获取、信息加工、信息服务的全过程，一体化、流水线、高效率实现，为中国大规模的空间环境保障运行提供重要的示范。太空环境预报系统自动和半自动对太阳活动、行星际、卫星轨道环境、重点区域电离层的现状进行通报，对未来变化趋势进行预报。

9.5.2.2　太空碎片碰撞预警系统发挥重要作用

中国开展了太空碎片碰撞预警技术研究，自主研制了国内首个空间碎片碰撞预警软件系统。收集整理国外数据和资料，建立了太空碎片数据库，开展了轨道预测方法和危险物体快速筛选方法研究，编制了碰撞预警研究软件。碎片碰撞预警系统以动态更新的太空碎片轨道数据为基础，对太空碎片与目标航天器的可能碰撞进行预警并提出规避策略，为航天器的发射和运行提供常规、规范的太空碎片碰撞预警保障服务。该系统已在神舟五号飞船的发射中发挥重要作用。

9.5.2.3 建立了太空天气预报新模式等

针对严重威胁卫星安全的太阳质子、高能电子暴、地磁暴开展了研究，建立了一些有效的预报模式。依据对产生太阳质子事件的太阳活动区及其演化特征的分析研究，利用人工智能技术建立了有效处理复杂的非线性关系的太阳质子事件的短期预报模式，实现了提前 1 ～ 3 天、准确率达 80% 地预报太阳质子事件。研究分析了地球同步轨道的高能电子暴与太阳风和行星际磁场扰动之间的非线性关系，建立了基于全连接神经网络的预报模式，提前 1 天预报地球同步轨道高能电子的通量，预报误差小于 20%。研究太阳爆发伴随的 CME 的特征及其对地磁活动的影响，建立了人工智能预报模式，能够根据太阳爆发活动参数如耀斑的强度、位置、持续时间及伴随的高能质子能量变化，提前 1 ～ 3 天、准确率达 70% 地预报地磁暴。

针对严重影响卫星通信、导航、定位可靠性的电离层环境以及威胁战略导弹、太空飞行器安全的中高层大气环境开展了积极的研究，尤其是在电离层 TEC 和闪烁监测预报、中高层大气掩星观测研究方面取得开创性进展。

针对威胁卫星安全和可靠的多种空间环境效应开展了效应机理、效应仿真分析和实验评价技术研究。突破了多种空间辐射与航天器件、材料、航天员相互仿真作用分析技术，研制了卫星抗辐射加固必需的辅助设计工具——"空间辐射效应分析"软件包，该软件包整体居国内领先，部分功能达到国际先进水平，已在多个航天型号任务中得到应用。

9.5.2.4 太阳轨道探测器

太阳轨道探测器(Solar-Orbiter)预计于 2015 年 5 月发射。在经过 3.4 年的巡航期后，进入距太阳最近点为 45 个太阳半径的太阳椭圆轨道。其相对于太阳赤道的倾角最大可以达到 35°。Solar-Orbiter 的科学目标是史无前例地高精度观测太阳大气，以及观测在地球上观测不到的太阳极区和太阳背面。（图 9-9）

Solar-Orbiter 将搭载以下仪器：场探测包：磁强计，射电和等离子体波探测器；粒子探测包：能量粒子探测器，尘埃探测器，中子和宇宙线探测器，太阳风等离子体探测器；太阳遥感探测包：从可见光到 X 射线范围的成像仪。

图 9-9   Solar-Orbiter 示意图

9.5.2.5   平流层臭氧密度测量

带临边成像干涉仪，Doppler Michelson 成像干涉仪、GPS 掩星设备等。目前处于 Phase B 阶段，科学目标包括：测量风场剖面（20 ～ 40 千米高度范围，精度 3 ～ 5m/s），测量平流层臭氧密度剖面（15 ～ 55 千米，精度 5%），输运过程研究，热带动力学研究。（图 9-10）

图 9-10   SWIFT 示意图

9.5.2.6   地球外辐射带测量

主要用于了解外辐射带的电子通量，包括确定加速和损失机制的决定因素，2005 年完成概念设计。载荷包括磁场计、电场和波动探测仪、热离子成像仪、能量粒子和高能粒子探测仪等。（图 9-11）

图 9-11   外辐射带测量

9.5.2.7   协同观测

Ravens 并入夸父计划，为"夸父 B_1/B_2"原型。SWARM 是 CSA 参加的 ESA 计划，计划于 2009 年发射。由一对位于 450 千米高度的卫星和一对位于 550 千米高度的卫星组成的星座，用于测量地球磁场，精度高于

nT，寿命 4 年。研究地球的内部发电机、核—壳相互作用、海洋循环短期到中等时间尺度的变化。SWARM 将和其他 NASA 正在考虑的计划（如 THEMIS、MMS）和加拿大的 ePOP/CASSIOPE 计划一起很好地协作，构成对日地系统的 14 颗星协同观测。

10   太空人类化

在 21 世纪，人类对于太空的探索仍将以更大的规模、更有计划地进行，将基于更先进的太空技术对于更广阔的太空、更遥远的天体进行系统的研究。这些包括空前规模的日地（太阳—地球系统）研究计划仍将继续，以至扩大到日球层研究；将地球作为一颗特殊的行星进行长期研究；将以新的目标重返月球建立月球基地；将进一步实地考察太阳系行星，尤其是载人实地综合考察火星；开拓太空天文学新领域研究；继续太空微重力科学研究；继续探索地外生命和地外文明；实现太空人类化。（图 10-1）

图 10-1   人类对宇宙的探索

（引自《世界地图册》第4页，2002年）

10.1   重返月球

在 20 世纪 60—70 年代，人类踏上了月球，进行了综合性的科学研究。21 世纪初，人类有新的抱负和更高的目标，重返已不陌生的月球。

人类将建立起月球基地，可以定居，或可作为登火星的前进基地。苏联从 1959 年开始，美国从 1961 年开始，都对月球进行了大规模的探索，其中载人登月 17 次，1969 年 7 月 20 日阿波罗 11 号第一次实现人类踏上月球的创举（图 10-2）。美国直至 1976 年止，总共发射了 43 颗太空飞行器，取得了许多科学成就，对月球的开发奠定了基础。苏联共发射了 20 多颗探索月球的无人的太空飞行器，首次拍摄到月球背面的照片，而且实现了无人登月和取回月球样品等活动。美国发射了太空飞行器系列，如"徘徊者""月球轨道环行器"和"月球勘测号"等，为载人登月进行了必要的准备；接着，发射了"阿波罗"太空飞船系列，首先实现了载人登月，进行了实地综合考察，获得了丰富的月质综合资料，并带回了 380 多千克月球样品。月面地形构造有高地，即月陆，有月海。月球上面有许多大大小小的月坑（环形山），还有山和断裂体系。按月面地层演化史，由老到新可划分为前酒海纪、酒海纪、雨海纪、爱拉托逊纪和哥白尼纪。月球岩石主要有斜长岩、月海玄武岩、克里普岩，

图 10-2　人类第一次登上月球

（引自《大百科全书·天文学卷》，彩图第24页）

已发现月岩中近 60 种矿物，其中只有 6 种是地球上尚未发现的。月表有近 10 米厚的月尘，即月壤。在月岩和月尘中，含有地球的全部化学元素，并且也有氨基酸、核酸等多种有机物，但未发现生命物质迹象。月球内部可分为：月壳，即月球体的外层，平均厚度约 60 千米；月幔，即月球体的中间层，厚度约 1400 千米；月核，即月球内部的中心区，半径约 350 千米，其组成尚无定论。月球没有大气，也没有全月球性磁场，仅局部月岩有微弱剩磁。人类并不满足于对月球已有的了解，于是在 20 世纪 80 年代后，又提出重返月球的长远计划，这包括科学目标和应用开发。1994 年和 1998 年，美国分别发射了太空飞行器克莱门汀号和月球勘探者，奏响了重返月球的序曲。

10.1.1　建立月球基地

重返月球进行科学探索并进一步开发月球是想要达到长远的目标。因为，20 世纪的登月活动还仅仅是人类实现了的探索太空的初步计划，对月球的了解很有限：人类在月球表面上停留的时间总共还不到 14 天，仅有 12 个宇航员登上了月球，他们离开登月车向前探险还不足 8 千米。严格地说，人类登月活动不过是接触了一下月球的表面。因此，在 21 世纪里，人类要再到月球上去，不只是为了短暂的探险，而是为了较长期、系统的考察。最后，人类要开发月球，以至将在那里定居。正像

考察地球一样，最好先到月球上一些特定的地点去考察，并在一些有继续考察价值的地点建立永久性前哨站。考察点很可能要有意地分散一些，而不是把所有的活动都集中在一个月球基地上。按照勘探资源的惯例，勘探者将需要多次纵横月球表面，而大有希望的月球两极可能会吸引考察月球的初期勘探者们。对于第一次远征来说，将会把转运飞船作为月球上的临时宿营地，这正如在航天飞机每次飞行中都被当作临时太空站使用一样。当普通的考察进行到一定程度，认为有些地区值得考察，临时宿营地就加以扩大。

10.1.1.1 科研基地

建立月球基地，主要设想包括综合天文观测台、太空物理观测站、生命实验室、月球科学实验室、月面生态实验室等。

（1）在太空进行科学研究

当人类在太空从事科学研究活动，就将不断地带来许多新的科学发现。在太空进行科学研究，将会开创几乎全部自然科学领域的研究工作，从天文学和天体物理学、太空化学、太空物理学、太空生命科学、太空医药学、太空材料科学、太空农学至人类学和社会学等。这样，能使我们形成比较全面的科学知识。

（2）太空天文学研究

在月球上进行天文学观测具有很多有利条件。因有 3200 千米的岩石起屏蔽作用，故在月球背面可以提供全波段、全天空、无来自地球的无线电噪音干扰的观测环境，

图 10-3　月球
地形

如月面几乎是真空状态，没有大气吸收和抖动带来的不利因素，月球的正面、背面如图 10-3 所示。这样，就适宜于红外、紫外、X 射线及 γ 射线等波段的天文观测；可以防止各种地面上电磁波的干扰，适于射电（即无线电波波长从 1 毫米～30 米）天文观测。这些优越的天文观测条件将给天文学带来新的突破性进展，以至引起天文学革命。（图 10-4）

（3）太空物理学研究

月球与地球之间的距离约 38 万千米，即 60 个地球半径。因此，在月球上进行太空物理学观测具有独特的条件。当月

图 10-4　在月球上进行
天文观测

球围绕地球运行时，就是探测近地球太空的一颗天然的探测"卫星"，即是说，实际上月球"就是一个天然的探测器"，如图10-5所示，它会经过地球的磁尾，穿过地球的磁层顶等区域，并不停地运行在近地球太空之中，因而能探测诸多太空物理现象，如太阳风、行星际磁场和地球磁层之间的关系等，还能提高近地球太空环境预报的水平。

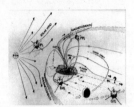

图10-5　月球运行在地球太空成为天然的探测器

（引自NASA《日地计划》1979年，第59页）

（4）月球科学研究

人类对月球虽做过大量的研究，但还有一些基本问题仍不清楚，如月球的成因、地—月系统的形成与演化、月球的早期演化史等，对这些问题的深入了解，也有助于深入了解地球等类地行星的起源与演化。

（5）生命科学研究

在月球上具有诸多特殊环境，如宇宙辐射、高真空、低重力（约为地球上重力的六分之一）等条件，宜于进行生理学、心理学、医学、生态学等研究，包括建立自封闭的生态系统实验等。

10.1.1.2　在变重力环境中活动

在地球上，人类长期生活在正常重力即1G（G为重力加速度）条件下；若在月球上长期居住，则处在1/6G的状态下，即是说，在月球表面上的重力加速度约为地球表面上重力加速度的1/6；若在火星上长期居住，则处在1/3G的状态下；若在太空站上工作，则处在1/10000G（微重力）的状态下。人类长期在比1G小得多的环境中活动将引起什么症状，必须要进行研究，采取对抗措施，防止对健康产生不良影响，使人类能长期在太空活动。

（1）微重力环境的利用

利用太空飞行器，如航天飞机、太空站等，在太空极端条件下，主要是在微重力等条件下，进行材料加工、生产等，有着广阔的前景。由于在微重力条件下，消除了液体中的对流，对晶体生长、冶金和生物分离非常有利；消除了液体中因重力引起的静压力；液体可以自由悬浮，为避免容器对熔体或溶液的污染，为制取超纯物质提供了有利条件。这样的特殊环境，有利于电子材料、光学材料、金属材料、高纯材料、玻璃金属、薄膜、生物制品等的研究和生产。晶体生长有个体大、位错密度小、无应力和纯度高等特点。

现在，已在太空间制造出均匀、高纯度、无条纹的砷化镓半导体材料；可制取高质量的特种玻璃、高级光导纤维和光学玻璃制品等；已制出铝合金、铝锌合金、锗金化合物和非晶态金属等。在太空加工也有着广阔的前景：如利用熔融金属的表面张力制成极圆的滚珠；用向熔融金属中注入气体的方法，可制成无缝空心滚珠；还可生产泡沫金属等。

（2）长期在低重力和微重力下工作

1964 年 4 月，苏联宇航员加加林最早在飞船上停留 108 分钟，开创了太空飞行的新纪元。接着，1969 年 7 月，美国宇航员阿姆斯特朗等 3 人乘阿波罗 11 号飞船首次登上月球。后来，俄罗斯宇航员玻利亚可夫在和平号太空站上连续飞行 428 天。这表明，人类能一步步地在太空停留、工作、生活较长时间。随着科学与技术的发展，相应地，太空系统不断地改进，人类能长期地在太空生存和发展。

10.1.2 资源开发

10.1.2.1 开发太空资源和能源

太空，那无边无际的疆域，那里存在着无限的资源和能源。月球上的高地，火星上的大平原，小行星带裸露的矿藏……都在等待着人类去考察、开发。人类已能在太阳系太空内活动，还要逐步地开辟"通天路"，架设"星际桥"，包括空天飞机、转运飞船、近地太空港、太空站、核动力货运飞船、火星工作人员转运飞船、大型核动力货运飞船、月球太空港、自由点太空港、火星太空港等，使之形成完善的太空运输网络系统，能在太空进行科学研究、开办企业，乃至在内太阳系定居。

10.1.2.2 开办太空企业

人类将频繁地进入太空，利用丰富的太空资源、能源，创办太空工业（地球上的保障工业、市场在地球上的太空工业、市场在太空的太空工业等）、农业等，包括新办许多工厂，如微重力材料加工厂、太空的自复制工厂等，以至生产出标有"太空造"的产品进入国际市场。

10.1.2.3 开发月球资源

月球资源的开发具有诱人的前景（图 10-6）。月球是距地球最近、物质丰富的地外资源库，从月球上把物质送到地球高轨道所需的能量还不到从地球上把同样质量的物质送到这一轨道所需能量的 1/20。往返通信的时间很短，大约仅需 3 秒钟，因此完全可由人在地球上对月球上的机器进行遥控操作。由于月球自转很慢，因此夜晚时间很长，很可能用核发电厂为月球表面的生命保障系统供电。这类发电厂在送往遥远的火星等天体之前，将首先在月球上试验。在月球上可以利用太阳能发电，还可以利用核聚变发电。实

图 10-6　在行星上采矿

际上，在月壤中氦同位素 3（^{3}He）非常丰富，估计存积为 100 万～500 万吨，这是比氢同位素更加"干净"、有效的核聚变燃料。因此，月球氦同位素将成为 21 世纪月球开发的重要资源。月球勘探如图 10-7 所示。

图 10-7　月球车勘探

月球矿产资源也十分丰富，利用这些资源进行材料加工具有两方面的意义：一方面，就地利用低重力特殊条件进行加工，以用于自主地开发月球，避免从地球上运送材料的麻烦和耗费，并可为开发其他行星、小行星奠定基础；另一方面，还可将一些资源、高品质材料运往地球轨道上的太空站，可再运回地球。在 21 世纪中叶，太空工业，包括采集、加工等，将具有广阔的前景。

建立开发月球的支持系统是必不少的重要部分。建立月球基地的活动越来越频繁，这就需要较大的永久性"主营地"，作为供给中心、地区性实验室和医疗中心。还有重要的设施放置在月球极地轨道上，这些设施特别便于向月球表面的考察活动提供支援，尤其在月球极地附近或月球的背面，也很便于利用太阳能。在建成这类设施前后，都应把人送到月球上一些特别有科研或资源勘探价值的地点。在开发新技术、准备去更遥远的天体前，月球将作为实验室。这样，人类将在月球上生活、工作和定居，如图 10-8 所示。

人类开发月球要尽可能减少运输费用，为此要在拉格朗日 5 个平动点上选择适当的点建立太空港。在这些点上，地球的引力被月球的引力抵消。将来要把成吨的居住舱、升降设备、科研装置、月面漫游车、材料加工与制造设备、维修零件、服务车间等运输到月球上，月球太空港就是必不可少的运输枢纽站，如图 10-9 L_1 既可作为转运站的有效太空港的平动点，也可作为火星的最佳起跳站。另外两个点 L_4 和 L_5 是稳定点，太空飞行器一旦有了位移，将自动返回，因而也是在地—月系统运动中建立地球太空港的最佳位置，而 L_2 位于月球之外数倍于月球直径处，因而也是月球太空港的最佳位

图 10-8　在月球上建立基
地种植农作物

[引自《茫茫太空（第一
版）》，第96页]

置，如图 10-9 地月系统中 5 个平动点所示。

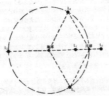

图 10-9　地—月系统中 5 个平动点　　　L_1 点可作为转运站

[引自《茫茫太空（第一版）》，第97页]

有了地球太空港和月球太空港位置的选择，人们要从地球到月球就十分方便了。在太空港上都将采用同样的积木式设计，根据需求可用若干个舱体组合而成。在地月之间的往返如图 10-10 所示。

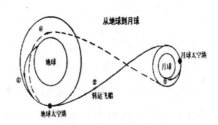

图 10-10　在地月间往返

[引自《茫茫太空（第一版）》，第 97 页]

首先，从地球上发射太空飞行器到地球太空港；然后，再转运到月球太空港上；

再次，从月球太空港上再利用登月舱到月球表面；最后，从月球太空港返回地球太空港，再返回地球。

月球上建成永久性居住人的基地将面临一系列艰巨的任务，包括要建立能自给自足的生物圈、利用月球上的物资补给月球基地等。然而，必须一步一步地积累经验，获得这些知识，实现重返月球的愿望，并为登上更加遥远的火星奠定基础。人类重返月球不仅会作为 21 世纪初太空活动的重大里程碑，而且也会极大地促进科学与技术的发展，并对人类在地球上的生活产生重大的影响。按中国综合国力，包括太空技术能力等，将在 21 世纪初期制定出重返月球计划。

10.2 登上遥远的火星

人类登上了月球之后，接着要登上遥远的火星，这充分地表现了高度的智慧和勇敢的精神。在未来的 20 多年后，预计人类将有能力踏上火星，进行实地的综合性科学考察。若能实现，这表明人类的智慧将进入新的阶段。（图 10-11）

10.2.1 初步探索

从地球到火星的平均距离约为到月球的 1000 倍，约 38000 万千米，当火星发生大冲或近日点冲时只有约 5600 万千米。火星是离地球最近的邻居，与其他行星相较，远

图 10-11　在火星上看日落
（引自《中国大百科全书·天文学卷》，彩图第27页）

为宜人。在人们心目中，火星一直是颗带有神秘色彩的行星。几个世纪以来，人们用望远镜对火星进行了观测，获得了许多有价值的资料。20 世纪 60 年代开始，美国发射了 8 个探测器，拍摄了火星的照片，发现有环形山、巨大的火山、峡谷系和宽阔的河床。苏联也多次发射了探测器，登陆舱也实现了软着陆。对火星上是否存在着生命现象尚无定论。火星自转与地球相似，周期为 24 小时 37 分 22.6 秒。在火星轨道上运行一圈约 687 天，火星大冲大约每隔 15 年或 17 年发生一次。火星也有四季变化，但每季约为地球上两季那样长。大气中的尘暴像一种黄色的"云"，由卷着尘粒的风构成。火星表面大气压相当于地球上 30 ～ 40 千米高度处的大气压。在稀薄大气中，二氧化碳占 95%，氮占 3%，氩占 1% ～ 2%，一氧化碳和氧共占 0.1%，

还有少量臭氧和氢，水汽数量很少。在冬季，火星极区大气温度低于二氧化碳的凝固点，因而形成覆盖极区的浓雾状干冰云；中纬度温度也在冰点以下，水汽也凝结成冰云。风尘暴是火星大气中独特的现象，大部分发生在南半球，特别大的风尘暴也能蔓延到北半球，进而掩盖整个火星。风尘暴的起因看来与火星过近日点时有关，这时太阳加热作用大，因而易于引起。当风暴最终分布整个火星时，火星温差减小，风逐渐平息下来，尘粒也沉降下来。尘暴持续可达几星期，激烈时可达几个月之久。

几乎每个火星年都有一次大风尘暴。火星表面平均温度比地球低30℃以上，两极最低可达－139℃。表面风蚀痕迹很少，有复杂的多种地质地形，土壤呈黄棕色，如图10-12所示。

图10-12　火星表面的岩石和土壤

火星有两颗卫星，即火卫一和火卫二（图10-13和图10-14）。火卫一离火星很近，它可能成为一个天然的太空站，初期的主营地可设在那里。火卫一的颜色很黑，它可能是被火星吸引住的一般含有大量碳的小行星。由类似的陨石物质表明，氮、氢总与碳共存。若真如此，则可成为太空飞行器降到火星上和返回地月系统时的燃料添加基地。火卫一与火卫二都很小，直径分别为20千米和11千米，其引力很小，形状不规则，表面凹凸不平，如图10-13和10-14所示。由于两颗卫星引力很小，太空飞行器不需要在上面"着陆"，而实际上只需与它们"对接"。火星虽与地球有许多相似之处，但在另一些地方更似月球或水星。火星的引力约为地球的三分之一。火星上存在永久冰土，高纬地区地下有水，北极干冰帽下有水冰。考察火星的一种方法是一辆自主式漫游车沿着火星上被水流侵蚀出来的河床旅行，对河床两壁的地层做目视考察，这样可获得大量信息。

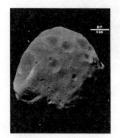

图10-13　火卫一

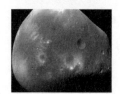

图10-14　火卫二

10.2.2　探索火星的新进展

1997年7月4日，美国发射了太空飞行器"火星探路者"（图10-15），在预定地区阿瑞斯平原着陆。此次探测火星经历了 7 个月之久，飞行了约 5 亿千米，最后，"火星探路者"在太空中时速约 2.8 万千米，当飞船离火星表面仅数十米时，数枚反向制动火箭启动使飞船减速，同时使登陆船与降落

图 10-15　"火星探路者"

伞分离，时速减到 40 千米，以自由落体方式垂直下落，并在火星表面弹跳直到停住。这种登陆技术有了重大的突破。"火星探路者"登陆船携带了火星车"旅居者"，实际上它是一个会行走的机器人，它的顶部装着太阳能电池板，"腿"是 6 个轮子，以每分钟 1 米的速度缓慢移动，其主要使命是收集火星岩石和土壤样品，进行就地分析，并将结果传回地球。火星车的一切行动可在遥远的地球上控制。"火星探路者"共拍了 1.6 万余幅图像，从大量照片中发现，火星曾存在过液态水，有经洪水冲击而堆积的石头，可能由流水侵蚀形成的圆形鹅卵石。这表明，火星过去比现在更为温暖、湿润，更宜于生物的生存。

10.2.3　21 世纪火星探索

人类正在制定探索火星的宏伟计划，实现新的科学目标，开垦火星，最终殖民。

10.2.3.1　科学目标

（1）火星上的生命

火星上是否存在生命，这是最令人着迷的重大科学问题。这一问题具有重大的意义在于能使我们深入了解：生命的起源是否普遍存在于宇宙？生物是否会在多种条件下产生？或者生命只是一种特别稀有的事件，只在行星上一切条件都适合时才产生？科学家们认为，火星可能存在过这样一个时期，即在万亿年前，当火星大气足够稠密和温度足够高时，火星表面可能有水流动，而且在"火星探路者"拍摄的照片中表明曾有过液态水，但迄今还未发现生命的迹象。因此，火星是否有生命就成为 21 世纪探索火星的主要科学目标。

（2）火星大气和水的消失过程及其历史演化

火星上仍有稀薄的大气层，主要成分是占 95% 的二氧化碳，这种变得稀薄的原因是否是由于火星的引力较小，容易引起大气逃逸，或者是由于火星磁场太弱，大

部分的大气电离后不能受到磁场的约束，以致大气逃逸的速度增大。因此，火星大气的演化也是值得研究的重大科学问题。

（3）火星内部结构

火星虽在许多方面与地球相似，但比地球小，赤道半径为3395千米，体积仅为地球的15%，质量为地球的10.8%。这样，火星的内部结构就不能从与地球比较得知。目前，对火星的表面特征了解较多，如环形山、火山、峡谷、河床等，但对火星内部结构，包括成分、火星核的状态等均不清楚，因而也是重点考察的目的之一。

（4）火星磁层和电离层

火星磁层和电离层结构主要取决于火星的磁场。目前，仅知道火星磁场很弱。这样弱的磁场究竟是其本身固有的还是由太阳风与电离层相互作用而感生的，即火星磁层属固有磁场型（地球磁层型）还是感应型（金星磁层型），存在着争论。同时，这一问题还与火星的其他问题如大气演化、内部结构状态等有一定的联系，因而又是考察的重点之一。

（5）火星气象和气候

火星气象和气候与其大气状态密切相关。研究火星大气环流形式和气候的变化特性，并与地球的气象和气候进行比较，也是重点探索的目的之一。

（6）火星表层化学成分和矿物特性

对火星表层化学成分和矿物特性的探索，既有重大的科学意义，又有开发火星的实际意义。因为人类探索火星的最终目的是要在科学考察的基础上开发和利用火星的资源。

（7）火星的起源与演化

火星与地球既有相似之处，又有不同的特点，因而对两者进行比较研究，有助于了解行星的起源和演化。特别是，对于深入了解地球的演化趋势有着重大的意义。

10.2.3.2　开发构想

在21世纪初，即1/3世纪里，几个太空科学技术大国将会有计划地对火星进行探索。探测火星的复杂程度远远超过探测月球，因而要精心设计。开发火星的人员将先被送到近地球轨道的太空站，再从太空站上转运到拉格朗日自由点（平动点）太空港，然后登上转运飞船，转运飞船能与在地球系和火星系之间穿梭飞行的巡天飞船交会和对接。在巡天飞船上，开发火星的人员将在地球与火星之间某处经受一次引力反转，可能在巡天飞船接近火星的最后几个星期内，从开始时经受的地球正常引力转而经受火星的引力。在经过约 6 个月的飞行，到达围绕火星运行的太空港，而最后乘登陆器抵达火星表面，开始进行各项工作：在火星上建立观测站网，研究火星内部结构、地质、地化和气象；用机器人建立实验基地，探索资源；最后，开垦火星。（图 10-16）

图 10-16　火星上的定居点

10.3　外行星探索

在行星系探索中，尽管对于水星和金星仍有兴趣，但 5 颗外行星应是太阳系行星探索中的重点。这主要取决于它们独特的性质和对深入研究太阳系和宇宙的形成等具有重要的价值。

首先，类木行星都是有行星环的巨行星，其中特别是木星和土星更为巨大，它们的卫星很多，而且还有很大的卫星，有一些是生命探索的希望所在地，有的行星磁层很大。这些行星（主要是木星和土星）的质量很大，在太阳系中除了太阳外，它们的质量在太阳系中占 90%。由于这些巨行星质量大、引力场强、温度低，所以保留着它们从原始的太阳星云中聚集起来的氢和氦。

其次，对于外行星的探索构想、远期目标和采取的方针等也不同于对类地行星和小天体的探索，对后者往往采取采样运回地球上的实验室的方式，而对前者则是借助探测器直接分析其大气、海洋和矿物等。

（1）木星探索

在太阳系中，木星是最大的一颗行星，赤道半径为 71400 千米，体积是地球的 1316 倍，质量是地球的 318 倍。木星磁层范围很广，边界可延伸到 90 个木星半径，约 642 万千米，比太阳直径还大很多。木星还有暗弱稀疏的光环，外环较亮，内环较暗。

木星有 16 个卫星：

木卫一有强烈的火山爆发，爆发时以每秒 1 千米的速度喷出高达 70～300 千米的雨烟。迄今已发现 9 座活火山，喷出雨烟，出现美丽的火山云；有电离层，还有

与木星相连接的等离子体环，发射 10 米波段辐射有关。（图 10-17）

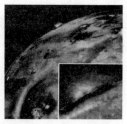

图 10-17　木卫一火山爆发　　木卫一表面多处火山口

（引自《中国大百科全书·固体地球科学·测绘学·空间科学卷》，彩图第44页）

木卫一是太阳系中最年轻、最活跃的固体表面。

木卫二是近乎白色的天体，具有球形的特征。最易挥发的主要成分是水，从内部升至表面形成大约 100 千米的冰幔层，使地形起伏模糊不清。

木卫二的岩体上覆盖着一个水冰构成的壳，可能也是太阳系内寻找生命的希望之地。对木星大气层低层进行探测，了解其成分，以得到关于宇宙和行星演化的重要资料。（图 10-18）

木卫三是太阳系中最大的卫星，比水星还大。

（2）土星探索

在太阳系中，土星的大小、质量仅次于木星，赤道半径 60000 千米，体积是地球的 745 倍，质量是地球的 95.18 倍。土星有 23 个卫星，其中土卫六是太阳系中第二大卫星，比水星稍大。土星探索中包括探测大气层低层大气成分。

图 10-18　木卫二

（引自《中国大百科全书·固体地球科学·测绘学·空间科学卷》，彩图第44页）

由于土卫六是太阳系中唯一有浓密大气的卫星，所以它也是在太阳系中寻找生命的希望所在地。因此，可用气球或登陆器进行详细的探测。土星有美丽的光环，可用一颗能在环内部移动的所谓"环内漫游者"太空飞行器，对各环进行长期的现场观测。

（3）天王星探索

在太阳系中，天王星的体积也不小，其赤道半径约 25900 千米，体积为地球的 65 倍，仅次于木星和土星。它虽比海王星大，但质量却只有海王星的 85%。它的赤道面与轨道面的倾角为 97°，就是说自转轴几乎倒在它的轨道平面上做侧向自转。

它虽有四季变化，但与地球的大不相同。它有 20 个卫星，还有 9 个主要同心环，1977 年又发现 11 个稀疏暗淡的细环。特别是，它的自转轴这种奇特的倾倒对研究太阳系起源和演化有着重要的意义，而且，也是外行星探索中一个难以解决的问题。还有大气、磁场、光环和卫星等探索。

（4）海王星探索

在太阳系中，海王星与天王星相似，它是借助牛顿力学为基础的摄动（一天体绕另一天运动时，这天体会受其他天体的吸引而偏离原轨道）理论预言其存在的天体，即天王星受到另一天体的吸引而受到影响，这一天体就是后来果然由观测所证实的海王星。它的赤道半径为 24750 千米，体积为地球的 57 倍，自转较快，致使其形状变扁。它有 8 颗卫星，其中海卫一也是太阳系中较大的一颗卫星，比月球还大，并且是逆行卫星，还有稀薄大气；有 4 个环，环的透明度较高，其组成物质尚不清楚；它由浓密的云层包围着，大气成分主要是氢、甲烷和氨等，因离太阳太远，表面温度很低。未来探索中，有一系列的研究目标，包括大小卫星、光环、磁层、辐射带等。

（5）矮行星冥王星探索

在太阳系中，冥王星是最小的一颗行星，现在已降为矮行星，不属于八大行星之列。其直径仅约 2700 千米，质量不仅比水星的小，甚至比月球的还小。在太阳系中，冥王星轨道的偏心率、轨道面对黄道面的倾角都比其他行星大。但在近日点附近时，却比海王星离太阳还近，这时海王星成了离太阳最远的行星。冥王星、海王星和天王星归为远日行星，它们的化学组成和性质应有相似之处。冥王星的起源有各种不同的解释，是一颗奇特行星。而且，它还有一颗奇特的卫星。这些都是外行星探索的目标。

10.4 地外文明

地外文明指地球以外的其他天体上可能存在着的高级理智生物的文明。在宇宙间任何天体上，只要条件适合，就可能产生原始生命，并逐渐进化到高级生物。目前，我们所知道的文明种族只有人类自身。人类在探索异星文明时，往往以人类本身的文明进行外推。在探索宇宙文明中，人类不应以自己相当有限的水平来衡量宇宙间所有其他文明。对于文明程度应有一般性判据。1964 年，苏联天体物理学家卡尔达谢夫提出了三个类型的文明：I 型文明，指有能力可驾驭由核聚变产生的能量，人类文明即处于这一阶段；Ⅱ型文明，指有能力可摄取其所属恒星的全部能量，因而所驾驭的能量强度为Ⅰ型文明的100万亿倍；Ⅲ型文明，指有能力摄取其所属星系的全部能量，因而其驾驭能量的强度又比Ⅱ型文明强1000亿倍。

在寻找地外文明中，往往判断哪些天体上是否具备地球上生命的必要条件：①必要的构成有机物的物质碳、氢、氧、氮等元素，现在已知这些元素在宇宙中普遍存在着；②适度的光和热；③液态水；④大气；⑤必要长的时间。这样，恒星、小行星和彗星不能具备这些条件，而只能在宇宙中去寻找适宜的行星。科学家们估计，银河系就有几百亿颗行星，其中约有100万颗可能具有类似地球这样能孕育生命的行星，而具有文明的天体可达10万颗。

10.4.1　建立自由的新社会

开发太空，向太阳系中的其他天体移居，不是一个国家的事业，也不是一代人的事业，而是全人类世世代代为之奋斗的极其伟大的事业。在500多年前，哥伦布发现美洲新大陆后，人类的家乡就遍及整个地球。然而，这仅是人类历史上的一首前奏曲。今天，人类有能力向太空扩张，到新的天体上去生活、工作、定居，在那里开创一个新的世界。

人类长期地在太空站、太空港、月球基地、火星基地上和轨道上的定居舱等中生活、工作和定居，必然存在着亲密的关系，有着共同的目的，以至发生着相互作用。这样，就必然形成社会群体，其中一些属于首属群体，即人数不太多，如在太空站、太空港中的人员组成的小群体，成员之间有着深厚的感情，存在着相互联系的纽带、共同追求的目标，以至有群体规范；另一些属于次属群体，成员众多，如在居住舱中居住的数千人，变成大群体，以至被称为社团一类的群体。开拓广袤无垠的天疆，这是人类超越自身的诞生地 —— 宝贵而脆弱的地球 —— 去建立不依赖于地球而完全能自给自足的永久住所，这一壮举同时也对地球人类产生着深远的影响。从积极的意义上说，人类向太空和其他天体上转移就仿佛共同"买保险"一样，一旦任何自然的或人为的毁灭性灾难降临地球，而在太空和其他天体上还有自由、和平的人类存在着。今日的许多儿童和年轻人都希望和期待着去太空和其他天体上生活和工作，去建立另一个家园，建立自由的新社会，形成温和的政治关系，实现太空人类化，进入高等文明，即Ⅱ型乃至Ⅲ型文明。

10.4.2　建造太空城

在不同星球文明之间互访极其艰难甚至不可能实现。但是，一个文明种族可以在太空建造许多太空城，如地月系统的拉格朗日平动点 L_4 和 L_5。这些点位于月球公转轨道上，可分别比月球超前和落后 $60°$，可处于稳定平衡状态。可以设计许多种太空城，如建成柱体、球体、环形体等，容器直径至少几千米，自旋产生重力场，保持足够的大气，足以托起云朵，地面可垒起山脉，覆盖的泥土可发展农业。月球作为原材料基地，从那里运走东西比从地球上运去容易得多，这可方便地建造太阳能发电站等。

在太空，还有许多适宜的地方会布满多种多样的太空城，可住成千上万的居民，形成独特的生活方式。早前，齐奥尔科夫斯基就说："地球是人类的摇篮，但是，人类不能永远生活在摇篮里，他们不断地争取着生存世界和空间，起初小心翼翼地穿出大气层，然后就是征服整个太阳系。"人类正一步步地朝着这个方向迈进。经过世世代代，越来越多的太空城，其中一些已不属于太阳系了，这些居民们也无多大的心理障碍，他们没有在地球上生活过，巨大的太空城是他们的家园，自由地漂泊在太空中。这样一来，其他文明天体也可能以类似的方式进入太空。有朝一日，这些不同天体文明之间将邂逅相遇……

10.4.3　探索地外文明极困难

由于受到一系列的限制，人类实际上很难指望在不同文明星球之间互访。在太阳系内不可能有类似地球的文明行星，而只能在太阳系之外的天体中去寻找。在银河系中，最邻近太阳的恒星是半人马座的比邻星，它与我们相距约 4.3 光年，天狼星与我们相距约 8.7 光年，织女星与我们相距 26.3 光年，它们都是我们的近邻。

近来，科学家发现，被命名为"巨蟹座 55e"的太阳系外奇特的行星与地球有"同款"的大气层。"巨蟹座 55e"与地球有 44 光年的距离，又由于厚厚的大气层的遮挡，我们不能观察其全貌。这项研究的详细结果，已发表在 2017 年 11 月 16 日的《天文学期刊》上。

现在，人类也不可能真正以光速飞向其他天体，也不可能为如此高速的飞船提供巨额的能量，即使以效能最高的等量的物质与反物质反应湮灭而全部转化为能量的方法也不能。因为，把 1 吨飞行体加速到近光速就需要 25 吨物质和反物质（暂不论及容纳反物质的容器等），减速过程又同样需要 25 吨，因此仅一个单程需要 50 吨，往返全程则需要 100 吨。这样，在我们与比邻星之间进行一次交往所需要的能量将远远超过目前全球全年的能耗；若飞船沿途不断地收集太空中的氢以产生聚变能，但星际氢太稀薄，收集器面积必须超过 1000 平方千米方可收集到可需用的氢。同时，近光速飞行而迎来的太空尘埃、砾石等会把飞船撞得粉碎；若减速到光速的 1% 即每秒 3000 千米飞行，就得往返历时 900 年，宇航员将在飞船中终其一生；若将宇航员冷冻起来，而长期冷冻怎能保证不致死亡，在千年之后怎样能苏醒⋯⋯

10.5　与异星文明通信

地球人类不会停止探索地外文明的热情与冲动，这表明了人类追求理性自我完善的天性。目前，人类虽经过共 2.3 万次无线电观测，但尚未检测到星际通信源。没有找到什么，但也没有失败，这正如英国 Rees 说："没找到证据，不等于找到了不存在的证据。"人类仍将做出新的计划，采取更有效的措施，发展更高的技术手段等，与异星文明通信。类似地，异星文明种族也可能以类似的方式或更有效的方式与地球人类通信。地球人类将继续采取高度发展的射电天文设备，搜巡距离超过 4.5 光年以上的天体。

10.6　寻找地外文明的伟大意义

尽管人类寻找地外文明要消耗巨大的精力，并伴随着很多风险，如有人担心地外文明将对人类产生文化上的冲击，就像地球上的大文化吃掉小文化一样。实际上，人类最怕的还不是这些，而是自己星球上的内讧，地球上的不同民族与国家之间极难和睦相处，动辄刀兵相见。

探索到地外文明的伟大意义还在于，若寻找到地外理性生命和地外高等文明，则能终结人类孤独感。如果说，哥白尼提出日心说已将地球从宇宙中心推开，但地球依然是宇宙生物中心。若找到地外理性生命，则将地球从宇宙生物中心推开，并从根本上医治其贪婪和狂妄。同时，还引起我们考虑，高度发达的技术社会的寿命有多长？